菜根谭

第2版

（明）洪应明◎著 东篱子◎解译

全鉴

中国纺织出版社

内 容 提 要

《菜根谭》是一部论述修养、人生、处世、出世的语录集。该书融合了儒家的中庸思想、道家的无为思想和释家的出世思想，形成了一套独特的人生处世哲学，是一部有益于人们陶冶情操、磨炼意志、催人奋发向上的读物。

本书在原典的基础上，增加了精准的译文、生动的解读，联系当下诠释经典，可以更好地帮助人们塑造与人为善、内心安适、刚毅坚忍、处世恬淡的健康人格，探寻现实生活的智慧。

图书在版编目（CIP）数据

菜根谭全鉴／（明）洪应明著；东篱子解译 . —2 版 . —北京：中国纺织出版社，2014.1（2020.12 重印）

ISBN 978－7－5180－0156－9

Ⅰ . ①菜… Ⅱ . ①洪…②东… Ⅲ . ①个人－修养－中国－明代②《菜根谭》－译文 Ⅳ. ①B825

中国版本图书馆 CIP 数据核字（2013）第 267506 号

策划编辑：关 礼　　特约编辑：陈志海　　责任印制：储志伟

中国纺织出版社出版发行

地址：北京市朝阳区百子湾东里 A407 号楼　邮政编码：100124

邮购电话：010—87155894　传真：010—87155801

http：//www. c-textilep. com

E-mail：faxing@ c-textilep. com

佳兴达印刷（天津）有限公司印刷　　各地新华书店经销

2010 年 1 月第 1 版　2014 年 1 月第 2 版

2020 年 12 月第 11 次印刷

开本：710×1000　1/16　印张：20

字数：258 千字　定价：38.00 元

　　《菜根谭》是明代还初道人洪应明所著，是一部论述修养、人生、处世、出世的语录集。作者以"菜根"命名，意谓"人的才智和修养只有经过艰苦磨炼才能获得"。还有一种解释说："菜之为物，日用所不可少，以其有味也。但味由根发，故凡种菜者，必要厚培其根，其味乃厚。是此书所说世味及出世味皆为培根之论。"所言亦当。洪应明将谭以菜根名，化大俗为大雅，变腐朽为神奇，清雅超逸，在洞察世情之余，点化人世间的万事。

　　古人云："心安茅屋稳，性定菜根香。"作者借解释菜根的含义，将儒的仁义中庸，道的无为知命以及佛教的禅定超脱熔冶于一炉，总结处世为人之策略，概括功业成败之智慧，指示修身养性之要义，界分求学问道之真假，指点生死名利之玄妙；既主张积极入世、经营天下、为民谋福、恩泽后世的进取精神，又宣扬亲近自然、悠游山水、独善其身、清静无为的隐逸趣旨，同时也倡导悲天悯人、普度众生、透彻禅机、空灵无际的超脱境界。

　　本书从形式上看，文字皆由排比对仗的短句组成，一段语录字数不多，但十分精辟。

　　除作者自己的心得外，有些还是从先哲格言、佛家禅语、古籍名句、民间谚语转化而来，所以本书十分便于背诵流传。

　　从内容上看，作者以达观的心态、率真的方式还原人生以本来面目，充满了富于通变的处世哲学。本书涉及的范围极为广泛，可以说它阐述了人生所能遇到的一切重大问题，涉及的方面如此之多，但其主题多而不散，只有两个，一是入世，另一是出世。

本书博大精深，妙处难以言传，须有心人在工作之余，沏上一杯香茗，静静地品味，菜根会越来越香，心智会越来越明。

"布衣暖，菜根香，读书滋味长。"不仅处于逆境的人应该阅读，处于顺境的人也应该仔细熟读。读懂一部"静心沉思，乃得其旨"的《菜根谭全鉴》，才能真正体味人生的百种滋味，才能做到"风斜雨急处，立得脚定。花浓柳艳处，着得眼高。路危径险处，回得头早"。

博大、淡泊、宽容、谋略，《菜根谭全鉴》中无处不在。阅读本书，就像与一位智者、一位畏友交谈，在他那双洞悉人世的慧眼的凝望中，在他那沉甸甸又带着暖意的警策下，你必然心有所悟且有所得。

总之，《菜根谭》作为旷古稀世的奇珍宝训，对于人的正心修身、养性育德，具有不可思议的潜移默化的力量。本书文辞优美，对仗工整，含义深远，耐人寻味，是一部有益于人们陶冶情操、磨炼意志、奋发向上的经典读物。

第一章

方圆进退：知退一步之法，懂让三分之功

方和圆、进和退缺一不可，但是有一个"度"的限制，过刚易折，过柔则卑，所以做人的制高点是外圆内方、知进懂退，退即是进，予即是得。解开方圆做人的天机，参尽进退做事的秘诀，要想圆满做事，必先学会知退懂让，处世于方圆之间。这样才能在纷繁复杂的人际关系中周旋有术，游刃有余。

第二章
求学问道：专心领悟妙理，步入学用境界

　　求学问道不是一蹴而就的事情，要想学有所获，学有所成，必须持之以恒，长期耕耘。学习是为了增长知识，是为了提高自己的素质，并不是为了装点门面，附庸风雅。心平气和地去读书，书中自有人生道理，为虚名去读书，到头来一场空，求名不成反误其身。

第三章
淡泊明志：真情来自日久，真味出自平淡

持有淡泊明志之心，那自己的生活就能像云水一样逍遥自在，不自我设限封闭，能随遇而安，随缘生活，随心自在，随喜而作。淡泊之心会让你少了些抱怨，多了些理解；少了些刻薄，多了些欣赏；少了些痛苦，多了些幸福。用淡泊之心，去重新审视世界和人生。宁静以致远，淡泊以明志，凭借淡泊明志之心，你再不会为物所累，为名所诱。金庸小说《笑傲江湖》里有一句话：莫思身处无穷事，且尽生前有限杯。虽是虚构，却不失为一种人生感悟，点出"人生一世，草木一秋"的真谛。

第四章

明辨是非：辨真识假之术，看清人情世故

　　一个人要立足于社会，就得有一双看清人情世故的火眼金睛。人情世故当中，关键的因素是人，人的性格、品质、说话做事的方式等千差万别，且常常以一种与事实不一样的面目出现，只有看得清、认得明，才能交对朋友做对事。

第五章

言辞有度：话要恰到好处，把握分寸尺度

　　任何一个人都想能说会道，把事情做得漂亮，赢得别人的欣赏，游刃有余地展现自己的能力。然而，有没有社交能力、办事水平，主要表现在能否把握说话的尺度和办事的分寸上。恰当的说话尺度和适度的办事分寸是人获得社会认同、上司赏识、下属拥戴、同事喜欢、朋友帮助的最有效的手段。

第六章

功业成败：勉励现前之业，图谋未来之功

　　人生有时像个大赌局，谁也不可能总是赢家，谁也不可能老是输家。在人生的道路上要经得起大风浪，我们只有在惊涛骇浪中，才能认清自我。输是什么，失败是什么？什么也不是，只是离成功更近了一步；赢是什么，成功是什么？就是走过了所有通往失败的路，只剩下一条路，那就是成功的路。

　　达则兼济天下，穷则独善其身。进居庙堂之高，退出江湖之远，都能挥洒自如，得其所哉。在此，《菜根谭》告诉我们，如何直，怎样屈；何时当一往无前，义无反顾，何时应挂冠归去，散淡入林；更告诉我们那些取得功业成就的基本要素、方法技巧和正确心态。

第七章

持理灭欲:欲路上勿染指,理路上勿退步

影响一个人快乐的,有时并不是物质的贫乏与丰裕,而是一个人的心境如何:欲望太多,拥有再多也仍然无法满足,相反,如果能丢掉无止境的欲望,就会珍视自己所有的东西,并从中获得快乐。所以快乐与否的决定权就在于你自己,贪心人的心里永远没有知足的时候,自然也不会觉得自己的快乐。

第八章

齐家教子：人能诚心和气，胜于调息观心

一家人相处要互以诚实的心、和蔼的气氛，表露出优雅的话语，愉快的神采。一家同堂，一点没有隔阂，宛如形骸合在一起，心气融成一片，这样下去，一定能过异常快乐幸福的生活。诚心和气代表着一个人美好心性，也是最需要加强的美德之一。拥有了诚心和气，自己轻松自在，别人也舒服自然。

第一章
方圆进退：知退一步之法，懂让三分之功

　　方和圆、进和退缺一不可，但是有一个"度"的限制，过刚易折，过柔则卑，所以做人的制高点是外圆内方、知进懂退，退即是进，予即是得。解开方圆做人的天机，参尽进退做事的秘诀，要想圆满做事，必先学会知退懂让，处世于方圆之间。这样才能在纷繁复杂的人际关系中周旋有术，游刃有余。

让步为高，宽人是福

【原典】

处世让一步为高，退步即进步的张本；待人宽一分是福，利人实利己的根基。

【译释】

为人处世能够做到忍让是很高明的方法，因为退让一步往往是更好地进步的阶梯；对待他人宽容大度就是有福之人，因为在便利别人的同时也为方便自己奠定了基础。

让人一步天地宽

林则徐有一句名言："海纳百川，有容乃大。"与人相处，有一分退让，就受一分益；吃一分亏，就积一分福。相反，存一分骄横，就多一分屈辱，占一分便宜，就招一次亏欠。所以说：君子以让人为上策。

让人不是怯懦，不是软弱，而是为人处世的高明方法，因为退让往往能够更好地向前。宽人是气量，是大度。所谓宽人是福，道出了在便利别人的同时也能更好地方便自己。

齐国相国田婴门下有个食客叫齐貌辩，他生活不拘小节，我行我素，常常犯些小毛病。门客中有个士尉劝田婴不要与这样的人打交道，田婴不听，那士尉便辞别田婴另投他处了。

为这事门客们愤愤不平，田婴却不以为然。田婴的儿子孟尝君便私下里劝父亲说："齐貌辩实在讨厌，你不赶他走，倒让士尉走了，大家对此都议论纷纷。"

田婴一听，大发雷霆，吼道："我看我们家里没有谁比得上齐貌辩！"这一吼，吓得孟尝君和门客们再也不敢吱声了。而田婴对齐貌辩却更客气了，住处吃用都是上等的，并派长子侍奉他，给他以特别的款待。

过了几年，齐威王去世了，齐宣王继位。齐宣王喜欢事必躬亲，觉得田婴管得太多，权势太重，怕他对自己的王位有威胁，因而不喜欢他。田婴被迫离开国都，回到了自己的封地薛（今山东省滕县南）。其他门客见田婴没有了权势，都离开他，各自寻找自己的新主人去了，只有齐貌辩跟他一起回到了薛地。回来后没过多久，齐貌辩要到国都去拜见齐宣王。田婴劝阻他说："现在齐宣王很不喜欢我，你这一去，不是去找死吗？"

齐貌辩说："我本来就没想要活着回来，您就让我去吧！"

田婴无奈，只好由他去了。

宣王听说齐貌辩要见他，憋了一肚子气等着他，一见齐貌辩就说："你不就是田婴很信从、很喜欢的齐貌辩吗？"

"我是齐貌辩。"齐貌辩回答说，"靖郭君（田婴）喜欢我倒是真的，说他信从我的话，可没这回事。当大王您还是太子的时候，我曾劝过靖郭

君,说:'太子的长相不好,脸颊那么长,眼睛又没有神采,不是什么尊贵高雅的面目。像这种脸相的人是不讲情义、不讲道理的,不如废掉太子,另立卫姬的儿子郊师为太子。'可靖郭君听了,哭哭啼啼地说:'这不行,我不忍心这样做。'如果他当时听了我的话,就不会像今天这样被赶出国都了。""还有,靖郭君回到薛地以后,楚国的相国昭阳要求用大几倍的地盘来换薛这块地方。我劝靖郭君答应,而他却说:'我接受了先王的封地,虽然现在大王对我不好,可我这样做对不起先王呀!更何况,先王的宗庙就在薛地,我怎能为了多得些地方而把先王的宗庙给楚国呢?'他终于不肯听从我的劝告而拒绝了昭阳,至今守着那一小块地方。就凭这些,大王您看靖郭君是不是信从我呢?"

齐宣王听了这番话,很受感动,叹了口气说:"靖郭君待我如此忠诚,我因为年轻,丝毫不了解这些情况。你愿意替我去把他请回来吗?我马上任命田婴为相国。"

田婴待人宽厚,终因此而复相位。

要做到忍让,就必须具有豁达的胸怀,在为人处世、待人接物时,不能对他人要求过于苛刻。应学会宽容、谅解别人的缺点和过失。要做到这一点,就要有气量,不能心胸狭窄,而应宽宏大度。特别是在小事上,如果宽大为怀,尽量表现得"糊涂"一些,便容易使人感到你通达世事人情。

为人处世,忍让为本。但律己宽人同样是种福修德的好根由。为人在世,谁也保证不了不犯错误,谁也难免得罪人,但如果能得到人家的宽容,你自然会感激无尽。反过来,人家也会冲撞于你、冒犯于你,若你能宽容待之,人家就会认为你坦诚无私、胸襟广阔、人格高尚,于是你的身边便会挚友云集,关键时会有人为你赴汤蹈火。

知退一步，须让三分

【原典】

人情反覆，世路崎岖。行不去处，须知退一步之法；行得去处，务加让三分之功。

【译释】

人世间的人情冷暖反复无常，人生的道路是崎岖不平的。在人生之路走不通的地方，要知道退让一步的道理；在走得过去的地方，也一定要给予人家三分的便利，这样才能逢凶化吉，一帆风顺。

知退懂让，处世之道

知退一步，须让三分其实是在教诲人们做事不要鲁莽义气、少了谋划。回想自己的人生经历，鲁莽义气、缺少谋划的举止，大多出现在二十至三十多岁这个年龄段。那个时候，争强好胜、无所顾忌，总认为自己输得起，也总在这样的心境下勇往直前、不计后果。

以让步开始，以胜利告终，是人情关系学中不可多得的一条锦囊妙计。你先表现得以他人利益为重，实际上是在为自己的利益开辟道路。在做有风险的事情时，冷静沉着地让一步，尤能取得绝佳效果。

明朝时，江苏长州地方有一位姓尤的老翁开了个当铺，好多年了，生意一直不错。某年年关将近，有一天尤翁忽然听见铺堂上人声嘈杂，走出来一看，原来是站柜台的伙计同一个邻居吵了起来。伙计对尤翁说："这人前些时典当了些东西，今天空手来取典当之物，不给就破口大骂，一点道理都不讲。"那人见了尤翁，仍然骂骂咧咧，不认情面。尤翁却笑脸相迎，好言好语地对他说："我晓得你的意思，不过是为了度过年关。街坊邻居，区区小事，还用得着争吵吗？"于是叫伙计找出他典当的东西，共有四五件。尤翁指着棉袄说："这是过冬不可少的衣服。"又指着长袍说："这件给你拜年用。其他东西现在不急用，不如暂放这里，棉袄、长袍先拿回去穿吧！"

那人拿了两件衣服，一声不响地走了。当天夜里，他竟突然死在另一人家里。为此，死者的亲属同那人打了一年多官司，害得那人花了不少冤枉钱。

原来，这个邻人欠了人家很多债，无法偿还，走投无路，事先已经服毒，知道尤家殷实，想用死来敲诈一笔钱财，结果只得了两件衣服。他只好到另一家去扯皮，那家人不肯相让，结果就死在那里了。

后来有人问尤翁："你怎么能有先见之明，容忍这种人呢？"尤翁回答说："凡是蛮横无理来挑衅的人，一定是有所恃而来的。如果在小事上不稍加退让，那么灾祸就可能接踵而至。"人们听了这一席话，无不佩服尤翁的见识。

中国有句格言："忍一时风平浪静，退一步海阔天空。"不少人将它抄下来贴在墙上，奉为处世的座右铭。这句话与当今商品经济下的竞争观念似乎不大合拍，事实上，"争"与"让"并非总是不相容，反倒经常互补。

"知退一步，须让三分"是一种修为，做起来尽管很难，但在谋事为人时须记得第一次大口吃鱼时鱼刺鲠喉的尴尬，只有这样，才有可能使自己的人生潇洒地择畔吟诗、抚壁问天！

在生意场上也好，在外交场合也好，在个人之间、集团之间，不是要一个劲"争"到底，退让、妥协、牺牲有时也很必要。而作为个人修养和处世之道，"让"则不仅是一种美好的德行，而且也是一种宝贵的智慧。

面前放宽，身后泽长

【原典】

面前的田地要放得宽，使人无不平之叹；身后的惠泽要流得长，使人有不匮之思。

【译释】

一个人待人处世的心胸要宽厚，只有这样别人对你才不致有不平的牢骚；死后留给子孙与后人的恩泽要源远流长，才会使别人永远怀念。

不斤斤计较就是一种豁达

生活中，心胸狭窄的人遇事好斤斤计较，如此必然会招致他人不满。人在世时宽以待人，善以待人，多做好事，遗爱人间，必为后人怀念。而恩泽要遗惠长远，则应该多做在人心和社会上能长久留存的善举。只有为别人多想，心底无私，眼界才会广阔，胸怀才能宽厚。

不斤斤计较是一种明智，一辈子不吃亏的人是没有的。人们之间你来我往，无法做到绝对公平，总是要有人承受不公平，要吃亏。倘若人们强求世上任何事物都公平合理，那么，所有生物链一天都无法生存——鸟儿就不能吃虫子，虫子就不能吃树叶……

既然吃亏有时是无法避免的，那又何必去计较不休、自我折磨呢？事实上，人与人之间总是有所不同的。别人的境遇如果比你好，你无论怎样抱怨也无济于事。最明智的态度就是避免提及别人，避免与人比这比那。

而你应该将注意力放在自己身上，"他能做，我也可以做"，以这种宽容的姿态去看待所谓的"不公平"，你就会有一种好的心境。好心境也是生产力，是创造未来的一个重要保证。

东汉时，班超一行在西域联络了很多国家与汉朝和好，唯龟兹恃强不从。班超便去结交乌孙国。乌孙国王派使者到长安来访问，受到汉朝的友好接待。使者告别返回，汉章帝派卫侯李邑携带不少礼品同行护送。

李邑等人经天山南麓来到于阗，传来龟兹攻打疏勒的消息。李邑害怕，不敢前进，于是上书朝廷，中伤班超只顾在外享福，拥妻抱子，不思中原，还说班超联络乌孙，牵制龟兹的计划根本行不通。

班超知道了李邑从中作梗，叹息说："我不是曾参，被人家说了坏话，恐怕难免见疑。"他便给朝廷上书申明情由。

汉章帝相信班超的忠诚，下诏责备李邑说："即使班超拥妻抱子，不思中原，难道跟随他的一千多人都不想回家吗？"诏书命令李邑与班超会合，并受班超的节制。汉章帝又诏令班超收留李邑，与他共事。

李邑接到诏书，无可奈何地去疏勒见了班超。

班超不计前嫌，很好地接待了李邑。他改派别人护送乌孙的使者回国，还劝乌孙王派王子去洛阳朝见汉章帝。乌孙国王子启程时，班超打算派李邑陪同前往。

有人对班超说："过去李邑诽谤将军，破坏将军的名誉，这时正可以奉诏把他留下，另派别人执行护送任务，您怎么反倒放他回去呢？"

班超说："如果把李邑扣下的话，那就气量太小了。正因为他曾经说过我的坏话，所以让他回去。只要一心为朝廷出力，就不怕人说坏话。如果为了自己一时痛快，公报私仇，把他扣留，那就不是忠臣的行为。"

李邑知道后，对班超十分感激，从此再也不诽谤他人。

人生在世究竟该怎样做人？从古至今都是人们争论的话题。是"争一世而不争一时"，还是"争一时也要争千秋"？是只顾个人私利不管他人"瓦上霜"，还是为人类多做些有益的事？这实际上是两种世界观的较量。

有时候，退一步海阔天空，换种思维方式，一切问题都迎刃而解了。所以，凡事总能找到解决的途径，只要你肯动脑筋。对于一些无关紧要的小事，你真的不必太过计较。人生苦短，多留些快乐的日子给自己吧！

高处立身，退步处世

【原典】

立身不高一步立，如尘里振衣，泥中濯足，如何超达？处世不退一步处，如飞蛾投烛，羝羊触藩，如何安乐？

【译释】

立身如果不能站在更高的境界，就如同在灰尘中抖衣服，在泥水中洗脚一样，怎么能够做到超凡脱俗呢？为人处世如果不退一步着想，就像飞蛾投入烛火中，公羊用角去抵樊篱一样，怎么会有安乐的生活呢？

想走到高处，先学会低头

有些人看上去平平常常，甚至还给人"窝囊"不中用的弱者感觉，但这样的人并不可小看。有时候，越是这样的人，越是在胸中隐藏着高远的志向和抱负，而他这种表面"无能"，正是他心高气不傲、富有忍耐力和成大事讲策略的表现。这种人往往能高能低、能上能下，具有一般人所没有的远见卓识和深厚城府。

谦虚不仅是一种美德，更是一种人生的智慧。你可能也会有这样一种体会：越是谦逊的人，你越是喜欢找出他的优点；越是把自己看得了不起，孤傲自大的人，你越会瞧不起他，喜欢找出他的缺点。这就是谦逊的效能。所以，平时你要谦逊地对待别人，这样才能获得他的支持，为你的事业奠定基础。当你以谦逊的态度表达自己的观点或做事时，就能减少一些冲突，还容易被他人接受。即使你发现自己有错时，也很少会出现难堪的局面。

卓茂是西汉时宛县人，他的祖父和父亲都当过郡守一级的地方官，他自幼就生活在书香门第中。汉元帝时，卓茂来到首都长安求学，拜在朝廷任博士的江生为师。在老师指点下，他熟读《诗经》、《礼记》和各种历法、数学著作，对人文、地理、天文、历算都很精通。此后，他又对老师江生的思想细加揣摩，在微言大义上下苦功，终于成为一位儒雅的学者。在他所熟悉的师友学弟中，他的性情仁厚是出了名的。他对师长礼让恭谦；对同乡、同窗好友，不论其品行能力如何，都能和睦相处，敬待如宾。

卓茂的学识和人品备受称赞，丞相府得知后，特来征召，让他侍奉身居高位的孔光，可见其影响之大。

有一次卓茂赶马出门，迎面走来一人，那人指着卓茂的马说，这就是他丢失的。卓茂问道："你的马是何时丢失的？"那人答道："有一个多月了。"卓茂心想，这马跟着我已好几年了，那人一定搞错了。尽管如此，卓茂还是笑着解开缰绳把马给了那人，自己拉着车走了。走了几步，又回头对那人说："如果这不是你的马，希望到丞相府把马还给我。"

过了几天，那人从别的地方找到了他丢失的马，便到丞相府，把卓茂的马还给了他，并叩头道歉。

一个人要做到像卓茂那样的确不容易。这种胸怀不是一时一事造就的，而是在长期的熏陶、磨炼中逐渐形成的。俗话说，退一步不为低，能够退得起的人，才能做到不计个人得失，才能站在更高的境界，才能与人和睦相处。

越是有涵养、稳重的成功人士，态度越谦虚。"和光同尘"毫无棱角，言语发此，行动亦然，个个深藏不露，好像他们都是庸才，谁知他们的才，颇有位于你之上者；好像个个都很讷言，谁知其中颇有善辩者；好像个个都无大志，谁知是颇有雄才大略而愿久居人下者。但是他们却不肯在言语上露锋芒，在行动上露锋芒，这是什么道理？

因为他们有所顾忌，言语带锋，便要得罪人，被得罪了的人便成为你的阻力，成为你的破坏者；行动带锋，便要惹旁人的妒忌，旁人妒忌也会成为你的阻力，便也成为你的破坏者。你的四周，都是阻力或破坏者，在这种情形下，你的立足点都没有了，哪里还能实现扬名立身的目的？

方圆并用，宽严互存

【原典】

处治世宜方，处乱世当圆，处叔季之世当方圆并用。待善人宜宽，待恶人当严，待庸众之人宜宽严互存。

【译释】

生活在太平盛世，为人处世应当严正刚直；生活在动荡不安的时代，为人处世应当圆滑婉转；生活在衰乱将亡的末世，为人处世就要方圆并济交相使用。对待心地善良的人要宽厚；对待邪恶的人要严厉；对待那些庸碌平凡的人，则应当根据具体情况，宽容和严厉互用。

做事要方，做人要圆

"方"是做人之本，是堂堂正正做人的脊梁。人仅仅依靠"方"是不够的，还需要有"圆"的包裹，无论是在商界、官场，还是交友、爱情、谋职等，都需要掌握"方圆"的技巧，这样才能无往不利。

人际关系好坏直接关系到一个人生活和事业的成败。而要想打造一种良好的人际关系，就必须学会圆融的处世艺术；要想营造一个和谐的交往环境，就必须具备灵活的社交本领。所以，在这个熙来攘往的社会上，只有学会圆融，才能在与他人的交往中获得左右逢源的生存空间。

汉代的朱博是一介武生，后来调任地方文官，利用宽严互存的手段，顺利地制服了地方上的恶势力，被传为美谈。在长陵一带，有个大户人家出身名叫尚方禁的人，年轻时曾强奸邻人家的妻子，被人用刀砍伤了面颊。如此恶棍，本应重重惩治，只因他贿赂了官府的功曹而没有被查办，反而被调升为负责治安的守尉。

朱博上任后，有人向他告发了此事。朱博觉得真是岂有此理！就马上把尚方禁找来。尚方禁心中七上八下，硬着头皮来见朱博。朱博仔细看了看尚方禁的脸，果然发现有瘢痕。就将左右退开，假装十分关心地询问究竟。

尚方禁做贼心虚，知道朱博已经了解了他的情况，就像小鸡啄米似的接连给朱博叩头，如实地讲了事情的经过。他头也不敢抬，只是一个劲地哀求道："请大人恕罪，小人今后再也不干这种伤天害理的事了。"

"哈哈哈……"没想到朱博突然大笑道："男子汉大丈夫，难免会发生这种事情的。本官想为你雪耻，给你个立功的机会，你能好好干吗？"这时的尚方禁哪里还敢说半个不字。

于是，朱博就命令尚方禁不得向任何人泄露今天的谈话情况，要他有机会就记录一些其他官员的言论及行为，并且及时向朱博报告。听到这里，尚方禁心里的石头才算落了地，他赶紧表态说一定好好干。从此之后尚方禁便成了朱博的亲信和耳目。

自从被朱博宽释重用之后，尚方禁对朱博的大恩大德时刻铭记在心，所以干起事来就特别地卖力，不久就破获了许多盗窃、杀人、强奸等犯罪活动，使地方治安大为改观。朱博遂提升他为连守县县令。

又过了相当一段时期，朱博突然召见那个当年受了尚方禁贿赂的功曹，对他单独进行严厉训斥，并拿出纸和笔，要那位功曹把自己受贿一文钱以上的事统统写下来，不能有丝毫隐瞒。

那位功曹早已吓得如筛糠一般，只好提起笔，写下自己的斑斑劣迹。由于朱博早已从尚方禁那里知道了这位功曹贪污受贿、为奸为贼的事，所以，看了功曹写的交代材料，觉得大致不差，就对他说："你先回去好好反省反省，听候本官裁决。从今以后，一定要改过自新，不许再胡作非为！"说完就拔出刀来。

那功曹一见朱博拔刀，立时吓得两腿发软跪在地上，嘴里不住地喊："大人饶命！大人饶命！"只见朱博将刀晃了一下，一把抓起那位功曹写下的罪状材料，三两下，就将其撕成纸屑，扔到纸篓里去了。自此以后，那位功曹整天如履薄冰、战战兢兢，做起事来尽心尽责，不敢有丝毫懈怠。

无规矩，不成方圆，为人处世，当宽则宽，当严则严，这才合乎做人的本性。

真正的"方圆"之人是大智慧与大容忍的结合体，有勇猛斗士的武力，有沉静蕴慧的平和；能对大喜悦与大悲哀泰然不惊；行动时干练、迅速，不为感情所左右。

退步宽平，清淡悠久

【原典】

争先的径路窄，退后一步自宽平一步；浓艳的滋味短，清淡一分自悠长一分。

【译释】

人人竞相争先的道路最为狭窄，如果能够退后一步，道路自然就会宽广一步；追求浓艳华丽，那么享受到的滋味就会缩短，如果清淡一些，滋味反而更加悠长。

不争实为大争

与人无争，就能亲近于人；与物无争，就能育抚万物；与名无争，名就自动到来；与利无争，利就聚集而来。祸患的到来，可能就是争的结果。而无争，也就无灾祸。

做人贵在自然，做事不可强求，在大是大非面前，在天下兴亡的大义面前，不争何待？在名利场中，在富贵乡中，在人际是非面前，退一步让一下有何不好？

战国时，齐国有三个大力士，一个叫公孙捷，一个叫田开疆，一个叫古冶子，号称"齐国三杰"。他们因为勇猛异常，被齐景公宠爱，相国晏子遇到这三个人总是恭恭敬敬地快步走过去。可是这三个人每当见晏子走过来，坐在那里连站都不站起来，根本不把晏子放在眼里，仗着齐景公的宠爱，为所欲为。

晏子很想把他们除掉，又怕国君不听，反倒坏了事。于是心里暗暗拿定了主意：用计谋除掉他们。

一天，鲁昭公来齐国访问，齐景公设宴款待他们。鲁国是叔孙诺执行礼仪，齐国是晏子执行礼仪。君臣四人坐在堂上，"三杰"佩剑立于堂下，态度十分傲慢。正当两位国君喝得半醉的时候，晏子说："园中的金桃已经熟了，摘几个来请二位国君尝尝鲜吧！"齐景公传令派人去摘。

晏子说："金桃很难得，我应当亲自去摘。"不一会儿，晏子领着园吏，端着玉盘献上六枚桃子。景公问："就结这几个吗？"晏子说："还有几个，没太熟，只摘了这六个。"说完就恭恭敬敬地献给鲁昭公、齐景公每人一个金桃。鲁昭公边吃边夸金桃味道甘美。

齐景公说："这金桃不易得到，叔孙大夫天下闻名，应该吃一个。"叔孙诺说："我哪里赶得上晏相国呢！这个桃应当请相国吃。"齐景公说："既然叔孙大夫推让，就请你们二位每人吃一个金桃吧！"两位大臣谢过景公。晏子说："盘中还剩下两个金桃，请君王传令各位臣子，让他们都说一说自己的功劳，谁功劳大，就赏给谁吃。"齐景公说："这样很好。"便传下令去。

话音未落，公孙捷走了过来，得意洋洋地说："我曾跟着主公上山打猎，忽然一只吊睛大虎向主公扑来，我用尽全力将老虎打死，救了主公性命，如此大功，还不该吃个桃吗？"晏子说："冒死救主，功比泰山，应该吃一个桃。"公孙捷接过桃子就走。

古冶子喊道："打死一只虎有什么稀奇！我护送主公过黄河的时候，有一只鼋咬住了主公的马腿，一下子就把马拖到急流中去了。我跳到河里把鼋杀死了，救了主公。像这样大的功劳，该不该吃个桃？"齐景公说："那时候黄河波涛汹涌，要不是将军除鼋斩怪，我的命就保不住了。这是盖世奇功，理应吃个桃。"晏子急忙送给古冶子一个金桃。

田开疆眼看金桃分完了，急得跳起来大喊："我曾奉命讨伐徐国，杀了他们的主将，抓了五百多俘虏，吓得徐国国君称臣纳贡，临近几个小国也纷纷归附咱们齐国。这样的大功，难道就不能吃个桃子吗？"晏子忙说："田将军的功劳比公孙将军和古冶将军大十倍，可是金桃已经分完，请喝一杯酒吧！等树上的金桃熟了，先请您吃。"齐景公也说："你的功劳最大，可惜说晚了。"

田开疆手按剑把，气呼呼地说："杀鼋打虎有什么了不起！我跋涉千里，出生入死，反而吃不到桃。在两国君主面前受到这样的羞辱，我还有什么脸活着呢？"说着竟挥剑自刎了。公孙捷大吃一惊，拔出剑来说："我的功小而吃桃子，真没脸活了。"说完也自杀了。此时古冶子沉不住气了说："我们三人是兄弟之交，他们都死了，我怎能一个人活着？"说完也拔剑自刎了。人们要阻止已经来不及了。

鲁昭公看到这个场面无限惋惜地说："我听说三位将军都有万夫不挡之勇，可惜为了两个桃子都死了。"

假如世人都能抱有"退步宽平，清淡悠久"的人生观，人与人之间就不会有这么多纠纷了。但事实上很难，因为好胜之心人皆有之。这就存在一个适时的问题，即在什么样的条件下应该争胜，什么样的情况下应该退让。

老子说："只有无争，才能无忧。"利人就会得人，利物就会得物，利天下就能得天下。从来没有听说过，独恃私利的人，能得大利的。所以善利万民的人，如同水滋润万物而与万物无争，不求所得。所以不争的争，才是上争的策略。庸人不知，所以乐与相安；明白人知道，做起来却很难。所以老子说："只有不争，天下才没有能与他相争的了。"这就是虚己无我的作用。

心事宜明，才华须韫

【原典】

君子之心事天青日白，不可使人不知；君子之才华玉韫珠藏，不可使人易知。

【译释】

一个有高深修养的君子，他的心地像青天白日一样光明，没有什么不可告人的事；君子的才华应像珍藏的珠宝一样，不应该轻易炫耀让别人知道。

尽量不做别人的眼中刺

"心事宜明"是做人的准则，"才华须蕴"是做事的准则。君子之心应该是坦荡的，不应有不可告人的欲念、邪念乃至恶念。至于个人才能的发挥，应该是合乎自然的，切忌好大喜功的炫耀，否则，必然招致旁人的嫉恨，自身的才华必然会变得飘飘荡荡的，终身不得其果，甚至会招致杀身之祸。

一个人自恃才能过人，总是表现过多，锋芒太露，就会给对手带来压力和不快，他会感觉到你气势太盛，不可一世，压得他喘不过气来，将你视作眼中钉、肉中刺，尤其是当你的傲然之气表现出来的时候，他甚至会怒火中烧，不择手段地对你施以明枪暗箭。所以，欲成大事者必须学会自敛锋芒、韬光养晦。

三国时期的杨修，在曹营内任行军主簿，思维敏捷，甚有才气。有一次建造相府里的一所花园，才造好大门的构架，曹操前来察看之后，不置可否，一句话不说，只提笔在门上写了一个"活"字就走了。手下人都不解其意。杨修说："'门'内添'活'字，乃'阔'字也。丞相嫌园门阔耳。"于是再筑围墙，改造完毕又请曹操前往观看。曹操大喜，问是谁解此意，左右回答是杨修，曹操嘴上虽赞美几句，心里却很不舒服。又有一次，塞北送来一盒酥，曹操在盒子上写了"一合（盒）酥"三字。正巧杨修进来，看了盒子上的字，竟不待曹操说话自取来汤匙与众人分而食之。曹操问是何故，杨修说："盒上明书一人一口酥，岂敢违丞相之命乎？"曹操听了，虽然面带笑容，可心里十分厌恶。

杨修这个人，最大的毛病就是不看场合，不分析别人的好恶，只管卖弄自己的小聪明。当然，如果事情仅仅到此为止的话，也还不会有太大的问题，谁想杨修后来竟然渐渐地搅和到曹操的家事里去，这就犯了曹操的大忌。

在封建时代，统治者为自己选择接班人是一件极为严肃的事情，每一个有希望接班的人，不管是兄弟还是叔侄，可说是个个都红了眼，所以这种斗争往往是最凶残、最激烈的。但是，杨修却偏偏在如此重大的问题上不识时务，又犯了卖弄自己小聪明的老毛病。

曹操的长子曹丕、三子曹植，都是曹操准备选择做继承人的对象。曹植能诗赋，善应对，很得曹操欢心。曹操想立他为太子。曹丕知道后，就秘密地请歌长（官名）吴质到府中来商议对策，但害怕曹操知道，就把吴质藏在大竹片箱内抬进府来，对外只说抬的是绸缎布匹。这事被杨修察觉，他不加思考，就直接去向曹操报告，于是曹操派人到曹丕府中进行盘查。曹丕闻知后十分惊慌，赶紧派人报告吴质，并请他快想办法。吴质听后很冷静，让来人转告曹丕说："没关系，明天你只要用大竹片箱装上绸缎布匹抬进府里去就行了。"结果可想而知，曹操因此怀疑杨修想帮助曹植来陷害曹丕，十分气愤，就更加讨厌杨修了。

还有，曹操经常要试探曹丕和曹植的才干，每次都拿军国大事来征询两人的意见。杨修就替曹植写了十多条答案，曹操一有问题，曹植就根据条文来回答。因为杨修是相府主簿，深知军国内情，曹植按他写的回答当然事事中的。曹操心中难免又产生怀疑。后来，曹丕买通曹植的亲信随从，把杨修写的答案呈送给曹操，曹操当时气得两眼冒火，愤愤地说："匹夫安敢欺我耶！"

又有一次，曹操让曹丕、曹植出邺城的城门，却又暗地里告诉门官不要放他们出去。曹丕第一个碰了钉子，只好乖乖回去。曹植闻知后，又向他的智囊杨修问计，杨修很干脆地告诉他："你是奉魏王之命出城的，谁敢拦阻，杀掉就行了。"曹植领计而去，果然杀了门官，走出城去。曹操知道以后，先是惊奇，后来得知事情真相，愈加气恼。

曹操性格多疑，深怕有人暗中谋害自己，谎称自己在梦中好杀人，告诫侍从在他睡着时切勿靠近他，并因此而故意杀死了一个替他拾被子的侍从。可是当埋葬这个侍从时，杨修喟然叹道："丞相非在梦中，君乃在梦中耳！"曹操听了之后，心里愈加厌恶杨修，于是开始找岔子要除掉这个不知趣的家伙了。

不久，机会终于来了！建安 24 年（公元 219 年），刘备进军定军山，老将黄忠斩杀了曹操的亲信大将夏侯渊，曹操自率大军迎战刘备于汉中。谁知战事进展很不顺利，双方在汉水一带形成对峙状态，使曹操进退两难：要前进害怕刘备，要撤退又怕遭人耻笑。一天晚上，心情烦闷的曹操正在大帐内想心事，恰逢厨子端来一碗鸡汤，曹操见碗中有根鸡肋，心中感慨万千。这时夏侯蔼入帐禀请夜间号令，曹操随口说道："鸡肋！鸡肋！"于是人们便把这句话当作号令传了出去。行军主簿杨修即叫随军收拾行装，准备归程。

夏侯蔼见了便惊恐万分，把杨修叫到帐内询问详情。杨修解释道："鸡肋鸡肋，弃之可惜，食之无味。今进不能胜，退恐人笑，在此何益？来日魏王必班师矣。"夏侯蔼听了非常佩服他说的话，营中各位将士便都打点起行装。曹操得知这种情况，差点气坏心肝肺，大怒道："匹夫怎敢造谣乱我军心！"于是，喝令刀斧手，将杨修推出斩首，并把首级挂在辕门之外，以为不听军令者戒。

曹操的"鸡肋"、"一盒酥"及门中的"活"字等都是一种普通的智力测验，是一种文字游戏。他的出发点并不真是为了给大家出题测试，而是为了卖弄自己的超人才智，因此，他主观上并不希望有谁能够点破，只想等人来请教。在这种情况下，哪怕你猜着了，也只能含而不露，甚或以某种意义上的"愚笨"来衬托上司的"才智"。但是，杨修却毫不隐讳地屡屡点破曹操的迷局。

在待人处世中，下属千万不可处处一味表现自己，放任自己，无视上司的自尊心和心理承受能力。锋芒毕露，咄咄逼人，必然会招来上司的嫉恨，引火烧身。

作为一个人，尤其是一个自认为有才华有前程的人，要做到心高气不傲，既能有效地保护自己，又能充分发挥自己的才华。要战胜盲目自大、盛气凌人的心理和作风，凡事不要太张狂太咄咄逼人。并且还应当养成谦虚让人的美德。这不仅是有修养的表现，也是生存发展的策略。

巧妙的掩饰之所以是赢得赞扬的最佳途径，是因为人们对不了解的事物抱有好奇心，不要一下子展现你所有的本事，一步一步来，才能获得扎实的成功。倘若你处处卖弄，趾高气扬，目空一切，不可一世，不被别人当靶子打才怪呢！所以，无论你有如何出众的才智或高远的志向，都要时刻谨记：心高不可气傲，不要把自己看得太了不起，不要把自己看得太重要。必须审时度势，尽量收敛起锋芒，以免惹火烧身，影响前程甚至危及生命。

宁虚毋溢，宁缺毋全

【原典】

欹器以满覆，扑满以空全。故君子宁居无不居有，宁居缺不处完。

【译释】

欹器因为装满了水才会倾覆，扑满因为空无一物才得以保全。所以正人君子宁可无所作为而不愿有所争夺，宁可有些欠缺而不愿十分完满。

做一个适度的妥协主义者

酒足饭饱时，再美味的饭肴也引不起食欲；自满之心，朴实的真理也难以打动。耶稣也说过："心贫者有福。"每个人身上都有或多或少的缺点，勇敢的人往往缺少智慧，聪明的人往往缺少勇气，豪爽的人往往心思过疏，谨慎的人往往怀疑过头，等等。阳光性格的另一面必然是阴影，所以，我们应做一个适度的妥协主义者。

在我们的周围，有这样一些人，他们往往才智过人，工作能力也很不错，而且又非常勤奋，一工作起来常常什么都有可能忘了。但是，他们就是出不了什么成果；眼看着比他们差一些的人成果都十分显著了，而他们却依旧默默无闻。

一般来讲，这种人都是"完美主义者"。

你可能要问："完美主义"不好吗？回答是：不好。如前所说，这些人之所以不能取得成绩，不能取得人生的成功，不是他们缺少能力，而是他们在做任何事情之前，都不能克服自己追求完美的心理与冲动。

他们想把事情做到尽善尽美，这当然是可取的。但他们在做一件事情之前，总是想使客观条件和自己的能力也达到尽善尽美的完美程度，然后才会去做。因而，这些人的人生始终处于一种等待的状态。他们没有做成一件事情，不是他们不想去做，而是他们一直等待所有的条件成熟。于是，他们就在等待完美中度过了自己不够完美的人生。

张明就是一个追求完美的人。一天，他想写一篇论文，他尝试了几种、十几种乃至几十种方案之后才动手去写。这么做当然是好的，因为他可能在比较之中找到一种最佳的方案。但是，在动手写的时候，他又发现他所选择的那种方案依然有些地方不够完美，多多少少还存在着一些错误和缺点。于是，他又将这种方案重新搁置起来，继续去寻找他认为的"绝对完美"的新方案，随后又将这一论文的选题放下，去想别的事情。最终，那篇论文也没能完成。

实际上，天下没有什么东西是"绝对完美"的，张明要寻找这种东西是不可能的。这种人总是怕出现失误，而损害自己的名誉。所以，他的一生都在寻找的烦恼中度过，结果是一事无成。

如果你不相信这一点，你可以从你的人生档案中找出自己拖延着没有做的事情、没有完成的项目或课题查一查。这样的事情你可能会找出一大堆：搬了新家窗帘还没有装，所以没有请朋友来家里玩；这只现价三十元的股票原想等降到五块钱再买，但它一直降不到五块钱，等等。

归纳一下，你一直在等待所谓的条件完全具备，你好将它做得尽善尽美。可是，你会发现，社会上同样的事情有些人的方案或者条件还不如你

的成熟，但他们的成果却已经问世，或者已经赚了一大笔钱，而造成这种状况的原因就是你患上了"完美主义"的毛病。

这就可以解释，为什么会有那么多表面看起来相当精明能干的人，到头来却一事无成，在人生的道路上坎坷颇多，进退维谷。

在人生中，无论是对待工作、事业，还是对待自己、他人，我们不妨做一个适度的妥协主义者，而不要做一个完美主义者。因为完美主义者有可能什么事情也做不成，而妥协者却多多少少有些进展。

养喜召福，去杀远祸

【原典】

福不可徼，养喜神，以为召福之本而已；祸不可避，去杀机，以为远祸之方而已。

【译释】

福分不可强求，只有保持愉快的心境，才是追求人生幸福的根本态度；祸患不可逃避，只有排除怨恨的心绪，才是远离祸患的办法。

仁爱与真诚赢得永恒的友谊

拥有真诚和仁爱气质的人，具有一种以明智与系统的方式去发现和整理必要的生活原则的能力，他们从不表现任何愤怒或激情，避免了因激情而带来的负面因素，同时又温柔宽厚，能够表示嘉许而毫不啰唆，拥有渊博知识而毫不矜夸。

人生在世，应该多交朋友少树敌。常言道："冤家宜解不宜结。"多个朋友就多一条路，少个仇人便少了一堵墙。得罪一个人，就为自己堵了条路，而得罪了一个小人，可能就为自己埋下了颗不定时的炸弹。尤其是在权力场中，最忌四面树敌，惹是生非。纵是仇家，为避祸计，也该主动认错示好，免其陷害。要知时势有变化，宦海有沉浮，少一个对头，便多一份平安。

不论是哪个朝代，哪个国家，人们对奉行仁义的人都充满了敬仰和爱戴。因此，在古代就出现了诸如"仁义大侠"、"仁义之师"之类的称呼。

武力可以使人屈服，却难以使人心服。所以，高明的做法，就是与人为善，以自己的仁心去换取别人的真心。

1754 年，美国独立之前的一次弗吉尼亚殖民地议会选举决定在亚历山大里亚举行。之后成为美国总统的华盛顿上校作为亚历山大里亚的驻军长官也参加了这次选举。

最终，选举活动集中在两个候选人之间。大部分人都赞成华盛顿推举的候选人，但有一个名叫威廉·宾的人坚决不同意。为此，他与华盛顿发生了激烈的争吵。在争吵过程中，华盛顿失言说了一句冒犯宾的话，这无异于火上浇油，一向脾气暴躁的宾怒不可遏，举起拳头把华盛顿打倒在地。

此时，华盛顿的朋友都走了过来，大声叫喊着要揍威廉·宾。驻守在亚历山大里亚的华盛顿的部下听说自己的长官被羞辱，也当即带枪赶了过来，气氛相当紧张。

此时此刻，只要华盛顿一声令下，威廉·宾就会被打成肉酱。然而，华盛顿是一个头脑冷静的人，他只说了一句话："这不关你们的事情。"事态才没有扩大。

次日，威廉·宾收到了华盛顿派人送来的一张便条，要他立即到当地的一家小酒店去。威廉·宾马上意识到，这一定是华盛顿约他决斗。于是，富有骑士精神的宾毫不畏惧地拿了一把手枪，独身前往。

在去的路上，威廉·宾一直都在想着怎样去对付身为上校的华盛顿。但当他到达那家小酒店时却大出意料之外，他看到华盛顿的一张真诚的笑脸和一桌丰盛的酒菜。

"宾先生，请坐，"华盛顿真诚地说，"犯错误乃是人之常情，纠正错误则是一件很光荣的事情。我认为我昨天是不对的，你在某种程度上也得到了满足。假如你认为到此可以和解的话，那么请握住我的手，让我们交个朋友吧！"

威廉·宾被华盛顿的真诚感动了，他把手伸向华盛顿："华盛顿先生，请你原谅我昨天的鲁莽与无礼。"

之后，威廉·宾便成为华盛顿坚定的拥护者。

换作任何一个人被打倒在地时，是很容易失去理智的，甚至还会做出一些悔恨终身的事情。可贵的是华盛顿当时能保持镇静，以一种宅心仁厚的姿态去面对自己的竞争对手，最终赢得了竞争对手的心。

"乘风破浪会有时，直挂云帆济沧海。"只要我们拥有一颗仁义之心，终有一天可以得偿所愿。所谓"千里黄云白日曛，北风吹雁雪纷纷。莫愁前路无知己，天下谁人不识君"。同样地，只要我们拥有一颗仁义之心，便能"知交遍天下"。

做什么事，都要心怀仁爱；说什么话，都要有诚意。当你心存仁爱和真诚时，四周将环绕着光明；当你用仁爱和真诚去做事时，每一句话都含有欢乐的气氛。当你拥有仁爱与真诚的心去生活时，时光将轻缓、甜蜜地流逝。用仁爱和真诚的眼神看待万物、用仁爱和真诚的口舌随喜赞叹、用仁爱和真诚的双手常做善事，我们将得到永久的祝福。

用仁爱的气质和包容的态度对待每一个人，避免挑剔或苛求在表达上有毛病的人，可以通过比较委婉而又不伤害对方的方式或是恰当的提示来引出正确的表达，这样既避免了尴尬，又委婉地提出了错误。

用真诚的心去对待身边的每一位朋友，即使是在他发牢骚的时候，也要认真去聆听，并努力让他冷静下来，然后和他一起对事情进行分析，作出正确的判断。

把真诚和仁爱的想法时刻铭记在心里，为自己想要的去付出努力。仁爱与真诚的心对每一个人都是无价之宝，透过仁爱与真诚，我们可以给予需要爱的人温暖。仁爱与真诚的人，比远离仁爱与真诚的人幸福。我们付出越多的仁爱与真诚，就会得到越多爱的回报，这是永恒的因果关系。

忠恕待人，养德远害

【原典】

不责人小过，不发人阴私，不念人旧恶。三者可以养德，亦可以远害。

【译释】

做人的基本原则，就是不要责难别人轻微的过错；不要随便揭发个人生活中的隐私；更不可对他人过去的坏处耿耿于怀久久不肯忘掉。做到这三点，不但可以培养自己的品德，也可能避免遭受意外灾祸。

做个有德人

在人际交往中，一个人道德品质和修养的高下，是决定与他人相处好与坏的重要因素。道德品质高尚，个人修养好，就容易赢得他人的信任与友谊；如果不注重个人道德品质修养，就难以处理好与他人的关系，交不

到真心朋友。

一个人如果自己只对自己好，自己美自己的，那么必将故步自封，最后必成孤家寡人。这样的人，不会有人愿意和他在一起。

对人不要求全责备。至清的水不生鱼鳖，求全的人没有朋友。所以，做人应该眼睛明亮但又有所不见，耳朵聪敏而又有所不闻，看重别人的大功德，原谅别人的小过错，不要求一个人尽善尽美。

西汉初年，天下已定，各位功臣翘首以待，总希望能有个好结果，有的已等待不及，早就在那儿争论功劳大小了。刘邦觉得，也该到了封赏之时了。

封赏结果，文臣优于武将。那些功臣多为武将，对此颇为不服，其中尤其对萧何封侯地位最高、食邑最多，最为不满。于是，他们不约而同，找到刘邦对此提出质疑："臣等披坚执锐，亲临战场，多则百余战，少则数十战，九死一生，才得受赏赐。而萧何并无汗马功劳，徒行文墨，安坐议论，为何还封赏最多？"

刘邦作了个形象的比喻，说："诸位总知道打猎吧！追杀猎物，要靠猎狗，给狗下指示的是猎人。诸位攻城克敌，却与猎狗相似，萧何却能给猎狗发指示，正与猎人相当。更何况萧何是整个家族都跟我起兵，诸位跟从我的能有几个族人？所以我要重赏萧何，诸位不要再疑神疑鬼。"

众功臣私下的议论当然免不了，但毕竟与萧何无仇，对此事再不满也就算了。

一天，刘邦在洛阳南宫边走边观望，只见一群人在宫内不远的水池边，有的坐着，有的站着，一个个看去都是武将打扮，在交头接耳，像是在议论什么。刘邦好生奇怪，便把张良找来问道："你知道他们在干什么？"

张良毫不迟疑地答道："这是要聚众谋反呢！"

刘邦一惊："为何要谋反？"

张良却很平静："陛下从一个布衣百姓起兵，与众将共取天下，现在所封的都是以前的老朋友和自家的亲族，所诛杀的是平生自己最恨的人，这怎么不令人望而生畏呢？今日不得受封，以后难免被杀，朝不保夕，患得患失，当然要头脑发热，聚众谋反了。"

刘邦紧张起来："那怎么办呢？"

张良想了半晌，才提出一个问题："陛下平日在众将中有没有造成过对谁最恨的印象呢？"

刘邦说："我最恨的就是雍齿。我起兵时，他无故降魏，以后又自魏降赵，再自赵降张耳。张耳投我时，才收容了他。现在灭楚不久，我又不便无故杀他，想来实在可恨。"

张良一听，立即说："好！立即把他封为侯，才可解除眼下的人心浮动。"

刘邦对张良是极端信任的，他对张良的话没有提出任何疑义，他相信张良的话是有道理的。

几天后，刘邦在南宫设酒宴招待群臣。在宴席快散时，传出诏令："封雍齿为什邡侯。"雍齿真不敢相信自己的耳朵。当他确信无疑真有其事后，才上前拜谢。雍齿封为侯，非同小可。那些未被封侯的将吏和雍齿一样高兴，一个个都喜出望外："雍齿都能封侯，我们还有什么可顾虑的呢？"

事情真被张良言中了，矛盾也就这么化解了。

做人应当宽宏大量，不要紧紧抓住别人的错误或缺点不放，那样，不但证明自己人品的卑劣，而且也体现了自己狭隘的胸襟。能宽容待人，能容许人家犯错误，同样能造福于自己和别人，从而避免祸害。

天下最让人喜欢的人，就是有德之人。他们总是按照良心法则去做人做事，从而能赢得人心。一个人能够赢得人心，就会在周围有一大批朋友。朋友是帮助你走向成功的资本。有德之人朋友遍天下，无论走到哪里都有一碗饭吃。中国有句俗话："在家靠父母，出门靠朋友。"这的确是一句大实话。这里所说的"靠"，不是依靠，而是大家靠在一起，不把自己孤立封闭。这样，才能风调雨顺，马到成功。有德之人具有极大的感应力与亲和力，根本无需去刻意寻找，自然就会有人来找你，来帮助你！

清浊并包，善恶兼容

【原典】

持身不可太皎洁，一切污辱垢秽要茹纳得；与人不可太分明，一切善恶贤愚要包容得。

【译释】

立身处世不能过分洁身自好，对于一些污言秽语、羞辱委屈要能适应容纳；与人相处不可把善恶分得太清，不管是好人还是坏人，都要在一定程度上习惯包容。

持身不可太皎洁

社会是一个大舞台，在这个舞台上，容纳着缤纷多姿、形形色色的人，并且不同的人扮演着不同的角色。其中，有君子、有小人、有善良、有丑恶等。这种真实的存在和自然的现象，我们必须客观地正视和面对。正如性格研究专家就人与人之间不同的性格比喻而言："世界上没有两片相同的树叶。"由于每个人的生活背景、教育状况、社会阅历及其自身性格等原因，所形成的差异是必然的。一个人如果要求与他交往的人都像天使一样纯洁、美丽，是极不现实的。句子中的"皎洁"，指洁白明亮。"茹纳得"，即容忍得下之意。茹，含也。范成大《相州》诗有"茹痛含辛说乱华"之语。

　　简要来讲，这段话的核心，就是说一个人不能容不下一点污言秽语，也不要把善恶分得太清。水至清则无鱼。持身太洁，不讲包容，是很难与人相处的。

　　在生活的空间里，圣洁与污浊并存，善良与丑恶同在。要想做德才兼备、成就大事的真正君子，就必须有清浊并容的雅量和气度，宽宏大量，善于同形形色色的人交往，取其长处，避其之短，不可对别人苛刻或有过高的要求。

　　宋太宗时期，宰相吕蒙正说过："水若过清则鱼不留，人若过严则人心背。"

　　吕蒙正素以不与人计较而出名。他刚任宰相时，有一位官员在帘子后面指着他对别人说："这小子也配当宰相吗？"吕蒙正假装没听见，大步走了过去。

　　其他官员为他深感不平，准备查出此人是谁，吕蒙正知道后，急忙阻止了他们。

　　散朝后，那些官员还是愤愤不满。吕蒙正却对他们说："人无完人，他说我一些不好的话，也没什么，谁能保证自己就没过失呢？或许我的确有哪儿做得不好。再说，如果知道了他的姓名，一辈子都得耿耿于怀，多不好啊！所以千万不要再去查问了。况且，说这几句对我并没有什么损失呀。"人们都佩服他气量大。

　　可以说，持身不可太皎洁，是宜群合众；污辱垢秽要茹纳得，是谦恭适应；善恶贤愚要包容得，是雅量高风。只有宜群合众，才能和谐共处，只有谦恭适应，才能赢得尊敬，只有包容善恶，才能化解仇恨，这是修身的真经，也是立世的良方。如此，可以使我们生活得更美好。

冷眼观物，热诚有度

【原典】

君子宜净拭冷眼，慎勿轻动刚肠。

【译释】

君子不论遇到什么情况，都应注意保持冷静态度细心观察，切忌随便表现自己耿直的性格，以免坏事。

交友不要过热甚密

遇事坦诚直率当然没错，但要看对象能否接受。不能因为自己直率妨碍了别人，甚至破坏了友谊。

张明早就知道李强有大手大脚、不拘小节的毛病，张明一直认为这是男子汉粗犷豪放的体现，甚至因此埋怨自己什么事都算计，节俭得有点对自己近乎苛刻。

因为照顾得病的父亲，张明通过李强调到了同一单位，两个好朋友一下子形影不离了，聊天、游泳、喝酒，出则成双，入则成对，李强也经常帮助张明照顾父亲。

不久，张明厌倦了这种生活，并开始讨厌李强粗犷豪放的性格。每次吃饭，李强都会要上满满的一桌菜，有时吃完饭，一抹嘴起身便走，留下张明"埋单"。一向节俭的张明劝了李强多少次，李强也不听。一次吃饭，上述情况再一次出现，这一次张明非常恼火，付完钱告诉李强，我有父亲需要照顾，以后吃饭不要叫我了！李强吃了一惊，也非常生气，多年的老朋友这算什么呢？何必当真。

不该发生的事在一对令人羡慕的朋友之间出现了，很让人遗憾。

因此，交友过热甚密，一则影响双方的工作、学习和家庭，再则会影响感情的持久。

交友应重在以心相交，来往有节。

陈颖把张怡看成比一日三餐还重要的朋友，两人同在一个合资公司做公关小姐，由于工作纪律非常严格，交谈机会很少。但她们总能找到空闲时间聊上几句。

下班回到家，陈颖的第一个任务就是给张怡打电话，一聊起来能达到饭不吃、觉不睡的地步，两家的父母都表示反对。

星期天，陈颖总有理由把张怡叫出来，陪她去买菜、购物、逛公园。张怡每次也能勉强同意。陈颖可不在乎这些，每次都兴高采烈，不玩一整天是不回家的。

张怡是个有心计的姑娘，她想在事业上有所发展，就偷偷地利用业余时间学习电脑。星期天，张怡刚背起书包要出门，陈颖打来电话要她陪自己去裁缝那里做衣服，张怡解释了大半天，陈颖才同意张怡去上电脑班。可是张怡赶到培训班，已迟到了15分钟，张怡心里好大的不痛快。

第二个星期天，陈颖说有人给她介绍了个男朋友，非逼着张怡一起去相看，张怡说："不行，我得去学习。"陈颖怕张怡偷偷溜走，一大早就赶到张怡家死缠活磨，张怡没上成电脑班。最终张怡郑重声明，以后星期天要学习，不再参加陈颖的各种活动。

陈颖一如既往，满不在乎，她认为好朋友就应该天天在一起。有时星期天照样来找张怡，张怡为此躲到亲戚家去住。这下陈颖可不高兴了，她意识到张怡是有意疏远她。陈颖说："我很伤心，她是我生活中最重要的人，可她一点也觉察不到。"

陈颖的错误在于，她没有觉察到朋友的感觉和想法，过密过热的交往几乎剥夺了张怡的自由，使张怡的心情烦躁，不能合理地安排自己的生活。

之后，陈颖不像以前那么热情了，与张怡聚会少了，可是她惊奇地发

现，她们的友谊反而更加深厚了。

直率的人一般都待人热诚，所谓古道热肠；遇事正直，所谓胸怀坦荡。但为人处世要讲究方法。待人热诚当然是对的，但热情过度，往往造成主观愿望与客观效果相悖；因为太热情往往就过于主观，可能招致人家怨尤；因一时的热情而轻举妄动，或许还会铸成大错。

热心助人，其福必厚

【原典】

天地之气，暖则生，寒则杀。故性气清冷者，受享亦凉薄。惟和气热心之人，其福亦厚，其泽亦长。

【译释】

自然界的气候规律是，气候温暖就会催发万物生长，气候寒冷就会使万物萧条沉寂。所以一个人如果心气孤傲冷漠，只会受到同样冷漠的回报。只有那些充满生命热情而又乐于助人的人，他所得到的回报才会深厚，福祉也才会绵长久远。

和善宽厚的人更有力量

对待别人应当像春天一样温暖，而不应当像秋风扫落叶那么无情。和气待人、予人帮助，给困难之人以援手，历来都是国人所尊崇的。待人热情，首先不孤独，乐于助人，显然能得到人们的帮助，渡过生活的难关。

胡雪岩，名光墉，字雪岩。1823 年出生于徽州绩溪。徽州多商，徽商遍布各地。受经商之风的影响，胡雪岩 12 岁那年，便告别寡母，只身去杭州信和钱庄当起了学徒。

开始时，胡雪岩和其他伙计一样在店里站柜台，后来东家和"大伙"都觉得这个小伙计顺眼，就派他出去收账。胡雪岩认真操办，从来不曾出过纰漏，深得东家赏识。

有一年夏天，胡雪岩在一家名叫"梅花碑"的茶店里跟一个叫王有龄的人攀谈，知道他是一名候补盐吏，打算北上"投供"加捐。

清代捐官不外乎两种，一种是做生意发了财，富而不贵，美中不足，捐个功名好提高身价。像扬州的盐商，个个都是花几千两银子捐来的道台，这样一来便可以与地方官称兄道弟，平起平坐，否则就不算"缙绅先生"，有事上公堂，要跪着回话。再有一种，本是官员家的子弟，书也读得不错，就是运气不好，三年大比，次次名落孙山，年纪大了，家计也艰窘了，总得想个谋生之道。改行无从改起，只好卖田卖地，托亲拜友，凑一笔钱去捐个官做。

王有龄就属于后者，他的父亲是候补道，没有奉委过什么好差事，分发浙江，在杭州一住数年。老病侵夺，心情抑郁，死在异乡。身后没有留下多少钱，运灵柩回福州，要很大一笔盘缠，而且家乡也没有什么可以投靠的亲友，王有龄就只好奉母寄居在异地了。

境况不好，又举目无亲，王有龄穷困潦倒，每天在茶馆里穷泡，消磨时光。虽然捐了官却无钱去"投供"。

在清代，捐官只是捐了一个虚衔，凭一张吏部所发的"执照"，取得某一类官员的资格。如果要想补缺，必得到吏部报道，称为"投供"，然后抽签分发到某一省候补。王有龄尚未"投供"，更谈不上补缺了。

胡雪岩认定眼前这个落魄潦倒的王有龄必定会翻转过来，大富大贵，只是火候未到，还缺一位帮他的贵人罢了。胡雪岩年纪尚轻，二十出头，正处于多梦时代，他想象自己正是刚肠侠胆、救人于危难的豪爽之士，虽算不上"贵人"，但手里尚握重金——那500两未交给老板的银子，亦是助人成就大业的本钱。

王有龄却不知胡雪岩的心思，他心不在焉地呷口茶，冲胡雪岩拱拱手，然后起身告退。

"老哥不忙走，请看一样东西，"胡雪岩从衣兜里掏出布包，一层层理开，露出一张500两的银票，原来老板当初交办胡雪岩去讨一笔倒账，并无十分把握，即使讨不回来，也并不怪罪他。故而胡雪岩未把银票交回钱庄，他寻思把这钱做本钱，做一桩大生意的投资，如今瞅准了王有龄，正好在他身上下工夫。胡雪岩见识高明，他认定以钱赚钱算不得本事，以人赚钱才是真功夫，倘若选人得当，大树底下好乘凉，今生发迹才有靠山。这思想一直左右胡雪岩终生，使他成为一代大贾巨富。

当时，王有龄一下惊呆了，半天回不过神来。当他听胡雪岩说这些银票要送给他进京"投供"时，他双手乱摇不肯接受。这么大一笔钱，没有人敢替他作保，他实在还不起！

然而当他感知胡雪岩是真心实意，绝非儿戏时，顿时又感动万分，热泪滚滚，倒头便要下拜。胡雪岩慌忙扶住他，两人互换帖子，结拜为弟兄。胡雪岩重又唤来酒菜，举杯庆贺，预祝王有龄马到成功、衣锦荣归。两人如同亲弟兄一般，说不完的知心话，道不尽的手足情。

第二天，王有龄买舟启程北上，胡雪岩到码头相送，两人依依惜别。秋风鼓动白帆，客船飞快远去，运河水面百舸争流，千帆竞发。胡雪岩站在码头上，望此情景，忽然生出念头：运河犹如大赌局，不知王有龄能赢否？

但有一点胡雪岩不会怀疑，那就是王有龄一旦发迹是绝不会忘记他的。

胡雪岩资助王有龄的这笔款子原是吃了"倒账"的，就钱庄而言，已经作为收不上来的"死账"处理了，如果能够收到，完全是意外收入。

欠债的人背后有个绿营的营官撑腰，钱庄怕麻烦，也知惹不起他，只好自认倒霉。但巧的是此人偏偏跟胡雪岩有缘，两人很谈得来。他欠的债别人收不来，可胡雪岩一开口就另当别论了。而此人最近又发了财，当胡雪岩登门说明来意后，他二话没说，把钱如数交到了胡雪岩手中。

胡雪岩当时心想，反正这笔款子钱庄已当无法收回处理，转借给困境中的王有龄，将来能还更好，万一不能还，钱庄也没有损失。

如果胡雪岩把这事悄悄办了也不会出问题，可事情坏就坏在他把事情和盘托出了，而且自己写了一张王有龄的借据送到总管店务的"大伙"

手里。

钱庄老板震怒于胡雪岩的自作主张，把店里的钱拿去做人情，不仅给钱庄带来了经济损失，而且在店员中树了一个恶例。尽管胡雪岩坦言相告，但并不能保证其他店员不跟胡雪岩学类似的转手把戏，长此下去，还不把钱庄给砸了？

同行和熟人那里，有人私下议论，绝不相信以胡雪岩的精明，会做出损己利人的事。也有人对胡雪岩的坦言不但不信，而且觉得大可怀疑开去：保不准是狂嫖滥赌，欠下一屁股债，现在没办法了，就挪用款项，然后编造出一个"英雄赠金"的故事来。

归在一起，就是不能用这种人了。胡雪岩在杭州无法立足，最后只好离开杭州，流落到上海。

胡雪岩到上海后，生计窘迫，只好去做苦力，每日以烧饼白开水充饥，艰难时只得把自己的袍子也送进了当铺。

他一度求职无门，最后回到杭州托人介绍到妓院去给别人扫地挑水。

这是一段茫无尽头的苦日子。因为胡雪岩只是把钱赠给了王有龄，但是王有龄是否能捐官成功，何时能捐官成功，他心里都没有底儿。他只能在心里默默念叨："王有龄啊王有龄，但愿你一帆风顺，如愿以偿，我胡雪岩才有出头之日！"

王有龄花银子加捐为候补州县，分发浙江，拿了一张簇新的"部照"和交银收据，打点回程，到杭州候补。没几天，被委为浙江海运局坐办，主管海上运粮事宜，是个很有油水的差事。

王有龄到"海运局"上任后的第一件事就是帮胡雪岩重新把丢了的饭碗找回来。

王有龄有意到钱庄摆一摆官派头，替胡雪岩出一口恶气，但胡雪岩不同意这么做，不同意让钱庄的"大伙"难为情。胡雪岩很细心地考虑到他那些昔日老同事的关系、境遇及爱好，花了整整一上午的时间，为每人备了一份礼，然后雇了一个挑夫，担着这一担礼物跟着他去了钱庄。

钱庄上下人等都觉得以前错怪了胡雪岩，现在有王大人撑腰，这次胡雪岩重回钱庄他们准没好果子吃，大家惴惴不安地等着胡雪岩的到来。

可他们万万没想到胡雪岩满脸微笑，好像从前的事没发生过似的，更让钱庄伙计们想不到的是胡雪岩竟还给每个人备了份礼。众人收下礼物后在背后不住地摇头叹息："嗨！咱当初是怎么对待人家的呀，这……嗨！"

就这一下子，胡雪岩就把众人给收服了。人人都有这样一个感觉：胡雪岩倒霉时，不会找朋友的麻烦，他得意时，还会照应朋友。

胡雪岩的所作所为，让王有龄大加赞叹，对他这位莫逆之交愈发敬重，大事小事总要先向胡雪岩请教之后才去办理。

胡雪岩有了王有龄这个靠山，从此才得以出人头地，平步青云。

胡雪岩的"好运自然来"，说到底是他乐于助人的结果。

量宽福厚，器小禄薄

【原典】

仁人心地宽舒，便福厚而庆长，事事成个宽舒气象；鄙夫念头迫促，便禄薄而泽短，事事成个迫促规模。

【译释】

仁慈博爱的人心胸宽阔坦荡，所以能够福禄丰厚而长久，事事都能表现出宽宏大度的气概；浅薄无知的人心胸狭窄，所以福禄微薄而短暂，凡事都表现出目光短小狭隘局促的心态。

福随仁义而至

人，由于胸怀宽广舒坦，就能享受厚福而且长久，于是形成事事都有宽宏大度的样子；反之，心胸狭窄的人，由于眼光短浅思维狭隘，所得到的利禄都是短暂的，形成只顾到眼前而临事紧迫的局面。

庞涓与孙膑同在鬼谷子门下学兵法。庞涓自以为学得差不多了，又听到魏国正在厚币招贤，访求将相。于是匆匆辞别鬼谷子，投奔魏相国王错，王错将他推荐给魏惠王。魏惠王见他兵法精熟，便任他为元帅，兼军师。

孙膑为人忠厚，鬼谷子便将自己注解的《孙武兵法》传授给他。孙膑三日内尽行记下，鬼谷子便索还原书。

魏惠王从墨翟口中知道鬼谷子门下还有一孙膑，好生了得，于是便派使臣迎至魏国。魏惠王问庞涓，孙膑才能如何，庞涓说在自己之上，要魏惠王任他为客卿。客卿地位虽高，但不掌握军权。孙膑在魏惠王面前演习兵阵，庞涓预先请教孙膑，然后在魏惠王面前一一指出阵名，魏惠王便以为庞涓胜于孙膑。

庞涓既害怕孙膑分宠，又想得到《孙武兵法》真传。他开始设计陷害孙膑。孙膑是齐国人，庞涓叫人假造了一封家信，由手下人扮作齐使者，将信交给孙膑，说是齐国他哥哥来的信，请他回去祭扫祖坟。孙膑回信谢绝，庞涓得信后，加进了孙膑想效忠齐王的内容，连夜送给魏王看。后又假装探望孙膑，唆使孙膑第二天上书请假，魏惠王便真的以为孙膑不忠，想出卖自己，于是把他交给庞涓处理。庞涓当着孙膑的面，说是要去见魏惠王救孙膑，实则在魏惠王跟前请求对孙膑用刖刑（即剜去膝盖骨）。回来后说自己只救得他不死，假表歉意后，便叫手下人对孙膑用刖刑。

孙膑从庞涓的下人那里打听到，庞涓想在兵法到手后便弄死他，情急生计，便装癫佯狂。墨翟得知此事后，便到齐国把详情告知大将田忌，田忌又告知齐威王。于是齐国借口其他事派使臣至魏，趁庞涓不注意时将孙膑偷带至齐国。

孙膑到齐后，只愿做田忌的军师。后庞涓率兵攻打赵国都城邯郸，赵求救于齐。田忌用孙膑"围魏救赵"计，就近进攻魏国的襄陵。庞涓果然回兵，结果在桂陵中了孙膑预设的埋伏，大败。

庞涓知齐威王得孙膑后，一直寝食不安，又行反间计，使田忌、孙膑免官。庞涓得意忘形，以为天下无敌了，便率大兵攻韩。韩国向齐求救。

当时齐威王已死，齐宣王继位，并重新启用了田忌、孙膑。齐国待魏兵与韩兵交战了很久之后才出兵。这次又采用"围点打援"计，直逼魏都大梁。庞涓火速回兵，孙膑又用减灶之法迷惑敌人，使庞涓误以为齐兵大多逃亡，不堪一战，于是全力追赶。追至马陵道时，又中了孙膑的埋伏，全军覆灭。不仁不义的庞涓被万箭穿心。

庞涓本和孙膑有同窗之谊，但庞涓命薄福浅，无幸获得鬼谷子的《孙武兵法》，这使他迁怒于孙膑并加害于他。但孙膑最终还是逃脱了庞涓的魔掌，在战场上惩处了不仁不义的庞涓。庞涓咎由自取，罪有应得。

念头少，伪装少，争得就少，心情舒畅，平日就少有忧虑烦恼。有些人聪明过了头，用尽心机，烦恼接踵而至。而那些污秽贪婪的小人，心地狡诈行为奸伪，凡事只讲利益不顾道义，这种人的行为更不足取。仁人待人之所以宽厚，在于诚善，在于忘我。所以，待人应有些肚量，少为私心杂念打主意。不强取不属于自己的东西，烦恼何来？

责人情平，责己德进

【原典】

责人者，原元过于有过之中，则情平；责己者，求有过于元过宅内，则德进。

【译释】

对待别人应该宽容，要善于原谅别人的过失，把有过错当做无过错，这样相处就能平心静气；对待自己应该严格，在自己没有过错时要能找到自己的缺点，这样品德就会不断增进。

责备别人不可太刻薄

现在有一句话，叫做"从自己做起"，如果不是变成了口号，这是一句非常好的话。从自己做起，就是对自己严格要求，事事走在前面，以行动作示范。这样自然有力量。相反，自己做不到的，却要求人家做到，自己费好多努力才终于做到的，也要求人家做到，这首先就使人家不佩服，哪能有力量呢？所以不能把一句很有实际意义的话弄成好看的口号。

东汉时，刘秀的姐姐湖阳公主外出有事。当公主乘坐的车经过洛阳城内有名的厦门亭时，洛阳令董宣带着一班衙役拦住了车。董宣要拘捕湖阳公主的一个家奴，据侦察，这个家奴也跟这个车队出来了。湖阳公主一看，小小洛阳令，竟敢公然阻挡皇亲车队，便勃然大怒，大声斥责董宣大胆。

董宣毫不示弱，他也大声回敬湖阳公主，说她包庇杀人犯，并严令这个犯有杀人罪的家奴快下马来。湖阳公主见董宣一点不把自己放在眼里，还想庇护那个家奴，但已来不及了。只见董宣眼明手快，令手下衙役快速把那个家奴抓起来，并当着湖阳公主的面，把那个家奴打死。

湖阳公主气得发抖。她从来没有遭受过如此羞辱，这口气无论如何也难以咽下。

她调转车头，直奔皇帝居住的禁宫而来。

皇姐驾到，刘秀当然要见她。只见湖阳公主气咻咻地一面向刘秀哭诉事情的经过，一面要刘秀替她出这口气，严厉惩罚董宣。

董宣这个人，刘秀是知道的。这个人刚正不阿，执法如山。当年他任北海相期间，曾经以杀人罪捕杀了当地豪族公孙丹父子，还杀了到衙门捣乱的公孙丹族人30余人。事情一闹大，朝廷把董宣抓了起来，并以"滥杀"罪判其死刑。董宣却毫无惧色，视死如归。在执行死刑前的一刹那，刘秀的赦令到了，董宣才得以幸免。

刘秀虽然了解董宣的性格，但对皇姐当众受辱这口气也觉得难以下咽，他立即下令让卫士把董宣抓进宫来，准备处死他。

董宣还是那副面不改色的老面孔。他说要死可以，但有句话必须讲明："陛下圣明，汉室得以中兴，但如果自己亲属的家奴无故杀人而不受到制裁，那陛下怎么还能治理天下？要臣死不难，用不着鞭笞，臣自杀就是。"说完就把头向门楹上撞去。

刘秀也被董宣一身正气所震撼。他感触良多："如此刚正之臣，能治罪吗？"后来，虽然免了董宣死罪，但皇帝的威严仍使刘秀要董宣向湖阳公主叩头赔不是。耿直的董宣就是不愿叩头，宦官强拽住他的头往下按，董宣依然死命不肯低头。

湖阳公主气不打一处来。她对刘秀说："如今你是天子，为何就不能下一道命令呢？"刘秀不以为然："正因为是天子，才不能像布衣那样办事啊。"湖阳公主无奈，只得回去了。

在与人相处时要随时体谅他人，在温和且不伤害他人的前提下，适宜地帮助别人。以严厉的态度对待别人，容易遭到相反的结果，如此一来反而无法达到目的。若要避免遭受困扰，关键在于宽容他人。但是，这种态度只适于对待他人，却不能自我宽容，在律己方面应该时刻以严格的态度自我反省。太过于放纵自己不仅没有好处，反而会阻碍自己身心的发展。

俗话说："见人之过易，见己过难。"责备别人不可太刻薄，但是对己则必须严格要求，如此一来自己的德行也就随之而升华了。

求学问道：专心领悟妙理，步入学用境界

　　求学问道不是一蹴而就的事情，要想学有所获，学有所成，必须持之以恒，长期耕耘。学习是为了增长知识，是为了提高自己的素质，并不是为了装点门面，附庸风雅。心平气和地去读书，书中自有人生道理，为虚名去读书，到头来一场空，求名不成反误其身。

菜根谭全鉴

水滴石穿，瓜熟蒂落

【原典】

绳锯木断，水滴石穿，学道者须要力索；水到渠成，瓜熟蒂落，得道者一任天机。

【译释】

把绳索当锯子摩擦久了可锯断木头，水滴落在石头上时间一久就可穿透坚石，同理，做学问的人也要努力用功才能有所成就；各方细水汇集在一起自然能形成一股细流，瓜果成熟之后自然会脱离枝蔓而掉落，而修行学道的人也要听任自然才能获得正果。

绳锯亦可断，水滴石能穿

无论学道，还是习艺，坚持始终如一，认准了就干下去，不改初衷，自然会水到渠成、瓜熟蒂落。正如俗语所说，皇天不负有心人，百炼成钢，功成圆满。求学问道不能有一蹴而就的思想，要勤于积累，不断充实自己。积累就得勤学。历史上勤学苦练的事例太多了，头悬梁、锥刺骨的故事代代相传。

常言道："有志者事竟成"，"绳锯木断，水滴石穿"。这些警言都是在勉励人做事要有恒心毅力，只要锲而不舍，拥有滴水穿石的精神，定有成功的一天。另外，上面一段话的后部分也劝世人不要急功近利，要静得住心，耐得住性，勤于积累，不断充实自己。

凡事不可强求，揠苗助长只会适得其反；而只有顺应自然，等机会成熟了才能水到渠成，获得正果。

"绳锯木断"，即绳子能把木头锯断。是说力量虽小，只要坚持就能成功。"水滴石穿"，即水滴能把石头穿透。常比喻力量虽小，但坚持就能出现奇迹。"水到渠成"，指水流到的地方会自然形成沟渠，比喻做事要顺其自然，条件成熟就会成功。"天机"，指天赋的灵机，即天意的意思。

荀子《劝学篇》曰："锲而舍之，朽木不折；锲而不舍，金石可镂。"如果在学习中知难而退，浅尝辄止，那必定学无所成。"绳锯木断，水滴石穿"，寓含着的就是一种坚毅的精神，一种百折不挠的勇气，一种坚定必胜的信念。它包含着对意志品质的磨炼和考验。能够经受住生活中的磨炼与考验，在学习中也就不会畏惧任何障碍了。

宋濂，字景濂，明朝初年浦江人。官至学士，承旨知制诰。主修《元史》，参加了明初许多重大文化活动，参与了明初制定典章制度的工作，颇得明太祖朱元璋器重，被人认为是明朝开国大臣之中的佼佼者。

宋濂年幼的时候，家境十分贫寒，但他苦学不辍。有一次天气特别寒冷，冰天雪地，北风狂吼，以至于砚台里的墨都结成了冰，但宋濂仍然苦学，不敢有所松懈，借来的书坚持要抄好送回去。抄完了书，天色已晚，仍然冒着严寒，一路跑着去还书给人家，从不超过约定的还书日期。因为他守信，许多人都愿意把书借给他看。他因此能够博览群书，增加见识，为他以后成才奠定了基础。

面对贫困、饥饿和寒冷，宋濂不以为意，不以为苦，努力向学。到了20岁，他成年了，就更加渴慕圣贤之道，但是也知道自己所在的穷乡僻壤缺乏名士大师，于是不顾疲劳常常跑到几百里以外的地方，寻找自己同乡中那些已有成就的前辈学习。有一位同乡位尊名旺，到他那里的名人也很多，有不少人赶来他那里学习。但他的言辞和语气很不客气，一副盛气凌人的样子。宋濂就侍立在旁边，手里拿着儒家经典向他请教，俯下身子，侧耳细听，唯恐落下什么没有听明白。有时候这位名气很大的同乡，对他提出的问题不耐烦了，就大声斥责他，他则脸色更加恭敬，礼节愈加周到，连一句话也不敢说。看到老师高兴的时候，就又去向他虚心请教。

后来宋濂觉得这样学习不是长久之计，于是就到学馆里拜师学习。他一个人背着书箱，拖着鞋子，从家里走了出来。寒冬的大风，吹得他东倒西歪，数尺深的大雪，把脚下的皮肤都冻裂了，鲜血直流。等到了学馆，人几乎冻死，四肢僵硬得不能动弹，学馆中的仆人拿着热水把他全身慢慢地擦热，用被子盖好，很长时间以后，他才有了知觉，缓了过来。

　　为了求学，宋濂住在旅馆之中，一天只吃两顿饭，什么新鲜的菜，美味的鱼、肉都没有，生活十分艰辛。但他根本没有把吃得不如人，住得不如人，穿得不如人这种表面上的苦当回事。

　　正是宋濂能忍受穷苦，具有持之以恒、勤而不辍的精神，才得以成就一番事业的。他的那些同学一个个生活得很富足，可又有几人名留青史呢？

　　宝剑锋从磨砺出，经得住艰难困苦的考验，拥有锲而不舍的精神，人生一定会谱写出精彩。绳锯木断、水滴石穿是经年修行的积累所致，锲而不舍、金石可镂，就是刻苦修习的结果。

修德忘名，读书深心

【原典】

学者要收拾精神，并归一路。如修德而留意于事功名誉，必无实诣；读书而寄兴于吟咏风雅，定不深心。

【译释】

做学问就要集中精神，一心一意致力于研究。如果在修养道德的时候仍不忘记成败与名誉，必定不会有真正的造诣；如果读书的时候只喜欢附庸风雅，吟诗咏文，必定难以深入内心，有所收获。

业精于勤荒于嬉，行成于思毁于随

"业精于勤荒于嬉，行成于思毁于随"。勤与思是求取学问，敲开奥秘之门的宝贵所在。所谓"一分耕耘，一分收获"，说的就是这个意思。句中的"收拾精神"，指收拢散漫的意念，即聚精会神的意思。"并归一路"，指会在一处，也就是专心研究学问。"事功"，事业功名之意。"实诣"，即实际造诣。"深心"，指有所成就的意思。这段话总是告诉人们，要想学有所成，必须静心专注，刻苦攻读，不能流于浮浅，故弄风雅，意念杂乱、三心二意的人是学不成东西的。

古今中外，凡有真才实学的学者，必须下真工夫才能求真学问。但是也有一些人只知道吟风弄月，讲求风雅而不务实，只学到一些皮毛。这是一种极大的浪费，对学习、事业都不会有帮助。我们读书应该集中精力，

45

专心致志，加强自身的修养，使自己成为一个有用的人。

三株药业集团总裁吴炳新，出身贫寒。面对残酷的人生，吴炳新过早地挑起生活的重担，下地捡粪、除草、灭虫、挖地、挑水等体力活一年干到头，从不空闲。直到 11 岁时，大哥决定，再穷也要让炳新上学读书。苦难的生活使炳新朦胧地懂得，穷人的孩子要有出头之日，自古以来就是要靠读书。这样才能自己养活自己，才能有立足之地。

吴炳新十分珍惜这来之不易的学习机会，拼命地学习，争分夺秒地往前赶课程。没有书，就用手抄；没有纸，用石板代替；没有笔，用石块划。夏天的晚上，别人乘凉神侃的时候，他趴在油灯下苦读；冬天双手冻得通红僵硬，他照旧写字做算术。放学后，他跟大哥去干农活也随身带上一本书，休息时，不是大声朗读课文就是用树枝写写画画。这样，悟性很高的吴炳新仅用 4 年时间就学完了 6 年的高小课程。这时，贫穷中断了他的学校生活。不能在学校学习，吴炳新就开始借书读，只要谁家有书，他就去借，别人不肯借，他就硬"赖"在别人家里看。

每个人的道路不同。有的人是在干中学习的，也获得了成功；而对于吴炳新来说，由于年龄已大，起步晚，就必须更早地做好准备，等机遇出现时，才可能及时抓住。

1954 年，全国普遍成立了初级社，16 岁的吴炳新自告奋勇当了村初级社会计。由于他的运算能力过人，加之讲起话来滔滔不绝、头头是道，乡亲们就给他取了两个绰号"铁算子"和"铜嘴子"，后来他又成了 11 个高级社的总会计。1958 年，吴炳新被乡亲们推选去支援包钢建设，包头矿务局把他招收为国家正式职工。由于他忠实可靠，工作出色，不久就担任了主管会计，后来又被提升为销售科长。面对这些，吴炳新并不满足，他感觉到自己的能量没有完全发挥出来：与老同志比，与知识分子比，与矿上一些有文化的人比，差距很大，尽管自己努力工作，可总是赶不上人家。经过一段时间的思考，他发现自己最大的弱点是知识不够，理论功底不坚实。为此，他发誓要补上这一课。

他夜夜攻读，对政治、经济、历史、文学广泛涉猎。他成了一个学习狂，什么都学，没有目的，没有边际。要不是改革开放年代到来，他会这么一直学下去。

当吴炳新在学习的江洋大海中载沉载浮时，1978年党的十一届三中全会胜利召开了。吴炳新凭着自己的学识经历，强烈地意识到，党的工作中心转向经济建设，这意味着一个新时期的来临。这对于个人来说，既是机遇，也是挑战。吴炳新在一次又一次的反省、剖析自己的过程中深刻地认识到，在经济社会中要有所作为，特别是要有大的作为，非要进一步充实自己的经济理论不可。在吴炳新的知识结构中，经济理论比较薄弱，尤其是商品经济理论更为薄弱。于是他又一次给自己制订了一个完整的学习计划，以求能大展宏图。

吴炳新尽自己的一切力量在包头搜集他能搜集到的一切经济学著作。他白天工作，晚上经常学习到深夜。这样，他系统地学习了欧洲的工业史，尤其是对资本以及由资本所带来的一切社会变迁进行了认真的探讨和研究。然后他又研读了大量的经济学理论，从英国大卫·李嘉图的古典经济学理论，到马克思、列宁、毛泽东的经济理论，吴炳新付出了大量的心血。

他最不能忘记的是读马克思的《资本论》的日子。一天晚上，他和一位教师，后来在三株辉煌时期担任过三株公司下属的研究所所长的王龙卿讨论积累趋势，情急之处，两个人开始大声地辩论，老伴还误认为吴炳新和王龙卿在吵架，马上赶来劝阻他们。一直讨论到下半夜，两个人饥肠辘辘，吴炳新才找来一碟花生米和半瓶散装老白干。三杯酒下肚后，两人又进入激烈的讨论状态。

吴炳新在这段时间里，不仅研读了大量的经济学著作，而且还写下了数十万字的经济学论文。这些颇有独到见解的论文，虽然是十多年之后才得以面世，但它仍在经济学界、社会学界、文化界、金融界、新闻界、政界和商界引起了巨大反响。

历来做学问讲究个勤字，勤中苦，苦中乐，本来就没捷径可寻。所谓"读书之乐无窍门，不在聪明只在勤"。课堂上所学只是师傅领进了门，要想有高深造诣全靠自己下苦功。读书只知道吟风弄月讲求风雅，寻章摘句不务实学，不求甚解也不深思，这种人永远不可能求到真才实学。

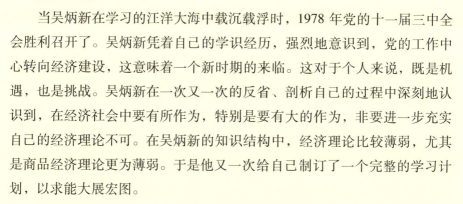

心地干净，方可读学

【原典】

心地干净，方可读书学古。不然，见一善行，窃以济私，闻一善言，假以覆短，是又藉寇兵而赍盗粮矣。

【译释】

心中有一方净土，能够做到纯洁无瑕的人，才能够研读诗书，学习圣贤的美德。如果不是这样的话，看见一个好的行为就偷偷地用来满足自己的私欲，听到一句好的话就借以掩盖自己的缺点，这种行为便成了向敌人资助武器和向盗贼赠送粮食了。

心地纯洁，方可读圣贤之书

一个心地纯洁、品德高尚的人精于学问，更注重志向。只有志向远大之士，才能修身、齐家、治国、平天下。

读书修学，在于心地安宁。美文佳作，却是人间真情。心地无瑕，犹如璞玉，不用雕琢，而性情如水，不用矫饰，却馥郁芬芳。读书寂寞，文章贫寒，不用人家夸赞溢美，却尽得天机妙味，体理自然。

金圣叹是明末清初的一位大文人，他满腹才学，却无心功名八股，安心做个靠教书评书养家糊口的"六等秀才"。他在独尊儒术、崇尚理学的时风中，偏偏钟爱为正统文人所不齿的稗官野史，被人称为"狂士""怪杰"。他对此全不在意，终日纵酒著书，我行我素，不求闻达，不修边幅。当时人记载，说他常常饮酒谐谑，谈禅说道，能三四昼夜不醉，仙仙然有出尘之致。

　　清代顺治年间的学者五蝉曾言："文章者，人之枝叶也；道德者，人之根本也；必根本立而枝叶繁焉。中鲜道德，外饰文章，虽有枝叶，其本立主亡。"鲜明地道出了"心地干净，方可读书学古"的始然。一个有学问的人，未必就是利于社会，益于大众的人，还要看其品德好坏。持有纯洁的品德而求得学问，才能使自身发出美丽之光，从而造福于人，对社会作出贡献。句子中"心地干净"，指心灵纯美、洁白无瑕之意。"窃以济私"，意为偷偷用来满足自己的私欲。"假以覆短"，借佳句名言掩饰自己的过失。"赉（jǐ）"，付与之意。

　　道德是人立身的根本。假如个人品行败坏，心术不端，那么有了学术不但不会去施德行善，反而会做出更多的坏事来。因为，这些人会将所掌握的学术作为武器而无恶不作。比如社会上有些人利用所学的技能，盗制淫秽光盘，偷制假钞，在网络上行骗，等等，皆属如此。所以说，如果一个人缺德太深，其才越高，则祸害越大。

　　李斯作为荀卿门下的一名弟子，妒能害贤，不讲正道，阴险之极，正可谓是"藉寇兵而赍盗粮矣"。所以无论是过去还是现在，德才兼备才具意义。学问只有掌握在有德之人手中才能发挥出良好的作用，也才能对人和社会有益。

　　孔子说过："禀受才智于自然，回复灵性以全身。"如今发出的声音合于乐律，说出的话语合于法度。如果将利与义同时陈列于人们的面前，进而分辨好恶与是非，这仅仅只能使人口服罢了。要使人们能够内心诚服，而且不敢有丝毫违逆，还得确立天下的规定。

可见做学问不能仅仅以一个"勤"字了得，还必须"禀受才智于自然，回复灵性以全身"才行。

张弛有变，不失生机

【原典】

学者有段兢业的心思，又要有段潇洒的趣味。若一味敛束清苦，是有秋杀无春生，何以发育万物？

【译释】

一个做学问的人，既要有埋头钻研、刻苦坚毅的精神，又要善于调剂和激发潇洒自如的情趣。如果一味地克制自己，过着极端单调而清苦的生活，则会毫无生机。试想，假如自然界只有肃杀的秋天，而没有盎然的春天，那么，万物又怎能成长和开花结果呢？

弦不要崩得太紧，也不要过于松弛

治学是为了求得高深的学问，这当然要有勤奋耕耘的苦读精神。但在埋头苦读的同时，善于调节身心也是非常必要的。有道是良好的休息是为了更好地工作。

句子中的"兢业"，即兢兢业业，指做事小心谨慎，认真负责。"敛束"，指收敛约束的意思。这段话的核心义旨是，专心致志、奋发上进的精神固然很好，但也不可忽略了读书之外的"潇洒趣味"。即要善于调节，让德、智、体、能等全面发展，不要关起门来只知"面壁"。那种关起门来"只知读书、不会做事"的书呆子是不可取的。

当然，就当今而言，那种具有十足"书呆子"劲的人是极少见的。比如就中学生、大学生来说吧，他们在求学问道的同时，大多是不乏"潇洒趣味"的。稍有空，就上网转悠，天南海北地聊上一番，有的甚至迷上了网络，出现逃课现象。对这种"潇洒的趣味"，还是宜敛束为好。

总的来说，这段话着重强调的是苦中有学，学中有乐。学要学得坚韧、刻苦，乐要乐得心灵舒畅、高雅。这就要求不失张弛之道，其目的是为了更好地学习，更好地获得成果。

从前，有一个学僧到法堂请示禅师道："禅师！我常常打坐，时时念经，早起早睡，心无杂念。我想在您座下没有一个人比我更用功了，可为什么还是无法开悟？"

禅师拿了一个葫芦、一块盐，交给学僧说："你去将葫芦装满水，再把盐倒进去，使它立刻溶化，你就会开悟了！"

学僧遵照指示去做，没多久，就跑回来说道："我把盐块装进葫芦，叫它老不化，葫芦口太小了，伸进筷子也搅不动。我还是无法开悟。"

禅师拿过葫芦倒掉了一些水，然后只摇晃几下，盐块就溶化了。禅师慈善地说道："一天到晚用功，不留一些平常心，就如同装满水的葫芦，摇不动，搅不得，如何化盐，又如何开悟？"

学僧不解地问："难道不用功可以开悟吗？"

禅师仍耐心地解释说："修行如弹琴，弦太紧会崩断，弦太松不出声音。保持一颗灵动之心，才是悟道之本。"

学僧终于领悟了其中的道理。

一张一弛，文武之道，无论做什么事情既要专注，也要保持一颗灵动之心。正如运动员上场对阵比赛一样，即使有好的技法，倘若缺乏好的心理素质，也难以收到好的成效。这就是弦太紧会崩断，弦太松不出声音的道理。

学以致用，注重实际

【原典】

读书不见圣贤，如铅椠庸；居官不爱子民，如衣冠盗；讲学不尚躬行，如口头禅；立业不思种德，如眼前花。

【译释】

研读诗书却不洞察古代圣贤的思想精髓，只会成为一个写字匠；当官却不爱护黎民百姓，就像一个穿着官服、戴着官帽的强盗；讲习学问却不身体力行，就像一个只会口头念经却不通佛理的和尚；创立事业却不考虑积累功德，就像眼前昙花一样会马上凋谢。

不要纸上谈兵，贵在活学活用

读书的目的是获取知识，增添智慧，为实践服务。这就需要把书读"活"，读出趣理，读出天机，方可受用。倘若不明至性，流于空洞，只读死书，不重实际，则终无大用。

古人云："世事洞明皆学问，人情练达即文章。"就是说，读书是重要的，但社会生活是一部厚厚的无字天书，它蕴藏着无穷的学问，更须用翻天覆地之心去解读，去揣摩，去领悟。

我们既要善于读有字书，也要善于读无字书；既要善于欣赏有弦琴之音，也要善于欣赏弥漫于天地间的无弦琴之声。正如《菜根谭》作者洪应明先生所说的"鸟语虫声，总是传心之诀"。这就需要我们注重把所学的知识融会于实践之中，如果只是机械地死读书本，而不明至理，不悉玄机，即使倒背如流，也是毫无用处的。

学以致用，学习的最终目的是为了用。如果只学不用，离开实践，则是一种毫无意义的事情。"用"，一方面可以发挥所学之长，将其转化为硕果；另一方面，也可以检验所学的程度。"半生不熟"、"囫囵吞枣"是经不住大用的。

宋代爱国诗人陆游在《冬夜读书示子》一诗中有两句极为生动的名句："纸上得来终觉浅，绝知此事要躬行。"意思就是说，从书本上得到的知识总还是表象的、肤浅的，要真正彻底弄懂某种知识，还得要亲自实践。比如，就看不见烽火硝烟的职场而言，学历文凭虽然为开启职场的大门提供了一定的优势，但也并不是万能的金钥匙。招聘单位往往越来越重视有实践经验之人，在一些单位，本科生领导硕士和博士而成为主管的普遍可见。这或许就是"纸上得来终觉浅"的道理。

在《论语》中，孔子曾经讲过这样一段话："熟读了《诗经》三百篇，叫他去处理政务，却行不通；派他去出使外国，却不能独立应对。读得虽多，又有什么用呢？"这段话说出一个道理，学必须致用，如果学得再多，却不管用的话，读了也是白读。而真正有学问的人，都是能够将理论与实际相联系，举一反三，学以致用的人。康熙年间的陆陇其即是一例。

陆陇其是讲授程朱理学和王阳明心学的有名学者，曾经当过知县、御史一类的小官。不仅善于讲学，还善于将他的理论应用到实践中。他无论是行政还是断案都有一个特点，就是除了按法律办事以外，还十分重视道德教化。总要深入浅出地讲一些道理，帮助人们发现自己的良知。

在催交赋税的问题上，陆陇其表现得很典型。催交赋税是朝廷赋予各级官员的一项极其重要的政务，也是一项很难办的差事。每年都有乡民拖欠赋税，并因此发生人命案。一般的县令在催交赋税时，总是指挥大批衙役下乡督促，用武力相胁迫，稍有缓慢，要么罚粮罚款，要么实行体罚，往往搞得官民对立，怨声载道，稍有不慎，还会激起民变。

陆陇其却能十分平稳地处理这件事。他在当嘉定县令时，每当将要缴粮纳赋的时候，他事先通常把乡亲父老召集起来，不是下达缴纳赋税的命令，而是对大家讲一番按时纳赋的道理。他说："向大家征缴钱粮，全是朝廷的国课，不是县官的私蓄。如果大家能急朝廷之所急，按时上缴钱粮，不仅自己心安理得，不用担心，而且给官员减去了很多麻烦，这样，官员就有更多的工夫为民办事。我与大家没有任何私怨，不想为收钱粮而责罚任何人。更何况你们一旦受到杖责，不仅要花许多钱，还要落个欠粮受责的名声。倒不如及早缴齐粮款，我们大家都相安无事。"乡民听了这一番话，觉得很有道理，因此去除了心理障碍，乐于接受。所以陆陇其在任时，几乎没有发生过欠粮受责的事。

对于因禁在监狱中的犯人，他也并不是简单地依法办事，而是好言相劝，进行开导。他曾经写过一篇《劝盗文》，派人给犯人们反复宣讲。文章的大意是："人的本性原本都是善的，你们这些犯了罪的人也都一样，没有人例外。只是由于阴差阳错，一念之差，才导致了不安分守己，做出犯法的事来，关在这里接受惩罚。所以发生这样的情况，都是由于人心中的杂念蒙蔽了善性造成的。然而人心是可以改变的，只要你们能够反思往日的不是，真心悔过，去掉心中的杂念，就能重新做人，依旧可以成家立业。"读到这里，在场的犯人们都感动得哭了起来。因此，教化的效果很好，犯罪也逐渐减少了。

康熙三十一年（公元1692年），陆陇其逝世。第二年冬天，朝廷需要委派两名文臣管理直隶、江南两处书院。朝廷中的大臣都主张应该从翰林院中物色人选。康熙不同意，发出特旨说：直隶派李光地去管理，江南派陆陇其去管理。大学士王熙急忙奏报说："陆陇其已于去年病故了。"康熙十分惋惜地说："为什么不早启奏？"王熙回答说："按照启奏的条例，七品官在籍身亡的官员不在向朝廷奏报之列。"康熙沉默了许久，十分感叹地说："陆陇其是本朝不可多得的人才啊！"

学以致用，才能发挥所学的功效；理论联系实际，才能显现真正的意义。

我们提倡走出书斋，读无字之书，这样的读书才会读出成就，读出思想，读出创造。跳出小书斋，走向社会的广阔天地，这才是真正的课堂。但是许多读书人并不真正明白这个道理，往往满足于对现成书本的注释，满足于小小书斋中的安逸和宁静。我们这样讲并不是说不该去读书本知识，并不是看不到书本知识的重要性，恰恰是看到了书本知识的作用和它的局限性，因此才提出了这样的口号：走出书斋，走向生活。

花铺好色，人为好事

【原典】

春至时和，花尚铺一段好色，鸟且啭几句好音。士君子幸列头角，复遇温饱，不思立好言，行好事，虽是在世百年，恰似未生一日。

【译释】

春天到来时，风和日丽，花草树木都会争妍斗奇，为大自然增添一道美丽的风景，林间的鸟儿也会婉转啼鸣出美妙的乐章。读书人通过努力出人头地，过上丰衣足食的生活，如果不思考写下不朽的篇章，为世间多做几件善事，那么他即使能活到百岁，也等于没有在世上活一天一样。

造福于民，万众称颂

"春至时和"与"君子幸列头角"，乃是生活中最值得欢乐的事。但学成之后，为官为吏更该做一些善事，布些德政。既然得意风光，为何不造化于民、布福于众呢？乐善好施，经常救济别人，如融融春日鸟啭好音、花铺好色一样，赢得万众称颂，终是快乐的事。

杨逸从小努力读书，勤学好问，二十九岁时就被魏庄帝授任为吏部郎中，平西将军，南秦州刺史，散骑常侍。以他这样的年龄而被委以如此重任，还从未有过先例。此后，又被调任平东将军、光州刺史。

杨逸在任光州刺史时，为治理光州，他费尽心思，不辞劳苦。当时战争频仍，兵荒马乱，民不聊生。杨逸集中精力处理事关百姓生计的大事，以求定安民心，稳定秩序。最难得的是他能放下刺史的官架子，时常到百姓中视察抚慰。

为办理公务，夜不安寝，食不甘味，倚仗年轻，常常不分昼夜。他懂得，要想天下太平，必须争取民心，而要想获得民心，必须问民疾苦，从点滴做起。因此，每当州中有人被征召从军，他一定要亲自送行，有时风吹日晒，有时雪飘雨狂，许多人都坚持不住，他却毫无倦意。治政、治军要讲究宽猛相济、恩威并施，杨逸也深谙此道。他仁爱百姓，又法令严明，恶徒狂贼都不敢在州中惹是生非，全州境内，上下肃然。他最恨那些豪强奸诈之徒，在州中四处布下耳目，随时监督，稍有动静就立即剪除。他以严格的纪律约束部属，手下的官吏士兵到下面办事，都自带口粮。如有人摆下饭菜招待，即使在密室，也不敢答应，问其缘由，都说杨逸有千里眼，明察秋毫，哪个做了错事能瞒得过？

杨逸非常关心百姓疾苦。当时因连年灾荒，粮食奇缺，饿死很多人。杨逸见状，心急如焚，决定开仓放粮赈灾，救百姓于水火之中，可管粮的官吏惧怕私自动用国库存粮会招致大祸，执意不肯。杨逸也明白，不经上奏批准，擅自发粮，如果朝廷怪罪，将有生命之虞。可是要按常规具文请奏，等待批答，文书往来，颇费时日，不知又要饿死多少百姓！宁可获罪，也要放粮！他坚决地对手下人说："国以民为本，民以食为天，百姓不足，君王岂能有足。开仓放粮由我而定，责任亦由我一人担当，即使获罪，我也心甘情愿，死而无憾，与他人无涉！"

随即果断下令开仓，将粟米发给了饱受饥饿煎熬的百姓。然后，杨逸马上写好奏章，向朝廷申说详情。

奏章送到朝中，庄帝与君臣议事，以右仆射元罗为首的大臣认为国库储粮不可轻易动用，杨逸之请，应予驳回。尚书令、临淮王元或则认为形势紧急，应贷粮二万。最后庄帝恩准二万。

杨逸放粮后，还有为数不少的老幼病残者仍难活命，他便派人在州门口摆上了大锅煮粥，施舍给这些人，使之不致饿死。杨逸之举，无异雪中送炭，解民于倒悬。那些即将饿死而经杨逸及时赈济终于活了下来的百姓竟然数以万计。庄帝闻听事情本末，也以为处置得宜，连连称赞。

后来，杨逸惨遭家祸，朱仲远派人到光州将其杀害，年仅三十二岁。全州上下，士吏百姓，听到凶讯后，如同失去了自己的亲人一般悲哀，城镇村落都摆斋设祭，追悼这位年轻仁爱的刺史，月余不断。

磨炼福久，参勘知真

【原典】

一苦一乐相磨炼，炼极而成福者，其福始久；一疑一信相参勘，勘极而成知者，其知始真。

【译释】

在人生路上经过艰难困苦的磨炼，磨炼到极致就会获得幸福，这样的幸福才会长久；对知识的学习和怀疑，交替验证探索研究，探索到最后而获得的知识，才是千真万确的真理。

敏而好学，不耻下问

一个人一生的知识很多是从书中得来，不过也要听取人们的言论，观察周围事态的变化，因为仅仅靠书本上得来的知识是不够用的，更不要说书中知识尚有偏差和错误。当一个人学识肤浅时疑问也少，学问越是高深疑问也就越多。因此古人才有"学无止境"的说法。不论求幸福，还是求知识，都需要经过个人的努力，经过反复锤炼才会得到，才会牢靠。

陆九渊，字子静，号存斋，又称象山先生，南宋江西抚州金溪县青田人。其八世祖曾任唐昭宗之宰相，其六世祖于五代末避乱徙居，遂成金溪陆氏。

陆九渊自幼颖悟，性若天成。三四岁时，经常服侍父亲，极善发问。一日，忽然问道："天地何所穷际？"其父笑而不答，他则"深思至忘寝食"；其父呵之，便姑置不想，而胸中疑团不散。五岁读书，六岁受《礼经》，八岁读《论语》、《孟子》，尤善察辨。闻人诵程颐语录，便说："伊川之言，奚为与孔子孟子之言不类？"从此对程颐的理学发生怀疑。十一岁时，常于夜间起来秉烛读书，其读书不苟简，而勤考索。十三岁时，与复斋共读《论语》，忽发议论说："夫子之言简易，有子之言支离。"一日，复斋（时年二十）于窗下读《伊川易传》，读到《艮》卦，对程颐的解释反复诵读，适逢陆九渊经过，便问："汝看程正叔此段如何？"陆九渊答道："终是不直截明白。'艮其背，不获其身'，无我。'行其，不见其人'，无物。"如此透辟的解说，在他却似信口道来。又一日，读书至古人对"宇宙"二字的注解："四方上下曰宇，往古来今曰宙"时，恍然大悟道："原来无穷！人与天地万物，皆在无穷中者也。"终于解开了十年前百思不得其解的难题。于是，他进一步开阐说："宇宙便是吾心，吾心即是宇宙。东海有圣人出焉，此心同也，此理同也；西海有圣人出焉，此心同也，此理同也；南海北海有圣人出焉，此心此理，亦莫不同也。"陆九渊心学之大端，于此尽显无遗。后来，门人詹阜民问："先生之学亦有所受乎？"陆九渊说："因读《孟子》而自得之。"这正是陆九渊与理学家的不同之处。

五十三岁时，陆九渊奉命守荆门郡，此处乃古今争战之所，宋金边界重地，素无城壁。早有人欲意修筑，却惮费重不敢轻举。陆九渊仔细研究后，只用三万即告完成。平日他常常检阅士卒习射，中者受赏，郡民亦可参与。料理一年，兵容大振，周丞相称赞说："荆门之政，可以验躬行之效。"充分肯定了心学的修身应事之功。

尚在童幼时，陆九渊即开始探究"天地何所穷际"这个宇宙的大秘密。陆九渊说："人心非血气，非形体，广大无际，变通无方。倏焉而视，倏焉而听，倏焉而言，又倏焉而动，倏焉而至千里之外，又倏焉而穷九霄之上。'不疾而速，不行而至'，非神乎！不与天地同乎？"

又说："心，只是一个心。某之，吾友之心，上而千百载圣贤之心，下而千百载复有一圣贤，其心亦如此。心之体甚大，若能尽我之心，便与天同。"所以，当他看到"四方上下曰宇，往古来今曰宙"这句古文时，便不禁要发出感慨：原来无穷！天地无穷，我心亦无穷。"万物森然于方寸之间，满心而发，充塞宇宙，无非此理。"因而，"宇宙便是吾心，吾心即是宇宙"。"宇宙内事，是己分内事；己分内事是宇宙内事"。所以，他要人"收拾精神，自作主宰"，不崇拜古人，不迷信先儒，做顶天立地的超人。

在艰苦中磨炼而得的幸福足以珍惜而长久，在温室中的花朵是经不起风吹雨打的。求知也是同样的道理。

逆境砺行，顺境销靡

【原典】

居逆境中，周身皆针砭药石，砥节砺行而不觉；处顺境内，满前尽兵刃戈矛，销膏靡骨而不知。

【译释】

一个人如果生活在逆境中，身边所接触到的全是犹如医治自身不足的良药，在不知不觉中磨炼了意志和品德；一个人如果生活在顺境中，就等于在你的面前布满了看不见的刀枪戈矛，在不知不觉中消磨了人的意志，让人走向堕落。

梅花香自苦寒来

马克思曾说："在科学的道路上没有平坦的大道，只有那些敢于沿着崎岖小路不断攀登的人，才能到达光辉的顶点。"学习是艰难的历程，唯有坚韧刻苦，方能所向披靡；唯有迎难而上，方能攻克堡垒。"逆风鼓棹"，所表现的正是一种磅礴的豪气，一种坚毅的力量，一种不畏艰难的精神。"学问自苦中得来者，似披沙获金，才是一个真消息"，道出了做学问是十分严谨的事。走马观花，浮躁于事是不行的，只有忘我耕耘，孜孜不倦，不怕吃苦，奋发而为，才是获得成功的所在。

人在清苦的环境中容易奋发上进，而在优裕的环境中容易堕落腐败。人如果能知道这一道理，就能防患于未然。一个人如果能在艰苦贫困的环境中，把周围的一切看成是针对自己过失的良方妙药，从而砥砺节操，锻炼德行；而对顺境面前的障碍和腐蚀却看不到。

战国中后期，尤其是秦孝公任用商鞅变法后，秦国越来越强大。面对这种趋势，其他六国不免恐慌起来。有的主张六国联合起来，共同抗秦，这种主张被叫作合纵；有的主张六国中的任何一国联合秦国，来攻击其他国家，这种主张被叫作连横。在这场"合纵连横"活动中出现了许多能言善辩、靠游说获得仕途的游士、食客。苏秦就是一个突出的代表。

苏秦出身于农民家庭，家里很穷。他读书时，生活非常艰苦，饿极了就把自己的长发剪去卖点钱，还常常帮人抄写书简，这样既可以换饭吃，又在抄书简的同时学到很多知识。后来，苏秦以为自己的学识已差不多了，就外出游说。他想见周天子，当面陈述自己的政见及对时势的看法，但没有人为他引荐。他来到西方的秦国，求见秦惠文王，向他献计怎样兼并六国，实现统一。秦惠文王客气地拒绝了他的意见，说："你的意见很好，只是我现在还做不到啊！"苏秦想，建议不被采纳，能给个一官半职也好嘛，可是他什么也没有得到。他在秦国耐着性子等了一年多，带来的盘缠都花光了，皮袄也穿破了，生活非常困难，无可奈何，只好长途跋涉回家去。

苏秦回到家里，一副狼狈的样子，一家人很不高兴，都不理他，父母不与他说话，妻子坐在织机上只顾织布，看也不看他。他放下行李，又累又饿，求嫂嫂给他弄点饭吃，嫂嫂不仅不弄，还奚落他一顿。在一家人的责怪下，苏秦非常难过。他想：我就这么没出息吗？出外游说，宣传我的主张，人家为什么不接受呢？那一定是自己没有把书读透，没有把道理讲清楚。他感到很惭愧，但是他没有灰心。他暗暗下决心，要把兵法研习好。

有了决心，行动也跟上来了。白天，他跟兄弟一起劳动，晚上就刻苦学习，直到深夜。夜深人静时，他读着读着就疲倦了，总想睡觉，眼皮粘到一块儿怎么也睁不开。他气极了，骂自己没出息。他想，瞌睡是一个大魔鬼，我一定要想法治治它！他找来一把锥子，当困劲上来的时候，就用锥子往大腿上一刺。这样虽然很疼，但这一疼就把瞌睡冲走了。精神振作起来，他又继续读书。

苏秦就这样苦苦地读了一年多书，掌握了姜太公的兵法，还研究了各诸侯国的特点，以及它们之间的利益冲突，他又研究了诸侯的心理，以便于游说他们的时候，自己的意见、主张能被采纳。这时苏秦觉得已有成功的条件，他再次离家，风尘仆仆地走上了游说之路。

这次苏秦获得了很大的成功。公元前 333 年，六国诸侯正式订立合纵的盟约，大家一致推举苏秦为"纵约长"，把六国的相印都交给他，让他专门管理联盟的事。

受挫自省，不怨天尤人；刺股律己，终成大器。苏秦的这条成才之路，给后人留下了养成良好德行的许多启示。

看待人生的起落顺逆应该有辩证的观点。居逆境固然是痛苦压抑的，但对一个有作为、能自省的人来讲，在各种磨砺中可以锻炼自己的意志，修正自己的不足，一旦有了机会，就可能由逆向顺。居顺境当然是好事，但对于一个没有良好的品质和远大追求的人来讲，久居优裕环境往往容易堕落腐败，这和在清苦环境中的容易发奋上进道理一样。一个人生活一优

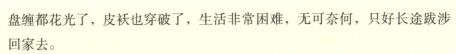

裕，就容易游手好闲不肯奋斗；反之如果处在艰苦穷困的环境中，"穷则变，变则通"。所以贫与富不是绝对不变的，顺与逆也是可以相互转化的。

乐极生悲，苦尽甘来

【原典】

世人以心肯处为乐，却被乐心引在苦处；达士以心拂处为乐，终为苦心换得乐来。

【译释】

世人都认为能满足心愿就是快乐，可这种愿望常常被快乐引诱到痛苦中；达士平日能忍受各种横逆不如意的折磨，在各种磨炼中享受奋斗抗争之乐，最终换来真快乐。

成大事者必有坚忍不拔之志

孟子说：天将要把重大的使命放在某人身上，必然要先苦恼他的心志，劳累他的筋骨，饥饿他的肠胃，困乏他的身体，而且会使他的每一次行动不能如意。这是我们耳熟能详的。

古往今来，凡成大事、有大成就者，莫不如此。逆境中条件艰难，需要不气馁；顺境中谨防止步不前，需要不自满。

人生的悲欢苦乐，也和阴阳一样，有其固有的特性，它们不是绝对的，而是相对的。有的苦尽甘来，有的乐极生悲，有的在顺利时突遭祸患，有的则处逆境而时来运转。有谁懂得人生中的"真乐"呢？

《中国青年》曾经刊载了徐世鼎读书的感人故事。报道说，13 岁的徐世鼎向国家上缴粮食 100 公斤，税款 26 元，成为共和国最年轻的纳税人。

同年，由于交不起 40 元学费，几乎被乡中学拒于门外；三年后，他又因拖欠学费，险些被取消中考资格。但是所有这些，都没有将他的读书梦打断。

徐世鼎是一个普通的山村孩子，父母离异，他跟了父亲。当他考上中学，并向父亲表示想上学时，冷漠的父亲无情地拒绝了他。为了上学，他向父亲下跪，但父亲不为所动。无奈，他向自己的大姐借钱，大姐只有 10 元，而学费需要 50 元。他又去找哥哥，哥哥没有钱，只能陪他一起到学校苦苦哀求，暂时欠着。学校同意了，但父亲却常常逼他退学。徐世鼎利用自己所有的空余时间做了家里所有的活，但这并未能使他的父亲感动。半个学期过去了，学校催交学费，可父亲照样分文不给。徐毅然决定和父亲分家。在生产队主持下，一亩三分田，一间泥巴小屋，100 多元的欠款和两袋稻谷就成了他全部的家产。年仅 13 岁的他心如刀绞般痛。

读书！一切只为读书！亲情割断，父子分离，生活自理。

农闲时，他每天 5 点钟起床，做完家务，6 点赶到学校上课。赶着在放学后到田里去做活；农忙季节，他请假在家打谷施肥；假期里，他外出打工、扛木头、拉竹子、运砖，虽然劳累了一天，但到了晚上，他还是会就着一盏油灯翻开课本。靠着自己一双手，他成为乡里一名合格的纳税人，每年依法向国家上缴公粮和农业税；在学校，他是成绩名列前茅的好学生。生活的艰辛，让一个年仅 13 岁的孩子体会得尤其深刻。三年的中学生活，尽管他节衣缩食，但还是欠下学校近 400 元学费。初中就要毕业了，学校说不补交齐欠款，不发中考准考证。没有办法，他只有四处借债。一个月后，他接到了市重点中学的通知书。

可是，学校报名通知书上写着的 150 元学费让他望而却步。他只有扛起行李来到离家 50 里的一个山区水电站工地，去做最廉价的小工。干活最卖力的他只要有一点空闲，就抓紧自学高一课程。同学和老师从工地上找到他，学校免了他的学费，同学也向他伸出援助之手。第一学期，他的学习成绩排全班第三，当年底，他被市里命名为"克服艰难困苦，勤奋学习的优秀共青团员"。正是凭着刻苦学习的精神，他获得了新的生活方式，也逐步走上了不凡的阶梯。

一个人的成功，可以从恶劣环境中奋发而来，所谓"十年寒窗无人问，一举成名天下知"，苦尽而甘来，足以享受成功的喜悦。

所以，人当有自信，还当能承受生活的挫折，能经受世事的艰辛，能忍受人生的磨难，至少要有承担起这一切的心理准备。

闲莫放过，静不落空

【原典】

闲中不放过，忙处有受用；静中不落空，动处有受用；暗中不欺隐，明处有受用。

【译释】

在闲暇的时候不要轻易放过宝贵的时光，要利用空闲做些事情，等到忙碌紧张时就会有受益不尽之感；当安闲的时候也不要忘记充实自己的精神生活，等到大批量的工作一旦到来才会有从中得利之感；当你一个人静静地在无人处，却能保持你光明磊落的胸怀，既不生邪念也不做坏事，那你在众人面前、在社会、在工作中就会受到人们的尊重。

闲而不怠，超越平庸

时间是人生所拥有的最为宝贵的东西，它对于任何人都是公平的，对于任何人也都是相等的，但如何去管理和运用它，所获得的成果则是不同的。即一个人生活和工作效率的高低取决于他对时间利用的好坏。有心做事的人，不会让时间在闲暇中轻易地流过，而会合理地计划利用。西方哲

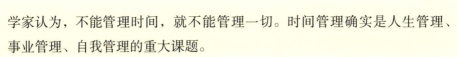

学家认为，不能管理时间，就不能管理一切。时间管理确实是人生管理、事业管理、自我管理的重大课题。

俗话说："君子慎独，服人先服己，严于律己。"就是要求在眼前无事之时，好好锤炼自己，提高自身的素养。自己对自己的说教，也是佛教的一种修炼方法。

做事的计划性是很重要的，有些人喜欢临阵磨枪，其结果是手忙脚乱，毫无头绪。万事开头难，只有精心地把准备工作做好，工作的开展才会顺利进行；还要善于平衡忙和闲的关系，不要把事情集中在一起做，当日的事情当日做完，就可以做到忙中有闲，劳逸结合了。慎独的功夫是真功夫，像那些专门在阴暗角落里搞阴谋诡计的人，是见不得阳光的，只有坦坦荡荡，光明磊落，才能挺起胸膛做人。

刘可，瘦小的身材，身着一套极普通的便装，脚上踏的是一双已难分辨出牌子的旅游鞋，肩上背着一个大行囊，手里还提着一个印着某公司名称的重重的大纸袋。如果不理会她总是肩背手提的负重样子，单从她梳着的一条随意的"马尾刷"和那总是带着两个酒窝的稚气的脸上，你可能会认为这是一个上高中的女孩子。

但是，你也许不相信，这个貌不惊人、谦和的女孩子竟然是一家较有名气的外资企业的总经理的秘书。更让人不能相信的是，这个只有高中文化水平的女孩子，竟然是两位不同国籍的老板（一位英国籍老板，一位法国籍老板）的秘书。她不仅让他们承认了她，而且有时还能听命于她的"发号施令"。

一年多以前，她踏进了目前就职的这家公司。尽管好朋友曾劝告她，在外企就职，对于她这样一个只有高中文化水平的女孩子，本来就很艰难了，又要面对不同国籍、有着不同文化背景的外国老板，工作难度简直不敢想象。

刚进公司那段日子是最难熬的，总经理们只把她当成个干杂事的小职员，不停地派些零七八碎的事情让她做，同事们也当她是个毛孩子。刘可委屈得不知流了多少泪水。但她忍耐着，她不断地学习，以此寻找着让别人认识自己的机会。

除了把工作做得周到细致外，她还把自己所能见到的各种文件，全部都抢到自己的工作台上，只要有空就去认真翻阅琢磨，学习公司的业务。对于外文文件的文字障碍，她不厌其烦地翻看那两本无声老师——英文字典，法文字典。时间久了，她对公司的业务可以说了如指掌，为自己进入通畅的良性工作状况做了坚实的准备。

外文水平在与日俱进，这种速度令她自己都吃惊不小——业务方面的外文文件看起来盲区少多了。两位老板对她刮目相看，不久就让她做了秘书。实际上，在这个公司，她相当于副总，公司的日常事务都由她来管。

作为一个大公司的职员，没有足够的现代知识武装头脑，失去生存机遇的可能性就是百分之百。所以，刘可给自己制订了严格的学习计划——学习外语，学习计算机。在她的时间表里，休息日的概念早已模糊。在正常的五天工作日，坚守工作岗位，而身为老总身边的工作人员，又需要她为老总的活动做好一切安排。她要把老总们所要做的一切安排得井井有条，以便老总们眼到就明白，手到事情就能处理。为此，她常常要加班，时间在她那儿已被挤压得没有什么空隙。经常是别人都快下课了，她才急匆匆地赶到，抱歉地向老师打个招呼，就全神贯注地进入了学习状况，有时又是留恋地不得已提前退出课堂。就是这样，她还是风雨无阻地坚持着。她常说，等我有了钱，我会给自己营造一个安稳的、理想的学习环境。

用知识来充实自己不是一朝一夕就能功德圆满、学有所成的。平时不抓紧时间积累知识，平时不注意时刻为自己充电，指望临时受用不可能有长久的效果。这就说明"闲中不放过，静中不落空"的功用，"临阵磨枪"，"临渴掘井"，是不能从容应付的。所以一个有作为的人必须注意平时的磨炼、积累，才会工作有一定之规，做事有一定见识。

伟大的生物学家达尔文曾说："我从来不认为半小时是微不足道的一段时间。"诺贝尔奖金获得者雷曼的体会更加具体，他说："每天不浪费或不虚度或不空抛剩余的那一点时间。即使只有五六分钟，如果利用起来，也一样可以有很大的成就。"闲而不怠，把时间积零为整，精心使用，这正是古今中外很多科学家取得辉煌成就的奥秘之一。

凭兴作为，学贵有恒

【原典】

凭意兴作为者，随作则随止，岂是不退之轮？从情识解悟者，有悟则有迷，终非常明之灯。

【译释】

凭一时感情冲动和兴致去做事的人，等到热度和兴致一过事情也就跟着停顿下来，这哪里是能坚持长久奋发上进的做法呢？从情感出发去领悟真理的人，有时能领悟的地方也会有被感情所迷惑的地方，这种做法也不是一种长久之法。

要有始有终，不可半途而废

干事情，凭的是持之以恒、锲而不舍的勇气和毅力，有的人心血来潮就鼓足干劲，意兴阑珊时就洗手不干；或是，进展顺利就热情地干，一遇困难就此罢休。这种干事的做派，就好比"儿童散学归来早，忙趁东风放纸鸢"，单凭一时兴致，要想如愿，只有看老天爷的眼色了。世人为"情"所困，亲情、友情、爱情，一张张无形的"情网"缠绕得人东西莫辨。这时指望"当局者清"，只有静待时日了。"凭意兴作为"、"从情识解悟"，都是只靠情感，缺乏理智。情感与理智，在成事中孰重孰轻，想必是不言自明的。

康熙（1654—1722）是一个十分好学的皇帝，他的御书房里，摆满了各种古今书籍，其中有不少还是他亲自主持编纂的，如《数理精蕴》、《康熙字典》、《律旨正义》，等等。正如他在《庭训格言》所言："朕自幼好看书，今虽年高，犹手不释卷。诚天下事繁，日有万机，为君一身处九重之内，所知岂能尽乎！时常看书，知古人事，靡可以寡过。"他读书的目的不是为了附庸风雅、炫耀知识，而是"……于典谟训诰之中，体会古帝王孜孜求治之意，即欲使古昔治化，实现于今"。身为一国之君，为求治国之道，使自己少犯错误，常以古今义理自悦，数十年如一日，不知疲倦。

在三藩动乱期间，康熙军政事务十分繁忙，累得生病吐血。在养病期间，他仍手不释卷。辅导他学习的大臣们都劝他休息几天，康熙坚决不同意。他说："读书就得吃苦。这是一种花苦功的事。只有功夫不断，学习方能有所长进。如果停学多日，必将荒废学业，前功尽弃。军务虽忙，总有空闲，可以挤时间进修。"

在战争年代如此，在和平时期更是孜孜不倦，惜时如金。1684 年（康熙二十三年），他到南方巡视，船泊停在南京燕子矶，已是夜深人静，万籁俱寂。三更过后，康熙座船上依然灯火通明，他此时还在与高士奇兴致勃勃地谈经论文呢！高士奇怕皇上劳累过度，要起身告辞。康熙却笑了笑说："这个问题今天不弄明白，我也睡不着呀。我从五岁读书，每天睡晚一点已养成习惯。读书可以陶冶人的性情，增长知识，其乐无穷；就是稍有倦意，也被赶跑了。"

巡视期间，不论是官员还是老百姓，只要有学问，康熙都愿意与他们一起研讨，并因此而发现了不少人才。

康熙的读书兴趣非常广泛，除经、史、子、集外，天文、地理、历法、数学、军事、美术无不涉及。如他主持编纂的《数理精蕴》就是在天文和数学方面，保持我国传统成果、吸收西洋精华的一本高水平的学术著作。

康熙是我国历史上一位功业卓著的政治家，文韬武略，运筹帷幄。在统一祖国，发展生产，加强民族团结和抗击沙俄侵略中作出过重大贡献。他开创了中国历史上又一个昌盛的时代——"康乾盛世"。他的勤奋好学，持之以恒，不仅给了他文治武功的能力，而且陶冶了他的情操。

从做学问的角度来看，不退之轮，就是佛经里所说的法轮，如来说法时，经常运用佛法摧毁众生的执迷邪恶，使众生恍然大悟之后转成正果，这种道理很像车轮压过的地方一切邪见都被摧毁。有时也叫"不退转轮"。"不退之轮"，是说进德修业的心永不停止。

从求学问道的角度来看，做学问的方法是多种多样的，也是无穷无尽的，但集中起来说却又离不开"有恒"二字。若要持恒，就必然使学习时间长，就要处理好读书和做事的关系。能否完成并做到持恒的关键在于你是否善于挤时间学习。

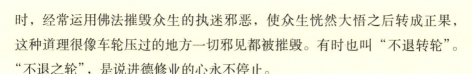

磨砺如金，施为似弩

【原典】

磨砺当如同百炼之金，急就者非邃养；施为宜似千钧之弩，轻发者，无宏功。

【译释】

磨砺自己的意志应当像炼金一样，反复锻炼才能成功，急于成功的人，没有高深的修养；做事就像使用千钧之力的弓弩一样，要有的放矢，如果轻易施为，不会建立宏大的功业。

坚持学习，提高修养

人生经历，求知问道，身心修养等，须经百炼才能成钢，勤苦方能见效。害怕艰苦、浅尝辄止的人，终不能为以后的人生之路打下厚实的基础。不论做人还是做事，都应有这种厚实的历练做基础，这样，遇事待人，言语行动才不会轻浮。

三国时，东吴有位名将叫吕蒙。吕蒙打起仗来非常勇敢，但是他不喜

欢读书，文化水平低，影响了才干的增长。

有一次，孙权和吕蒙一同讨论打仗的方案。吕蒙说不出多少自己的见解。孙权因此而受到启发，他认为：这些打仗勇敢的将领应该提高文化、增长才能才是。

于是，孙权对吕蒙说："你现在掌握了军权，身上的担子很重，应该多读点书，努力提高自己的水平。"

吕蒙不以为然地回答道："军队里的事务工作已经够忙的了，哪里还有时间读书啊！"

孙权说："如果说忙，难道你们比我还忙吗？我小时候读过《诗经》、《礼记》、《左传》、《国语》；管理国家大事以后，又读了许多历史书和兵法之类的书籍，都觉得受益匪浅。

我希望你多学点历史知识，可以读读《孙子》、《六韬》、《左传》、《国语》等书。像你这样天资聪颖的人，再加上有多年的战争经验，只要抓紧时间学，就会有收获的。"

吕蒙说："我怕自己年龄大了，学习起来会有困难。"

孙权说："学习不只是年轻人的事，从前光武帝在打仗的时候都手不释卷。还有曹操，年纪愈大愈好学。你又有什么顾虑呢？"吕蒙听了孙权的教导，就开始读书学习。开始读书时常打瞌睡，提不起兴趣。但他仍坚持不懈怠。学了一段时间觉得有些收获，决心就更大了。

就这样，天长日久学习了各种书籍，使吕蒙成为一个知识渊博、有勇有谋的人了。

有一次，鲁肃执行任务，经过吕蒙的驻地，就顺便去看望吕蒙。俩人谈起关羽，说这个人很厉害，不可轻视。当时鲁肃把守的战区正好与关羽互相邻接。

吕蒙问鲁肃："你现在离关羽的驻地这么近，责任重大啊！不知有什么防止事变的策略？"鲁肃原本认为吕蒙是个武将，心里并不怎么看得起他，因此，就随口回答："到时候再说吧！"吕蒙听了鲁肃这样漫不经心的回答，就批评他说："你可不能如此大意啊！关羽是个智勇双全的大将。我还听别人说，他特别好学，尤其对《左传》研究得更为深透。现在东吴和西蜀表面上好像很友好，但我们还是要提高警惕，防止不测。跟关羽这种人打交道，没有准备是要吃亏的啊！"

鲁肃问道："那你有什么好办法吗？"

吕蒙见鲁肃征求自己的意见，就献上了三条计策，讲得有理有据。

鲁肃一听大为惊讶，没有想到吕蒙会有这样的高水平。他连连点头，极为赞赏地拍着吕蒙的肩膀说："老弟啊！我原来只知道你是个武将。谁知道如今你的学识已有这样高的水平，再也不是从前的吕蒙了！"

吕蒙也高兴地说："士别三日，当刮目相看嘛！"

后来鲁肃把这件事告诉了孙权。孙权很高兴，感叹地说："像吕蒙这样的武将，读书学习之后，会有这样大的进步，实在是没有想到啊！"

鲁肃说："吕蒙能听从您的教导，刻苦学习，虚心求教，的确是一件令人高兴的事情！"后来，孙权以吕蒙为榜样，鼓励其他将士也要多读点书，抽时间坚持学习，以提高自身的水平。

明代张岱说得好："做事第一要耐烦心肠，一切蹉跌、蹭蹬、欢喜、爱慕景象都忍耐过去，才是经纶好手。若激得动，引得上，到底结果有限。"

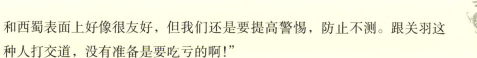

读书之善，观物之妙

【原典】

善读书者，要读到手舞足蹈处，方不落筌蹄；善观物者，要观到心融神洽时，方不泥迹象。

【译释】

善于读书的人，要读到心领神会而忘形地手舞足蹈时，才不会掉入文字的陷阱；善于观察事物的人，要观察到全神贯注与事物融为一体时，才能不拘泥于表面现象而了解事物的本质。

书中有高雅，会意在心灵

人人都喜欢追求高雅，是因为高雅会使人为之喝彩。它像涧边的幽兰微微地散发着香气，它像天边的彩虹显现着迷人的美丽。

通常人们追求气质高雅，大多是通过打理发型与衣着，讲究化妆与配饰，这算是从外部获得的高雅。其实，从内在的方面去打造、去寻觅、去挖掘，往往能获得更加持久而高雅的感受。比如"腹有诗书气自华"，多掌握一些知识，多注重自身修养，你不感到这种高雅更渗透着一种无穷的魅力吗？尤其在当今知识化经济时代，学识与修养在许多场合中已经成为"高雅"二字更有力的"代言人"。为此，我们可以说书中有真金，书中有高雅。"善读书者，要读到手舞足蹈处，方不落筌蹄"。这就是读书读出了至乐，读出了一种不陷入机械而意合神会的境界，读出了一种领悟精髓而意趣悠闲的清朗。这岂不是高雅之极！当然这还需要会读书，读得进，走得出，让清音雅韵在心灵的会意中飘逸。

南宋理学家、文学家朱熹读书最大的特点就是会意用心，和他同龄的孩子只满足于读书、识字、背诵，而他却用心去体会书中的道理，一旦领悟了书中的道理便会高兴得手舞足蹈。他认为，读书不明其意，就算读再多也白读。

他在《观书有感》一诗中写道："半亩方塘一鉴开，天光云影共徘徊。问渠哪得清如许？为有源头活水来。"意思是：池塘清澈见底，宛如一面镜子；水底天中云彩飘忽。于是，诗人很羡慕池水能够这样清澈，原来是因为有源头的活水不断地流进来呀！

哲理性的诗句从诗人平时读书学习的体会中而生，从悟得精髓，心灵会意中一跃而出。其美其雅，自然见得。

古人说，"书中自有黄金屋，书中自有颜如玉"，在今天，这句话仍有一定的普遍意义。因为努力学习知识是永不过时的真理。一个人的能力是有限的，财富也是有价的，而只有知识是无限和无价的。正如高尔基所说："书籍是人类进步的阶梯。"高雅不是天生的，只要你愿意，爱学习，知识可以充实人生，读书可以使任何人都变得高雅起来。

读书做学问，其心智需要既独立于身边的万物，又要使自己全身心地投入其中，并与自然万物及社会万事融为一体。做到心神融洽不着迹象，你会很快进入一个新境界，不仅会得到妙悟，事业也会豁然开朗。

人生无常，不可虚度

【原典】

天地有万古，此身不再得；人生只百年，此日最易过。幸生其间者，不可不知有生之乐，亦不可不怀虚生之忧。

【译释】

天地永恒存在，可人生只有一次，死了就不再复活。一个人最多能活百岁，可百年时间跟天地相比只不过一刹那。人能侥幸诞生在这永恒的天地之间，既不可不了解生活中的乐趣，也不可不随时提醒自己不要蹉跎岁月，虚度此生。

劝君惜取寸光阴

　　法国著名思想家伏尔泰在他的中篇小说《查第格》中写过这样的一个谜语：

　　最长又最短的东西是什么？

　　最快又最慢的东西是什么？

　　我们都无视它，然而不久又为此后悔不已。

　　如果没有它，什么事情也不会成功，它吞下了一切最微小的东西，它也构成了一切最伟大的东西。

　　这就是时间！伏尔泰以寥寥数笔，概括了伟大、严肃而又悄然易逝的时间的形象。

　　时间最长而又最短，它的总体无始无终，然而，构成时间的元素却是短暂的。"天地有万古，此身难再得；人生只有百年，此日最易过。"寥寥20个字，真切地道出了人生短暂、光阴可贵。因此，珍惜时间，也就意味着珍惜生命。可以说，时间是人生最大的资本。

　　对于军事行动来说，时间就是生命；对于精明能干的商人来说，时间就是金钱；对于辛勤劳作的工人来说，时间就是财富。

　　一切在事业上有伟大成就的人，都与他们充分利用时间分不开。他们每个人无一例外地都有自己的一部奋斗史。

　　西汉时的韩信"刺股驱倦"，夜以继日，刻苦攻读；唐代大文学家韩愈，"口不绝吟于六艺之文，手不停披于百家之编"。明朝名医李时珍，走遍天涯海角，经过不知多少磨难，花了27年工夫，三易其稿，写出了《本草纲目》这部传世之作，书中记载了1892种药物，附药方11096则，成为中华民族的宝贵医学遗产。

　　马克思认为："天才在于勤奋。"他的勤奋就表现在抓住时间上。他在撰写《资本论》一书时，由于长年坐在图书馆的一个固定座位上，久而久之，最后在座位下的地面上竟磨出了一双清晰的脚印。

不言而喻，任何成功都是由时间承载而来，你放弃了时间，也就意味着放弃了成功。珍惜时间的关键就是要消除拖延的习惯。

对此，明代文人曾写过一首《今日诗》：

"今日复今日，今日何其少，今日又不为，此事何时了？人生百年几今日，今日不为真可惜，若言始待明朝至，明朝又有明朝事。为君卿赋《今日诗》，努力请从今日始！"

清代学者也曾和《明日歌》：

"明日复明日，明日何其多！我生待明日，万事成蹉跎！世人若被明日累，春去秋来若将至，朝看水东流，暮看日西坠。百年明日能几何？请君听我《明日歌》。"

劝君惜取寸光阴！人的生命是短暂的，青春年华的时光更是短暂的。要珍惜生命，要掌握知识，要创造成功，要实现我们的人生理想、人生价值，就必须珍惜时间，并有效地科学地利用时间。

幼不定基，难成大器

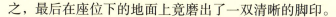

【原典】

子弟者，大人之胚胎，秀才者，士大夫之胚胎。此时若火力不到，陶铸不纯，他日涉世立朝，终难成个大器。

【译释】

小孩是大人的前身，学生是官吏的前身。假如在这个阶段学习不多，磨炼不够，将来踏入社会，很难成为一个有用之才。

少壮不努力，老大徒伤悲

孩子是祖国的花朵、未来的希望。要把孩子培养成未来的有用之才，就要注重小时候的良好教育。所谓"幼而学，壮而行"、"玉不琢不成器，人不学不知义"，都说明了这个道理。千里之行，始于足下，一个人的学习锻炼是从年少时开始的。国家社会的未来在下一代人身上，教育学习，培养品德，锻炼意志，下一代人将来才会有所作为，成为有用之才。

孟子名轲，儒学的奠基人之一，中国古代杰出的思想家。他受业于孔子孙儿子思门下，游说于齐、梁之间，上继孔子，兼倡仁义、仁政，主性善，尚气节，重修养，对中国古代道德传统的形成和发展具有深刻的影响，著有《孟子》一书，传于后世。孟子之所以能够成就一番事业，成为儒家的代表人物，是和其母的教育分不开的。

贤良的孟母深谙邻里之道，为此，不惜几迁其居。一开始孟子的家住在墓地附近，儿时的孟子还不太懂事，不知什么是该学的什么是不该学的。看到邻居们都以替人办丧事谋生，他也觉得有趣，每日里和一群小孩子在一起，嬉戏玩闹，也学着吹吹打打，打幡送丧，挖坑埋棺。孟母看在眼里，急在心里，她知道不能责怪邻里，他们就以此为生，但如果长久住在这样的环境之中，孩子能学到什么呢？长大了又能有什么作为呢？她深深地感到，这里绝非是让儿子增长知识而能生活下去的合适地方，于是就搬家住到一个集市旁边。

集市之中每天都热闹非凡，各种叫卖之声不绝于耳，小小的孟子又开始学着大人的样子，玩沿街叫卖的游戏。孟母看到眼里，急在心中。她深知环境对人的影响是很大的，不能让自己的儿子从小就在这种地方成长。她叹息道："这里也不是我理想中要让孩子住的地方。"于是她又一次带着孟子搬了家。这一次搬到了一所学校旁边住了下来，孩子则学着大人的样子，学习效法各种礼仪，孟母这才长舒了口气，觉得这次的选择才是对的，从此在这里居住下来，而后又多加教诲，才使孟轲成才。

一个扶国经世的人才，在于从小的教育。父母是孩子的第一任教师，一言一行都得顺应规范，否则等孩子长大再改造他，就太难了。

须知"花有重开日，人无再少年"。青少年时期所接受的教育和经受的锻炼对一个人以后自身发展的影响非常大。所以说，在年轻时要多学习文化知识和修身立世的品德，这对于一生来说，都是享用不尽的巨大财富。

浓夭淡久，早秀晚成

【原典】

桃李虽艳，何如松苍柏翠之坚贞？梨杏虽甘，何如橙黄橘绿之馨冽？信乎，浓夭不及淡久，早秀不如晚成也。

【译释】

桃李的花朵虽然鲜艳，但怎么比得上苍松翠柏的坚强不屈；梨杏果实虽然甘甜，但怎么能比得上黄橙绿橘蕴含的芬芳？确实如此，浓烈却消逝得快还不如清淡而维持得长久；少年得志还不如大器晚成。

早秀不如晚成

春花秋容，尽管风姿绰约，香气浓郁，可由于经不住冬雪夏阳，只是季来随开，季去随隐，纵然浓香也是短暂，纵然惊艳也是瞬间。绝对比不上四季常青的松柏清淡隽永，意味绵长。而且，惊艳之美，虽美极一时，终不免有一种好景不长在的缺憾，而隽永之美，朴实淡雅、底蕴醇厚，却能生发着一种持久的魅力。由此，以物喻理，可以说，浓艳易逝，远不及清淡长久；少年得志，还不如大器晚成。

人好比一棵树，根深土厚，则苗壮茂盛，必成参天大树；根浅土薄，则生长无力，恹恹欲睡，到老也是又细又矮的小材料，只能够个扁担的料罢了。因此要想成为栋梁之材，必须进行艰苦持久的"培土固根"。大器之所以成为大器，很大一部分是由于晚成，因其晚而准备充足，根基扎实。

"岁寒而后知松柏之苍劲"。人到晚年固然有夕阳黄昏之叹，但"老当益壮"，"老骥伏枥"之雄心更显得辉煌。人的一生，没有精神追求，即使是正当少年，但颓靡自堕，又有何用？有精神追求和理想抱负，即使在老年也生机勃勃，又何来"徒伤悲"之叹呢？

戴震（1723—1777），字慎修，又字东原，安徽休宁隆阜（今屯溪市）人。他是我国18世纪杰出的大学问家、思想家和教育家，尤长于考据、训诂、音韵，为清代考据学派的重要代表人物。

戴震的祖父和父亲，都是大字不识的小贩，而且由于是小本生意，赚钱难以供家人糊口。戴震稍长时，在乡从塾师学习。有了学习机会，他十分珍惜，在学习时十分刻苦，并且勤学好问，善于独立思考。后来由于家庭生活困难，他不得不放弃上学机会，肩挑小货担，出外做些小买卖。在做小商贩的行途中，他一有机会就拿起书本边走边看，边看边诵，边诵边记。往往出门做一回生意，他就要背诵数页书。就这样，他对《十三经注疏》了如指掌。

青少年时，戴震过着相当艰苦的生活，但总忘不了读书。后来，他随父做生意客居南丰，在这里他开始"课学童于邵武"。他一边教童蒙学馆以维持生活，一边努力读书，研究学问，故经学日益长进。二十岁时，他结识了当时著名的学者江永，即受学于江氏门下。近四十岁时，他才参加乡试并中举。从此，生活才有了些好转。

尽管戴震成了举人，但在后十余年里，却屡试不第，只好以教书为业。五十岁时曾主讲于浙东金华书院，被钱大昕称为"天下奇才"，推荐给尚书秦蕙田协助修《五经通考》。后会试不第，应直隶总督方观承之聘，修《直隶河渠志》。尔后又游山西，讲学于寿阳书院，修《汾州府志》和《汾阳县志》。乾隆三十八年（1773），清政府开四库馆，戴震由《四库全书》总编纪昀等人引荐，奉诏入四库馆为纂修官。乾隆四十年，戴震已五十三岁，奉命与当年贡士同赴殿试，赐同进士出身，授翰林院庶吉士。他在馆五年间，主要工作是校书，除《仪礼集释》、《大戴礼记》外，还校有《九章算术》、《海岛算经》、《孙子算经》、《五曹算经》、《夏侯阳算经》等，对于中国古算学的恢复与发展作出了贡献。五十五岁时，戴震因积劳过度而病逝。

孔子说:"数年发愤,勤奋苦读,而不想做官发财的人,真难得呀!"孔子因为读书人"急于仕进,志有利禄,鲜(少)有不安小成者",所以发出"不易得"的感叹。至于"早秀不如晚成"的说法,可能是因为:少年得志易生骄狂,自我吹嘘而至堕落;而饱经忧患,历经沧桑,才体会出创业的艰难而安于守成。

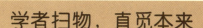

学者扫物,直觅本来

【原典】

人心有一部真文章,都被残篇断简封固了;有部真鼓吹,都被妖歌艳舞湮没了。学者须扫除外物,直觅本来,才有个真受用。

【译释】

人的心理原本都有一部纯美绝佳的文章,可是让人遗憾的是,这部文章往往被后天的物欲杂念给封闭了;人的心里原本都有一曲真正绝美的乐章,可同样遗憾的是,有些人往往被妖歌艳舞给迷惑了。所以说,学者求学问道,必须先扫除外界干扰,用智慧来寻求自己的天性,如此,才能获得宝贵的学问。

读书之妙,贵在专心不二

求取学问是很严谨的事,来不得半点马虎。它需要的是集中精力,心神合一,不为外物所扰。句中的"残篇断简",指残缺不全的书籍,此处比喻物欲杂念之意。"鼓吹",指高雅的音乐。"真受用",指真正的好处。专心不二,就是要求人们学习时必须心静。心静方能入神,方能"意不随流水转，心不追彩云去"，这是一种稳定的心性，也是不为外物干扰而学道有成的宝贵所在。

清代大文学家蒲松龄在谈到治学经验时，十分强调学习要专心致志，他说："书痴者文必工，艺痴者技必良。"所谓"痴"，就是入迷。蒲松龄认为，读书时心静才能如痴如迷，才能写出好文章；学习本领时全神贯注，才能练就一身高超的技艺。蒲松龄的话道出了一条治学成功的可贵经验。

下面这则有趣的故事，便颇能给人感悟：

法国大雕塑家罗丹，是一位很有成就的艺术家。一次，他邀请挚友奥地利作家斯蒂芬·茨威格到他家做客。饭后，罗丹带着客人参观他的工作室。他们走到一座刚刚完成的塑像前，罗丹掀开搭在上面的软布，一座仪态端庄的女像，矗立在他们面前。茨威格不禁拍手叫好，并向罗丹祝贺，祝贺大雕塑家的又一杰作诞生。可是，罗丹自己端详一阵雕像后，皱着眉说："啊，不，还有毛病……左肩偏斜了一点，脸上……对不起，你等我一会儿。"说完，他很快拿起抹刀，进行修改。

茨威格见罗丹修改得如此聚精会神，怕打扰他的工作，就知趣地悄悄站在一边。只见雕塑家一会儿上前，一会儿后退，嘴里有时叽里咕噜，像同最亲近的人密谈；有时眼里还闪着异样的神色，似乎又是在与人发生激烈的争吵；他的脚还不时地把地板踏得吱吱直响，手不时地在空中乱舞……一刻钟、半小时过去了，罗丹的动作越来越有力——大约一个小时后，罗丹停下来，他对着那座女像发痴地微笑，然后，轻轻地叹了口气，把布给塑像披上。

茨威格见罗丹工作完毕了，就走向前去，准备同罗丹交谈；不料，罗丹这时竟旁若无人地径直向门外走了，而且出门后还碰上门，准备上锁。

茨威格莫名其妙，赶忙把罗丹叫住："喂！亲爱的朋友，你怎么啦？我还在屋子里呀！"罗丹这才猛然想起他的尊贵的客人，便很抱歉地对茨威格说："啊哟！你看我，简直把你忘记了，对不起，请不要见怪！"

也许有人会取笑罗丹这种情形像傻子，但这种傻气对于做学术研究的人来说，是太宝贵和太难得了。宝贵，在于这种傻，是一种境界、一种至性、一种高贵，许多杰出的科研成果正是在这种极其高度的专注"傻"气中诞生的。难得，是在于具有这种高贵"傻"气，并能取得卓越成果的人又能有几个呢？可以说，正是一丝不苟、专心不二的精神，成就了罗丹非凡的艺术才能。

幻无求真，雅不离俗

【原典】

金自矿出，玉从石生，非幻无以求真；道得酒中，仙遇花里，虽雅不能离俗。

【译释】

黄金从矿砂中冶炼出来，美玉由石头琢磨而成，这是说不经过虚幻就无法得到真实；道理可以在饮酒中求得，神仙能在声色场中遇到，这是说即使高雅也不能完全脱离凡俗。

置身绝境，感悟生活真滋味

雅不能离俗。一方面是说雅的东西并不能脱离它产生的环境，就像一个人不是天生就是一个高雅之士，很可能会在俗的环境里成长，关键是以后的磨炼。另一方面是说雅的东西是不断修省锻炼而来，就像矿砂不经冶炼就不能成为黄金，矿石不经琢磨不能成为美玉一样，人不经过历练也不能有所作为。

我国著名画家韩美林在 20 世纪特殊的年代，曾被认为是"三家村的黑弟子"而被关入监牢。近五年的监狱生活，按他的话说是经历了五年的"炼狱"。这种煎熬不是常人所能想象的。

一个炎热的夏日，韩美林双手被铐从合肥押回淮南，路经水家湖转车。这是一个肮脏和混乱的小站，押送他的人饿得下车就找饭馆。韩美林虚弱的身体跟着跑得筋疲力尽，好歹在一个包子铺前停了下来。看守将手铐解下一只，把韩美林锁在一个自行车架上，其实他已经两天没有吃饭，哪里跑得动呢？此时他口袋里只有两分钱，不够买半个包子，而押他的人为了与韩美林划清界限，当然也不会给他买。他手被铐在车架上蹲在地上，以便等他们两人吃完后上路。这时，韩美林旁边一个农村妇女端着几个包子喂孩子，贪嘴的苍蝇围着他们嗡嗡叫，挑食的孩子只吃馅不吃皮，五个包子皮都滚落在地上。尽管这时行人围了一大圈，像是观看动物园新来的动物一样看韩美林，还有一些陌生行人不时给他几脚。他满脑子都是难以忍受的饥饿，"自然需要"绝对超过了"社会需要"。韩美林已顾不上什么羞耻，抓起爬满了苍蝇的五个包子皮，连土带沙狼吞虎咽地塞进了饥肠辘辘的肚子里……这就是"炼狱"。

支撑着韩美林生活的是他对美的追求，对美的探索。在牢中，他用一截筷子头在自己的大腿上作画，裤子画破了，他就拆下别的衣物补一补；没有布了，"难友"就从自己的衣裤上撕下破布送给他，累计有400多块补丁……"炼狱"练就了他的铮铮铁骨，练就了他奇妙而独特的美术世界。1980年，他在美国纽约世界贸易中心举办了个人画展，并到美国21个城市巡回展出，在美国掀起了一股"韩美林热"。美国曼哈顿区宣布该年10月1日为"韩美林日"；圣地亚哥市市长亲手向他赠送了一把"金钥匙"；人们热情地称他是"中国的毕加索"。困境中的韩美林与日后事业辉煌的韩美林，这是一个多么巨大的反差。

自古以来的强者，大多是抱着不屈不挠的精神，从逆境中挣扎奋斗过来的。

广阔的世界，漫长的人生，未必都充满称心如意的事情。倘若没有任何苦恼和忧愁，能平平安安地享受太平，那是求之不得的。然而，事事不尽人意，有时候日坐愁城，有时候一筹莫展，进而陷入进退维谷的境地。尽管如此，人们只有在悲愁之中才能领略到人生的深奥；置身绝境，才可感悟出生活的真滋味。

第三章

淡泊明志：真情来自日久，真味出自平淡

　　持有淡泊明志之心，那自己的生活就能像云水一样逍遥自在，不自我设限封闭，能随遇而安，随缘生活，随心自在，随喜而作。淡泊之心会让你少了些抱怨，多了些理解；少了些刻薄，多了些欣赏；少了些痛苦，多了些幸福。用淡泊之心，去重新审视世界和人生。宁静以致远，淡泊以明志，凭借淡泊明志之心，你再不会为物所累，为名所诱。金庸小说《笑傲江湖》里有一句话：莫思身处无穷事，且尽生前有限杯。虽是虚构，却不失为一种人生感悟，点出"人生一世，草木一秋"的真谛。

寂寞一时，凄凉万古

【原典】

栖守道德者，寂寞一时；依阿权势者，凄凉万古。达人观物外之物，思身后之身，宁受一时之寂寞，毋取万古之凄凉。

【译释】

一个能够坚守道德准则的人，也许会寂寞一时，一个依附权贵的人，却会有永远的孤独。心胸豁达宽广的人，考虑到死后的千古名誉，所以宁可坚守道德准则而忍受一时的寂寞，也绝不会因依附权贵而遭受万世的凄凉。

寂寞一时，终受人赞颂

宁愿遵从大义而舍生一死，古今例子很多。

扬雄，字子云，蜀郡成都（今属四川）人，西汉著名文学家、哲学家。扬雄世代以农桑为业。家产不过十金，"乏无儋石之储"，却能淡然处之。他口吃不能疾言，却好学深思，"博览无所不见"，尤好圣哲之书。扬雄不汲汲于富贵，不戚戚于贫贱，"不修廉隅以徼名当世"。

四十多岁时，扬雄游学京师。大司马、车骑将军王音"奇其文雅"，召为门下史。后来，扬雄被荐为待诏，以奏《羽猎赋》合成帝旨意，给事黄门，与王莽、刘歆并立。哀帝时，董贤受宠，攀附他的人有的做了二千石的大官。扬雄当时正在草拟《太玄》，泊如自守，不趋炎附势。有人嘲笑他，"得遭明盛之世，处不讳之朝"，竟然不能"画一奇，出一策"，以取悦于人主，反而著《太玄》，使自己位不过侍郎，"擢才给事黄门"，何必这样呢？扬雄闻言，著《解嘲》一文，认为"位极者宗危，自守者身全"。表明自己甘心"知玄知默，守道之极；爱清爱静，游神之廷；惟寂惟寞，守德之宅"，决不追逐势利。

王莽代汉后，刘歆为上公，不少谈说之士用符命来称颂王莽的功德，也因此受官封爵。扬雄不为禄位所动，依旧校书于天禄阁。

道德这个词看起来有点高不可攀，但仔细回味，却如吃饭穿衣，真切自然，它是人人应该恪守的行为准则。在中国历史的发展过程中，人才辈出，却大浪淘沙，说到底，归于文格、人格高。真正有骨气的人，恪守道德，甘于清贫，尽管贫穷潦倒，寂寞一时，终受人赞颂。

真味是淡，至人是常

【原典】

肥辛甘非真味，真味只是淡；神奇卓异非至人，至人只是常。

【译释】

美酒佳肴、鱼肉美食都不是真正的美味，真正的美味是清淡平和；行为举止神奇超群的人不是真正德行完美的人，真正德行完美的人，其行为举止和普通人相同。

记住自己是常人，有一颗平常心

说到底，我们都是常人，即使已身居高位，即使拥有了万贯家财，即使已声名远播，即使的确成就惊人令众人仰慕……都应该记住：自己本来是常人。而本为普通人，更应该记住自己是常人。

一个有完美人格和高尚品德的人，往往是在平凡中实践自己伟大的人生理想。

有一天，秋高气爽，太阳已爬在半空，庄子还高卧未醒，忽然门外车马喧闹。原来楚威王久仰庄子的大名，想把他召进宫中给予高位，既用其名，复用其才，以使自己达到争霸天下的目的。楚威王派了几位大夫充当使者，领着一队壮士，抬着猪羊美酒，带着千两黄金，驾着几辆驷马高车，浩荡而隆重地来请庄子去楚国当卿相。

半个时辰后，才见庄子出来。使者作揖赔笑，呈上礼物，说明来意。

不料庄子仰天大笑，说："免了！免了！千金是重利，卿相是尊位，多谢你家大王。然而诸位难道没有瞧见过君王祭祀天地时充做牺牲的那匹牛吗？想当初，它在田野里自由自在，只是它的模样生得端庄一点，皮毛生得光滑一点，就被人选入宫中，给以很好的照料，生活是好多了，然而正所谓'喂肥了再宰'。到时，牛的大限已到，当此关头，这牛倘想改换门庭，再回到昔日即使是劳苦的生活境况中去，还有可能吗？还来得及吗？那么，去朝廷做官，与这头牛有什么差别呢？天下的君子，在他势单力孤、天下未定时，往往招揽海内英雄，礼贤下士；一旦夺得天下，便为所欲为，视民如草芥，对于开国功臣，则恐怕其功高震主，无不杀戮。正所谓'飞鸟尽，良弓藏；狡兔死，走狗烹'。你们说，去做官又有什么好结果？放着大自然的清风明月、荷色菊香不去观赏消受，偏偏费尽心机去争名夺利，岂不是太无聊了吗？"

几位使者见庄子对世情功名的洞察如此深刻，也不好再说什么，只得快快告退。其中一位使者如当头棒喝，看破数十年做官迷梦，就此决定回朝后上奏君王告老还乡。

庄子仍然过着洒洒脱脱的生活，登山临水，笑傲烟霞，寻访故迹，欣赏景色，抒发感慨，盘膝而坐，冥思苦想，发为文章，在清贫中享受人生的快乐和尊严。

人们往往忽视平凡，不重视常见的东西。像鸡鸭鱼肉、山珍海味，固然都是极端美味可口的佳肴，但时间久了也会觉得厌腻而难以下咽；粗茶淡饭，最益于身体，在一生之中最耐吃。绝俗超凡可以视为一种人生态度。有卓越的才华是好事，但有作为的人，不应追求一时的功名。人只有在平凡之中才能保留纯真本性，在平凡中显出英雄本色。

动静合宜，道之真体

【原典】

好动者，云电风灯，嗜寂者，死灰槁木；须定云止水中，与鸢飞鱼跃气象，才是有道的心体。

【译释】

一个好动的人就像云端的闪电，霎时之间就消失得无影无踪，又像风前的烛光摇摆不定，忽暗忽明。一个喜欢清静的人，就像已经熄灭了的灰烬，又像已经丧失生机的枯木。过分好动和过分好静，都不是合乎理想的人生观，只有缓缓浮动的彩云和平静的水面，才能出现鸢飞鱼跃的景观，用这两种心态来观察万物，才算是理想的境界，才是具有崇高道德心胸的人。

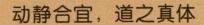

动静合宜为真道

上面一段话的义旨是说：任何事物都不可走向两个极端，千万别误会静是淡泊，是高雅；动是行动，是忙碌，是俗气。其实，不管动与静，做事不可太走极端，走极端就是偏颇。

句子中的"云电风灯"，形容短暂不稳定；"嗜寂者"，指特别好静的人；"死灰槁木"，比喻丧失生机的东西。据《庄子·齐物论》："形固可使如槁木，而心固可使如死灰乎。"死灰，熄灭后的灰烬；槁木，指枯树。"定云止水"，比喻极为宁静的心境。定云，指停留不动的云；止水，指停而不流的水；"鸢飞鱼跃"，指极为宁静中的动态。

动与静是相对应的两种行为，是人生修养中属于极端的两种行为和两个概念。任何人都有动的时候，也都有静的时候，但是最好动静得宜才合乎自然之道，这也就是所谓动中有静，静中有动，动静合宜才不失人生的节度。这样，在一个寂灭压抑的世界中，仍会鼓足勇气从事创造；处于惊涛骇浪的混乱时代，也能适应环境寻求生存之道。所谓处乱不惊，宁静思远，超然物外，逍遥自在，把一切寄托于不得已，以养护形体的主宰，那就是"道"之心体。

在生活中，我们都会有这样的体会：内心的需求，有紧迫的，有不重要的。而我们在急需的时候遇到别人的帮助，会内心感激不尽，甚至终生不忘。濒临饿死时送一个馒头和富贵时送一座金山，内心感受会完全不同。韩信发迹发誓报答漂母，就因为没有她老人家给他饭吃，他说不定就饿死了。

三国争霸之前，周瑜没有多大名声。他曾在军阀袁术所辖的居巢县当一个小小的县令。

有一年地方上发生了饥荒，又爆发了战争，兵乱间百姓财物又损失不少，粮食问题日渐严峻起来。居巢的百姓没有粮食吃，就吃树皮、草根，饿死了不少人。周瑜看到这悲惨情形急得心慌意乱，不知如何是好。

这时有人献计，说本县有个乐善好施的财主鲁肃，想必囤积了不少粮食，不如去向他借。

周瑜带上人马登门拜访鲁肃，刚刚寒暄完，周瑜就直接说："不瞒老兄，小弟此次造访，是想借点粮食。"

鲁肃一看周瑜长得一表人才，想必日后必成大器，他根本不在乎周瑜现在只是个小小的居巢令，哈哈大笑说："此乃区区小事，我答应就是。"

鲁肃亲自带周瑜去查看粮仓，这时鲁家存有两仓粮食，各三千石，鲁肃痛快地说："也别提什么借不借的，我把其中一仓送与你好了。"周瑜及其手下一听他如此慷慨大方，就愣住了；要知道，在饥馑之年，粮食就是生命啊！周瑜被鲁肃的言行深深感动了，两人当下就交上了朋友。

后来周瑜发达了，当上了将军，他牢记鲁肃的恩德，将他推荐给孙权，鲁肃终于得到了干事业的机会。鲁肃"宁静"而不死寂，遇到自己看好的人，立即伸手帮助，这是恰到好处的"动"。所以静中寓动，动中有静，才是处世的智慧。

志在林泉，胸怀廊庙

【原典】

居轩冕之中，不可无山林的气味；处林泉之下，须要怀廊庙的经纶。

【译释】

身居要职享受高官厚禄的人，要有山林之中淡泊名利的思想；而隐居山林清泉的人，要胸怀治理国家的大志和才能。

出将则安边却敌，入相则尊主庇民

佛教中说，佛法包括出世法、入世法和世间法。何为"世间法"？可以说，《菜根谭》的积极智慧之道在此体现出来。

范仲淹在短暂的人生中，曾任过地方长官和边防将领，也曾受到过朝廷的重用任参知政事等职。他无论在中央还是地方，都以天下为己任，以"先天下之忧而忧，后天下之乐而乐"的豪言壮语来鞭策自己，时刻关心国家大事和百姓疾苦。

有一年，全国发生了严重的蝗虫和干旱灾害，江南、淮南、京东等地的情况最严重。范仲淹对此非常着急，便上书请求皇帝派遣使臣到各地去巡视，皇帝没有答复。于是他又单独求见皇帝，说："如果皇宫中半天没有东西吃，将会怎么样呢？"这句话引起了皇帝的重视，于是就任命范仲淹去安抚江南、淮南等地人民。范仲淹每到一地，就立即打开官仓救济灾民，还蠲免了庐、舒二州的折役茶（向国家交纳一定数量的茶叶）和江东路的丁口盐钱（按丁口交纳的盐税钱），并归纳了能救治当时社会弊病的十项措施上呈皇帝。

明道三年（1033），宋仁宗命范仲淹出任苏州知州。范仲淹到苏州后，正遇上苏州涨大水，农田被淹，无法耕种。他立即领导疏通五河，准备将太湖水引出灌注入海。但是，当他招募许多民夫开始动工还未完工时，又被调任到明州。苏州转运使得知情况后，便奏请宋仁宗，请求留下范仲淹来完成这一工程，得到了宋仁宗的同意。完工后不久，范仲淹就被召回朝廷，提升他为吏部员外郎、权知开封府。

康定元年（1040），西夏李元昊发兵入侵宋朝边境。朝廷任命范仲淹为天章阁待制，担任永兴军知军，又改任陕西都转运使。随后又被提升为龙图阁直学士，充任陕西经略安抚、招讨使夏竦的副手。当时，延州（今陕西延安）周围有许多寨子被西夏军攻破，范仲淹主动请求前往御敌。于是宋仁宗任命他为户部郎中兼延州知州。以前诏书上有分派边兵的规定：边境军队，总管统领一万人，钤辖统领五千人，都监统领三千人。每当遇到敌人来犯要进行抗御时，就由官职卑微的首先出战。范仲淹了解到这种情况后说："不选择将领，而以官职高低来决定出战先后，这是自取失败的办法！"

于是他大规模检阅延州军队，共得一万八千人；他将这一万八千人分为六部，每位将军各领三千人，分部进行教习训练。遇敌人来犯，则看敌方人数多少，派各部轮换出战抵御。经过整顿的军队战斗力大大提高，打了许多胜仗。

范仲淹治军，号令明白，爱护士兵，常将朝廷赏赐给他的黄金分送给戍边守关的将领。而且，对归顺的羌人推心置腹，诚意接纳，发展边境生产和贸易，因而博得边民对他的爱戴，称他为"龙图老子"。西夏军队吃了许多败仗，不敢再轻易侵犯他所管辖的边境。直到庆历三年（1043）李元昊不得已与宋朝讲和，宋仁宗才又召回范仲淹，任命他为参知政事。范仲淹任参知政事时，向宋仁宗提出了厚农桑、减徭役、修武备、择长官等十项改革方案。

当时宋仁宗一心想治理出一个太平盛世，全部采纳了范仲淹的意见。

可惜这些意见因保守派的反对而未能得以贯彻实施，但其对以后的改革变法却有一定的影响。

范仲淹一生食无重肉，生活俭朴，以治理国家的大事为自己终身的职责，忧天下之忧，所以深受当时百姓和后人的敬重。

粗茶淡饭，布被神酣

【原典】

神酣布被窝中，得天地冲和之气；味足藜羹饭后，识人生淡泊之真。

【译释】

安然舒畅地睡在粗布棉被中的人，可以吸收天地间平和的精气；满足粗茶淡饭的人，才能体会淡泊人生的真正趣味。

平易恬淡的生活，吸收平和的精气

俭朴的生活能磨炼意志，锻炼吃苦耐劳、坚韧顽强的精神，使人们在通往理想的道路上，披荆斩棘，奋勇直前。

朱德深刻懂得过俭朴生活和参加劳动的重要价值。他自己毕生俭朴，不离劳动，他也是以此来要求和教育家人的，特别是对待孩子。

他经常向孩子们讲自己小时候的苦难遭遇和战争年代的艰苦生活，教育他们勤俭朴素，学会吃苦耐劳，不搞特殊。

1953 年，女儿朱敏参加教育工作，父亲立即让女儿搬到学校去住。朱敏告诉父亲，学校正在兴建，家属宿舍还没盖好。父亲对女儿说："那就住集体宿舍，这样更接近群众。住在我这里没有什么好处，只会使你脱离群众，滋长优越感。你们不能靠父母过日子，要学会独立生活，要能够吃苦。"结果朱敏在集体宿舍一住就是 4 年，直至分到家属宿舍。

朱德对子女一向要求严格，女儿生孩子产假刚满，他就催促她立即上班，由他安排照顾孩子。儿子从部队转业，他支持和鼓励他到生产劳动第一线当了一名火车司机。他还热情鼓励儿女到农村接受艰苦的锻炼，告诫他们了解农村，向农民学习。他从不把儿女留在身边，有时儿女们去看望他，他总是要刨根问底，弄清楚他们是不是请了假，占用了工作时间。

有时他甚至很不高兴地说："我的生活有组织照顾，你们不要老回来看我了。"直到晚年一直是这样。在他最后一次住进医院后，还一再劝说儿女们："我很好，你们可以回去了。不要请假来看我，影响了工作。"

为了不使孩子们滋生特殊化思想，朱德在吃饭、穿衣方面对他们都有严格的约束。他要求孩子们住校，他说："同学们吃什么你们就吃什么。星期天回家来就到机关大食堂吃饭，一点也不要特殊。"学校伙食比较差，孩子们好容易盼到星期天，想到机关大食堂买点好的吃。可是朱德一再嘱咐他们：不准买好的，不准超过别人的伙食标准，不准超过自己的定量，不准这个，不准那个。孩子们背后嘀咕、埋怨，朱德知道后对他们说："你们在家吃饭，对你们的思想没有好处。和大家一起排队买饭，正是你们和大家接触的好机会。"后来孩子们看到不少同学从家里带饭到学校吃，也要求这样。朱德还是不答应，要他们与工农子弟生活在一起，打成一片。就这样孩子们坚持住校，直到毕业。

在孩子们的衣着方面，朱德的约束也是严格的。几个较大一点的孩子穿的鞋，通常是从后勤部门买来的战士们上缴的旧鞋，衣服总是大的穿了小的穿，破了缝缝补补继续穿。他常说："衣服的主要作用是御寒，人要穿上暖和、干净，就是好衣服。"

朱德在孩子们的衣、食、住、行方面的要求、约束是这样的严格，他决不允许孩子们有丝毫的特殊，决不允许他们的生活水平超出一般职工的子弟，而实际上，他的孩子们的衣、食、住、行比一般职工子弟还要俭朴。

朱德对他的孩子们的培养、教育是多方面的，但培养他们学会过俭朴的生活、热爱劳动是一个主要的方面。在他的培养和教育下，他的孩子们都养成了朴素的美德，具有质朴的劳动人民的情感和吃苦耐劳的生活能力，在各行各业各条战线上辛勤地劳动，默默地奉献，正像朱德期望他们的那样。

如果把时间和精力花在个人生活上，迷恋于吃喝玩乐，既消磨人的意志，又会分散工作精力，这样的人必定是平庸之辈。

专求无念，凡事随缘

【原典】

今人专求无念而终不可无，只是前念不滞后念不迎，但将现在的随缘打发得去，自然渐渐入无。

【译释】

如今的人一心想做到心中没有杂念，可是始终做不到。其实只要使以前的念头不存心中，未来的事情不去忧虑，把握现实将目前的事情做好，自然能使杂念慢慢消除。

随缘以清心，日日是好日

何为随？随不是跟随，是顺其自然，不怨恨，不躁进，不过度，不强求；随不是随便，是把握机缘，不悲观，不刻板，不慌乱，不忘形；随是一种达观，是一种洒脱；更是一份人生的成熟，一份人情的练达。

人活着，要做的事情很多，奢望每一件都能按自己的设想发展，是根本不可能的！一切的羁恋苦求无非徒增烦恼，只有一切随缘，才能平息胸中的"风雨"。

苏东坡和秦少游一起外出，在饭馆吃饭的时候，一个全身爬满了虱子的乞丐上前来乞讨。

苏东坡看了看这名乞丐对秦少游说道："这个人真脏，身上的污垢都生出虱子了！"

秦少游则立即反驳道："你说得不对，虱子哪能是从污垢中生出，明明是从棉絮中生出来的！"两人各执己见，争执不下，于是两个人打赌，并决定请他们的朋友佛印禅师当评判，赌注是一桌上好的酒席。

苏东坡和秦少游私下分别到佛印那儿请他帮忙。佛印欣然允诺了他们。两人都认为自己稳操胜券，于是放心地等待评判日子的来临。评判那天，佛印不紧不慢地说道："虱子的头部是从污垢中生出来的，而虱子的脚部却是从棉絮中生出来的，所以你们两个都输了，你们应该请我吃宴席。"听了佛印的话，两个人都哭笑不得，却又无话可说。

佛印接着说道："大多数人认为'物'是'物'，'我'是'我'，然而正是由于'物'、'我'是对立的，才产生出了种种矛盾与差别。在我的心中，'物'与'我'是一体的，外界和内界是完全一样的，它们是完全可以调和的。好比一棵树，同时接受空气、阳光和水分，才能得到圆融的统一。管它虱子是从棉絮还是污垢中长出来，只有把'物'与'我'的冲突消除，才能见到圆满的实相。"

佛印化解苏东坡与秦少游的赌局正是采用了"枯也好，荣亦好"的禅理。

世间万事万物皆有相遇、相随、相乐的可能性。有可能即有缘，无可能即无缘。缘，无处不有，无时不在。你、我、他都在缘的网络之中。俗话说，有缘千里来相会，无缘对面不相逢。万里之外，异国他乡，陌生人对你哪怕是相视一笑，这便是缘。能够相识相知，是一种令人珍惜令人难忘的缘。一见钟情是一种缘，高山流水是一种缘，怦然心动则是另外一种缘。

这个缘，令人难解。卓文君为了司马相如，别豪门赴街市，当垆卖酒不言贫富；温莎公爵不惜放弃王位，舍弃江山，终于携得美人归，皆因有缘；而钟子期与俞伯牙，不需任何介绍，只一曲高山流水，弦响天地间，空前绝后，震撼心灵，他们都从对方的眼眸中读懂了彼此，这是一种心灵与心灵的碰撞，是知音遇知音的相惜，更是潇洒物外无欲无求的缘分。

大千世界芸芸众生，可谓是有事必有缘，如喜缘，福缘，人缘，财缘，机缘，善缘，恶缘等。万事随缘，随顺自然，毫不执著，这不仅是哲人的态度，更是快乐人生所需要的一种精神。

缘不是索求，也不是奉献，更不是宗教，缘就是缘。不需许下誓言，也不必要求承诺。可以拥有时，不必海誓山盟依然可以真诚相拥，而无法拥有时，即使是求，也求不来一份聚首的缘。

缘，有聚有散，有始有终。有人悲叹："天下没有不散的筵席。既然要散，又何必聚？"缘是一种存在，是一个过程。"有缘即往无缘去，一任清风送白云。"人生有所求，求而得之，我之所喜；求而不得，我亦无忧。若如此，人生哪里还会有什么烦恼可言？苦乐随缘，得失随缘，以"入世"的态度去耕耘，以"出世"的态度去收获。

民国才女张爱玲曾这样写道：于千万人中，遇到你所要遇到的人，于千万年中，在时间的无垠的荒野里，没有早一步，也没有晚一步，刚巧赶上了，那也没有别的话可说，唯有轻轻地问声："噢，你也在这里吗？"而徐志摩却告诉世人："在茫茫人海中，我欲寻一知己，可遇而不可求的，得之，我幸；不得，我命。"

在这个世界上，凡事不可能一帆风顺，事事如意，总会有不顺心的事时常萦绕着我们，那该如何面对呢？答案很简单：随缘自适，烦恼即去。

其实，随缘是一种进取，是智者的行为。

陆贾《新语》云："不违天时，不夺物性。"明白宇宙人生都是因缘和合，缘聚则成，缘尽则散，才能在迁流变化的无常中安身立命，随遇而安。生活中，如果能在真理的原则下坚守不变，在细节处随缘行道，自然能随心自在而不失正道。

有人认为，随缘是宿命论的说法，其实不然，随缘要比宿命论高深。宿命论不过是无奈于生命的抗争而作的不得已之论。随缘是一种人生态度，高超而豁然，是不容易做到的。一切随缘，多么洒脱的胸怀，看穿眼前的浮云，把人生滋味品透。

人我一视，动静两忘

【原典】

喜寂厌喧者，往往避人以求静，不知意在无人便成我相，心著于静便是动根，如何到得人我一视、动静两忘的境界？

【译释】

喜欢寂静而厌恶喧嚣的人，往往逃避人群以求得安宁，却不知道故意离开人群便是执著于自我，刻意去求宁静实际是骚动的根源，怎么能够达到自我与他人一同看待、将宁静与喧嚣一起忘记的境界呢？

内心的宁静关键在于心

完全扬弃自我和动静不二的主观思想，才能真正达到身心都安宁的境界。

一位名叫梅凯的同学患了严重的感冒，被送进医院治疗。他的同学们常到医院去看他。梅凯病情不轻，原本结实而又活泼的他，此时变得面黄肌瘦，体重减了很多，看起来一副病容。他皮肤苍白，两眼无神，没有活力。他的一位同学这样描述："当你去看他的时候，你会感到他对你的健康非常嫉妒，这使我在他的床边与他交谈时，感到很不自在。"

同学们轮流去看他。

有一天，他的同学见到病房紧闭，门上挂着一个牌子：谢绝访客。

他们吃了一惊——是什么原因呢？他的病并没有生命危险啊。

是梅凯请求医生挂上那个牌子的。同学们的探访不但没有使他振奋，相反地，却使他感到更加沉闷，他不想跟同学们打交道。

之后，梅凯把他不想与人打交道的情形告诉了同学们。他对每一个人和每一件事都有一种轻蔑之情，他觉得他们每一个人都不值一顾或荒谬可笑，他只想独个儿与他愁惨的思绪共处。

他的心中没有欢乐。由于身体的疾病而抑郁寡欢，他同时感到他正在排斥生活，弃绝世人。

那些日子对于梅凯而言，可说是毫无乐趣可言。他的恼怒使得他难以忍受。

但他很幸运。一位日班护士了解他的心境，有一天，她对他说，院里有一位年轻的女病人，遭受了情感的打击，内心非常苦恼，如果他能写几封情书给她，一定会使她的精神振奋起来。

梅凯给她写了一封信，然后又写了一封。他自称他曾于某日对她有过惊鸿一瞥，自那以后，就常常想到她。他在信里表示，待他俩病好之后，也许可以一同到公园里去散散步。

梅凯在写这封信的过程中感到了乐趣，他的健康也跟着开始好转。他写了许多信，精神抖擞地在病房里走来走去。不久，他就可以出院了。

出院的消息使他感到有些不安，因为他还没见过那位少女。他从书写那些表示倾慕之情的信中获得了很大的乐趣，他只要一想到她，脸上就现出一道爱的光彩，但他一直没有见到她——一次也没有。

梅凯问那位护士，他是否可以到她的病房中去看她。

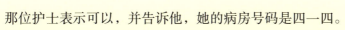

那位护士表示可以，并告诉他，她的病房号码是四一四。

但那里并没有这样的一个病房，也没有这样一位少女。

求得内心的宁静在于心，环境在于其次。否则把自己放进真空罩子里不就真的无菌了吗？其实，这样环境虽然宁静，假如不能忘却俗世事物，内心仍然是一层繁杂。何况既然使自己和人群隔离，同样表示你内心还存有自己、物我、动静的观念，自然也就无法获得真正的宁静和动静不一的主观思想，从而也就不能真正达到身心都安宁的境界。

身放闲处，心在静中

【原典】

此处常放在闲处，荣辱得失谁能差遣我；此心常安在静中，是非利害谁能瞒昧我。

【译释】

耳朵根子听东西就像狂风吹过山谷造成巨响，过后却什么也没有留下，那么人间的是是非非都会消失；内心的境界就像月光映照在水中，空空如也不着痕迹，那么就能做到物我两相忘怀。

淡泊胸怀，独善自身

只要经常把自己的身心放在安闲的环境中，世间的荣辱得失如何能差遣我；只要经常将自己的心境置于清静之中，世间的是是非非怎么能欺瞒我。

曾国藩说过："人无一内省之事，则天君态然，此心常快足宽平，是做人第一自强之道，第一寻乐之方，守身之先务也。"这句话道出了不做执迷不悟的事，人便无惴惴不安之态，而会怡然快乐，心静宽悠。"此身常放在闲处"，就是要人闲得自在，闲得悠然，闲得真性，不痴不迷，保持自我。这个"闲"字，绝不是叫人游手好闲，不思进取，也不是叫人"两耳不闻窗外事"，凡事都漠不关心。而是寄寓着一种心灵的升华和高洁的情怀。

老子曾说，一个人的一生中，生命比名誉、名声更重要，比财物要优先。如果丧失了生命，纵然高官厚禄、遍地财宝又有什么用呢？知道生命本身是最重要的，就会珍惜生命，就不会让生命承受太多的失望和压力。于此，名利又算得了什么呢？

东晋末年的陶渊明曾为生活所迫，到官场上任职几年，他极为讨厌巴结逢迎、投机钻营的官场丑态，刻意回避官场上腐朽黑暗的东西。他在做彭泽县令时，有一天郡里派遣督邮到彭泽县来检查工作，按官场规矩他必须穿着官服恭恭敬敬地向督邮行拜见礼。陶渊明本来就非常鄙视那些倚仗权势、盛气凌人的官僚，他叹息着对小吏们说："我怎么能够为了五斗米的俸禄，就躬着腰向那些人打躬作揖、曲意逢迎呢？"说完后拿出大印和官服，轻轻松松回家种田去了。在空气清新、阳光明媚的大自然中，他的心情格外舒畅，所撰写的《归去来兮辞》表达了他对官场的厌恶，对田园生活的美好向往。他终于在菊花水酒与明月中获得了自由的身心和无穷的快乐。

如果一个人能淡泊名利，那么，功名利禄便不能诱惑他。"采菊东篱下，悠然见南山"表现出了陶渊明不愿为五斗米折腰，而远离钩心斗角、权私相轧的官场后所持有的恬静闲适的心境。这种"闲"就是一种真性，一种不为名利所迷惑的悠然和自在。拥有这种情怀，就能坐怀不乱，清楚地洞察世间的是是非非，该去则去，该留则留，而不会轻易地被世间的荣辱得失所驱使。

一片冰心在玉壶，追求自身的高洁，用淡泊的心怀看待世事，这是宽心做人和处世的哲学。自己内心纯洁，就不怕别人的恶意诋毁和诽谤；抱着淡泊的胸怀，名利如浮云一般，入不得耳目，扰不了心志。只有这样，人生才踏实、充实。

得到了荣誉、宠禄不必狂喜狂欢，失去了也不必耿耿于怀，忧愁哀伤，这里面有一个哲理，即得失界限不会永远不变。一切功名利禄都不过是过眼烟云，得而失之，失而复得，都是经常发生的，意识到一切都可能因时空转换而发生变化，就能够把功名利禄看淡、看轻、看开些，做到"荣辱毁誉不上心"。

庄子说："天下没有以秋毫之末为大，以泰山为小的，也没有以殇子为长寿，以彭祖为短命的。因其所大而大的，万物就不会不大，因其所小而小的，万物就不会太小。"大小在自我的本体上，而不在他人的观念上，也不在名与不名、知与不知上。做人只是做人，千万别沉迷在名利中。

在乎荣辱，便容易使心灵受缚，耳目困乏。看淡红尘，自能消去荣辱得失的牵挂，挡住是非利害的冲击，从而拥有万物静观皆自得的真趣。

为此，不要做欲望无度的奴隶，那样会噬垮自己的身心。只有让自己活在娴静的境界里，不为荣华得失而颠倒，才会享受到生活快乐的清香。

人生若不破"名利"二字，就会受到终身的羁绊。名利就像是一副枷锁，束缚了人的本真，抑制了对于理想的追求。一个人要以清醒的心智和从容的步履走过岁月，在他的精神中就不能缺少气魄，一种视功名利禄如浮云的气魄。

不拘于物，是古往今来许多人一生的所求。视功名利禄如浮云，抛开名利的束缚和羁绊，做一个本色的自我，不为外物所拘，不以进退喜或悲，待人接物豁然达观，不为世俗所滋扰。

第三章 淡泊明志：真情来自日久，真味出自平淡

德国哲学家康德就非常厌恶"沽名钓誉",他曾经幽默地说:"伟人只有在远处才发光,即使是王子或国王,也会在自己的仆人面前大失颜面。"也许,正是因为有了这样一份淡泊的心境,世界才又多了几丝温暖,几分快乐;也许正是少了几分对名利的追逐,世界才又多了几分自在,几般快慰。

懂得宽心的人淡泊胸怀,独善自身,人生便不受困扰,心神才会一片安泰!

恩功当念,怨过宜忘

【原典】

我有功于人不可念,而过则不可不念;人有恩于我不可忘,而怨则不可不忘。

【译释】

自己帮助或救助过别人的恩惠,不要常常挂在嘴上或记在心头,但是对不起别人的地方却不可不经常反省;别人曾经对我有过恩惠不可以轻易忘怀,别人做了对不起我的地方不可不忘掉。

念过不念功,记恩不记怨

待人有功,不必张扬炫耀;但如有过错,则应当严加自责。人家有恩于我,虽滴水之恩,也当涌泉相报;而人家得罪于我,冒犯于我,则应当宽以释怀。这是一种超越自我、完善自我的态度。

帮助与被帮助是人与人之间相处所经常发生的事,也是显现朋友情感义气的宝贵所在。但要保持友谊之树常青不老，并展现更宽广的心胸，还必须注重"念过不念功，记恩不记怨"。即一方面对于自己给予过别人的恩惠，不要念叨不完，甚至等待回报；对于某些地方做了对不起人的事情，则应该多多反省，不能千方百计地找出种种借口来开脱责任。另一方面，对于别人给予自己的帮助或好处，不能视为过眼云烟，很快忘却，甚至视而不见；而对别人不小心得罪了自己的地方，却记恨于心，耿耿于怀。句子中的"功"，指对他人有恩或帮助之意。"念"，指记挂，念叨。"过"，对他人愧歉或冒犯的意思。"怨"，即怨恨。

心里老是记着自己的功劳，就会滋生骄狂；不时时反思自己的过错，就会铸成大错。

魏信陵君杀了晋鄙（魏国带兵官），击破秦军，解除邯郸被围困的危机，救了赵国，赵王亲出郊外迎接。唐雎对信陵君说："我听人说：'有些事无法得知，但有些事不可不知；有些事不能忘，但有些事不能不忘。'"信陵君说："怎么说呢？"唐雎说："有人恨我，我无法得知，但我恨人，却不可不知；别人有恩于我，不能忘记，但有恩于人，就不能不忘。先生杀了晋鄙，解除邯郸受困的危机，救了赵国，这是大恩，希望你能忘记对赵国的恩惠。心里老是记着对别人的恩德，势必带来恩大仇大；对别人的怨恨不能及时化解，只能给自己带来更多的烦恼。"

在现实生活中，一般人总是容易记仇而不善于怀恩，容易记得自己哪怕对于别人一丁点儿的好处，却淡忘别人对自己的帮助。这既有违良心，也不利于长久的交往相处。

而只有如洪应明所说，对自己忘功不忘过，对别人忘怨不忘恩，才能体现出一种高尚的情怀，一种真善美的精神。

著名作家阿里和吉伯、马沙两位朋友一起旅行。三人行至一个山谷时，马沙失足滑落，幸而吉伯拼命拉他，才将他救起。马沙就在附近的大石头上刻下："某年某月某日，吉伯救了马沙一命。"三人继续走了几天，来到一处河边，吉伯与马沙为了一件小事吵了起来，吉伯一气之下打了马沙一耳光。马沙就在沙滩上写下："某年某月某日，吉伯打了马沙一耳光。"当他们旅游回来之后，阿里好奇地问马沙：为什么要把吉伯救他的事刻在石头上，将吉伯打他的事写在沙滩上？马沙说："永远都感激吉伯救我。至于他打我的事，随着沙滩上的字迹的消失，我会忘得一干二净。"

这则故事中，马沙的言行颇能给人感想与深思。让我们共同记住这句"人有恩于我不可忘，而怨则不可不忘"的至善名言吧！

古训曰："施惠无念，受恩莫忘。"多铭记别人所给的一分恩惠，多洗刷对别人的一分怨恨，必将会使友谊之花开放得灿烂美丽。

一个有修养的人不同于一般人的地方，首先在于其待人的恩怨观是以恕人克己为前提的。一般人总是容易记仇而不善于怀恩，因此有"忘恩负义"、"恩将仇报"、"过河拆桥"等说法，而古之君子却有"以德报怨"、"涌泉相报"、"一饭之恩终身不忘"的美德。为人不可斤斤计较，少想别人的不足、别人待我的不是；别人于我有恩应牢记于心。人人都这样想，人际关系就和谐了，世界就太平了。用现在的话讲，多看别人的长处，多记别人的好处，矛盾就容易化解。

脱俗除累，超凡入圣

【原典】

做人无甚高远事业，摆脱得俗情便入名流；为学无甚增益功夫，减除得物累便超圣境。

【译释】

做人并不一定需要成就什么了不起的事业，能够摆脱世俗的功名利禄，就可跻身名流之列；做学问没有什么特别的好办法，能够去掉名利的束缚，便进入了圣贤的境界。

摆脱物质享受，成就名流雅士

做人向往逍遥率性而为，自然不在于钱财的富足与官爵的显赫，而在于心无牵念，行为不羁。抛弃名利的心头枷锁，无论思想理智皆得到自由。潇洒云水，放浪春秋，亦是人生真正境界。

庄子说："圣人的静，就是善于固守养静，万物不足以搅乱他的心志，所以能静。"

心定则静，静则能心气交合，畅然明理，自得共乐，专心从事。为此，不为外物所扰，心静专注，乃是融彻天地的不二法门。这无论对于做人还是做学问都是十分宝贵的道理。句中的"俗情"，指世俗之人追逐利欲的意念。"物累"，指心为外物所牵累，也就是心遭受物欲损害之意。"圣境"，比喻至高脱俗的境界。

《易经》中说："无思，无为，寂然不动，有灵感就会通天下。"意思就是不要妄想乱为，而应保持心静，感悟而通神的灵气完全是心灵的作用。我们知道，静能养心，静能养神，静能养气，静能养定，静能养慧，静能开悟。这些都是"静"字的神妙之处，也都是自不为外物所扰处而来。读书、学习也必须持有一个"静"字，因为只有摆脱物扰，才能真正集中入静地投入到学习中，也才能由此而获得良好的效果。

可以说，"静"是一种境界，一种功夫。它一方面需要人们从外部的环境中努力争取；另一方面，需要人们从自我的身心上去修炼。但我认为，后者的身心修炼更加重要，它体现出一个人的意志以及畅然若无的心智。陶渊明在《饮酒》诗中写道："结庐在人境，而无车马喧。问君何能尔，心远地自偏"。就是一种身心修炼而境界全新的写照。

程颢，字伯淳，号明道。少年即中进士，后久任地方官，理政以教化为先，所辖诸乡皆有乡校。他为人宽厚，平易近人，待人接物"浑得一团和气"。他不仅"仁民"，而且"爱物"，其始至邑，见人持竿道旁，以黏飞鸟，取其竿折之，效之使勿为。人们议论说，"自主簿折黏竿，乡民子弟不敢畜禽鸟。不严而令行。大率如此"。但是，为了破除神怪迷信，他却敢于斩巨龙而食其肉："茅山有龙池，其龙如蜥蜴而五色。祥符中，中使取二龙，至中途，一龙飞空而去，自昔严奉以为神物。先生尝捕而脯之，使人不惑。"

程颢任镇宁军节度判官时，适逢当地发生洪水，曹村堤决，州帅刘公涣以事急告。他当即从百里之外一夜驰至，对刘帅说："曹村决，京城可虞。臣子之分。身可塞亦为之。请尽以厢兵见付，事或不集。公当亲率禁兵以继之。"刘帅遂以官印授予程颢，说："君自用之。"程颢得印后，径走决堤，对士卒们说："朝廷养尔军，正为缓急尔。尔知曹村决则注京城乎？吾与尔曹以身捍之！"士众皆被感而自效力。他先命善泅者衔细绳以渡，然后引大索以济众，两岸并进，昼夜不息，数日而合。

在进身仕途的同时，程颢也不失归隐林泉的仙家道趣，他曾写诗说："吏纷难久驻，回首羡渔樵。""功名未是关心事"，"道理岂因名利荣"。"辜负终南好泉石，一年一度到山中。""襟裾三日绝尘埃，欲上篮舆首重回；不是吾儒本经济，等闲争肯出山来。"正因为有这样的修养和情操，才使他获得了温润、宽厚、和气、纯粹等美德。他那种大中到正的人格形象，对世人具有很大的示范和感化作用，这也是他对后世产生较大影响的重要原因。

程颢后来以双亲年老为由求为闲官，居洛阳十几年，与其弟程颐讲学于家，化行乡党。其教人则说："非孔子之道，不可学也。"士人从学者不绝于馆，甚至有不远千里而至者。

成就名士并不是什么难事，难就难在舍弃功名利禄；成就学问并没有什么特殊的技巧，特殊就特殊在有耐得寂寞的恒心。一个人只要有明确的精神追求和崇高的思想境界，摆脱庸俗的物质享受，就可能成为一个名流雅士。

宠辱不惊，去留无意

【原典】

宠辱不惊，闲看庭前花开花落；去留无意，漫随天外云卷云舒。

【译释】

无论是冠耀光环还是受到屈辱，都能稳住心气，而不影响欣赏庭院前的花开花落；无论是位居官场还是辞而退之，都并不介意于怀，心境就好像远天飘动的云彩一样，舒卷自如。

持纯然的本性，则会淡定心志，趣悠神闲

人生在世，得失常有。就人生来说，喜与忧、乐与愁、名与辱、成与败，都是自然的事，正是这些不同的情景呈现和不同的情绪感受构成了阅历丰满的人生。因此，无论是在顺境还是失意时，都应保持一颗平常心，做到"不以物喜，不以己悲"。句中的"宠辱不惊"指对于荣耀与屈辱无动于衷。"去留"，去是退隐，留是居官之意。

老子在《道德经》中曾说过这样的话："宠辱不惊，贵大患若身。何谓宠辱不惊？宠为下，得之若惊，失之若惊，是谓宠辱若惊。何谓贵大患若身？吾所以有大患者，为吾有身，及吾无身，吾有何患？故贵以身为天下，若可寄天下；爱以身为天下，若可托天下。"

一般来看，道家思想是退缩的，保守的，但它有些话正切合了上述理论，尤其在为人处世上，主张以不伤害生命和真性为前提，也就是人是自在的，只

有这种心性与自然达成和谐，才是最恰当的，否则就违反天性与人性。

一个人对于一切荣耀与屈辱无动于衷，用平静的心情欣赏庭院中的花开花落；对于官职的升迁得失都漠不关心，冷眼观看天上浮云随风聚散，那活得多自在啊！

人活在世上，总想比别人有钱，比别人有势，也因此惹是生非，种下苦根。于是聪明人意识到了这一点，待功名如粪土，视富贵如浮云，得不足喜，失不足忧，该放则放，该收则收。把"宠辱不惊，去留无意"视作一种自然的境界。

《庄子·田子方》中有这样一个故事：

泰山之神肩吾问孙叔敖："三次出任令尹却不显出荣耀，你三次被罢官也没有露出忧愁的神色，起初我确实不敢相信，如今看见你容颜是那么欢畅自适，你的心里究竟是怎样的呢？"

孙叔敖说："我哪里有什么过人之处啊！我认为官职爵禄的到来不必去推却，它们的离去也不可以去阻止。我认为得与失都不是出自我自身，因而没有忧愁的神色。况且我不知道这官爵是落在他人身上呢，还是落在我身上？落在他人身上嘛，那就与我无关；落在我的身上，那就与他人无关。我正心安理得悠闲自在，我正踌躇满志四处张望，哪里有闲暇去顾及人的尊贵与卑贱啊！"

可以说，心性宽阔、豁达而空灵，正是人生的高深修养和极大智慧。客观来说，人生在世，很多时候宠辱得失并非为自己所能轻易控制，要做到宠辱不惊，需要有看淡世事的胸怀。或许受宠时，做到淡然处之还算容易；而受辱时，做到处之泰然则很难，只有胸襟宽广的人才能做到。

唐代文学家、哲学家刘禹锡，出生于一个书香门第，自幼天资聪颖，敏而好学。19岁游学长安，21岁与柳宗元同榜考中进士，同年又考中博学宏词科，可谓少年得志。公元805年，刘禹锡官至屯田员外郎，判度支盐铁案，参加了永贞革新，与王叔文、王伾、柳宗元同为政治革新的核心人物，称为"二王刘柳"。半年后，顺宗被迫退位，宪宗即位，革新失败，王叔文被赐死。刘禹锡开始被贬为连州（今广东连县）刺史，行至江陵，然后被贬到朗州（今湖南常德）司马。当时被贬为远州司马的共八人，史称"八司马"，柳宗元也在其中。唐朝的朗州并不是一个好地方，和柳宗元当时待的永州一样，都是鸟不生蛋的南荒夷地。

　　中国古代的文人，被贬谪之后，几乎都是嗟叹命苦，所作诗文都可归入"贬怨"一类。刘禹锡被贬朗州的时候34岁，正当壮年，郁闷是肯定的。但是，他能够随遇而安，苦中作乐，恬淡情怀。同样是贬谪十年，再次在长安相遇的时候，柳宗元已是憔悴不堪，刘禹锡却依然是精气充沛。在长安待召期间，精力旺盛的刘禹锡游玄都观赏桃花，触动被贬官之往事，提笔写下《元和十年自朗州承召至京戏赠看花诸君子》："紫陌红尘拂面来，无人不道看花回。玄都观里桃千树，尽是刘郎去后栽。"大有"看吧，满朝新贵，都是我刘郎被赶出长安后补的空缺"之意。不料，宪宗皇帝看后，觉其轻狂，心生不悦，心想：看来十年时间还收拾不了你！因这首诗"语涉讥刺"，被召回长安的当年，又欲将刘禹锡贬往更为偏远艰苦的播州。中丞裴度言："播，猿狄所宅，且其母年八十余，与子死决，恐伤陛下孝治，请稍内迁。"加之柳宗元上奏要求和刘禹锡对调贬谪之所，最终将其改贬为连州刺史。刘禹锡任连州刺史的四年半，体察民情，勤廉守政，力行教育。在这位"怀宰相之才"的诗人治下，当时地处偏远的连州竟然"科第甲通省"。元和十二年间，连州出了第一个进士刘景。刘禹锡欣喜写下《赠刘景擢第》："湘中才子是刘郎，望在长沙住桂阳。昨日鸿都新上第，五陵年少让清光。"之后，刘景之子刘瞻又高中进士，后官至唐朝宰相。在连州待了几年后，刘禹锡被调任过夔州刺史、和州刺史。由于宰相裴度进言，刘禹锡被召回长安任主客郎中。

　　时隔14年，刘禹锡再游玄都观。昔日桃花灼灼，今日却是满地野草。

感慨之余，他又写下一首《再游玄都观绝句》："百亩庭中半是苔，桃花净尽菜花开。种桃道士归何处？前度刘郎今又来。"刘禹锡斗志昂扬，坚强乐观，几乎把南荒的流贬之地走了个遍。然而，如此气骨桀骜的人物，在政治黑暗的中唐，居然能活到72岁，是以显示了他苦中作乐，宠辱不惊的情怀。

"宠辱不惊，去留无意"是人生的至高境界；有了这种境界，便会宽广豁达，心旷超然，有了这种境界，即使在失意或困境中，也不会被凄凉与悲哀的心境所久久笼罩，从而依然洒脱乐观。

贫者不艳，因净风雅

【原典】

贫家净扫地，贫女净梳头，景色虽不艳丽，气度自是风雅。士君子一当穷愁寥落，奈何辄自废弛哉！

【译释】

贫穷的人家要经常把地扫得干干净净，穷人的女儿要把头梳得整整齐齐，虽然没有艳丽奢华的陈设和美丽的装饰，却有一种自然朴实的风雅。有才之君子，怎能一遇穷困忧愁或者际遇不佳、受到冷落，就自暴自弃呢！

出污泥而不染，濯清涟而不妖

为人之贵，是尽量培养和解析自己的才智与力量，不断努力；但个人的力量总是有限的，成败均非一己之力所能定，所以成功与失败，在尽了自己的努力之后，都没有什么好挂怀的，应能够宽容宁静甚至愉快地接受。

有一次，庄子穿着一身补了又补的破衣裳，鞋子也破得套不住脚了，只好拧了一股麻草将鞋子绑在脚上。就是这副样子，庄子还去拜访魏王。

魏王看到庄子的情景，便吃惊地问："先生为什么会潦倒成这样子呢？"

庄子便纠正道："是贫穷而不是潦倒。读书人有事业，有德行，却实行不了，这就是潦倒。衣服破了，鞋子破了，是贫穷而不是潦倒。这就是常说的不遇时啊。大王难道没见过那既会爬树，又跳得高的猴子吗？当它找到了楠竹、楸树、樟树等高大林木，便能攀援着树枝，在林中荡来荡去，既惬意又自如，即便后羿和逢蒙这样的古代射手，也不能斜眼看它。这是它遇到适合环境时的情景。等到落到黄桑林、丛生的小枣树，乃至枳壳、枸杞这类低矮的林木中时，那它就只有小心翼翼地步行，连眼也不敢斜视。这并不是它的筋骨变得僵硬，不柔韧灵活了，而是环境不利，不能施展它的技能了。"

贫寒潦倒不改操守，依然值得敬仰。穷人孩子不妨将头梳得整齐一些，把地扫得干净一些，这本是举手投足之劳，虽在清寒之地，朴实典雅，却如一枝莲荷，出污泥而不染，濯清涟而不妖，操守自然高洁。

栖恬守逸，最淡最长

【原典】

趋炎附势之祸，甚惨亦甚速；栖恬守逸之味，最淡亦最长。

【译释】

攀附权贵的人固然能得到一些好处，但是为此所招来的祸患是凄惨而又快速的；能安贫乐道栖守自己独立人格的人固然很寂寞，但是因此所得到的平安生活时间很久趣味也浓。

平易恬淡的生活是最好的养神之道

好的生活是内心平静的生活，高层次生活最明显的标志就是平静。道德的进步使我们从内心的纷乱中解脱出来，你不会因这事那事而烦恼。

恬淡寂寞、虚无无为，是天地的规律、道德的本质。因此，那些得道的圣人悠然自得，没见他们忧虑什么，而一生顺利。其实，平易恬淡才是最美好的生活，只是世人谁都不信，总要弄得生活有波澜、有曲折，认为那才是生活。

平易恬淡就没有忧患，这样邪气才不能袭扰自己的身心。只有这样的人，才能做到德性完备而神情不亏损。所以说，得道的圣人们生是顺天之运行，死是随万物而化；不为子孙造下什么福，更不为子孙留下什么祸；有所感才有回应，有所迫才后有动，一切是不得已而后起；丢弃心机与事故，遵守自然规律而行。

曾有一个商人坐在墨西哥海边小渔村的码头上，碰见一个渔夫划着一艘小船靠岸，小船上有好几尾大黄鳍鲔鱼。商人对渔夫能捕到这么高档的鱼恭维了一番，接着又问要花多少时间才能捕获这么多鱼？

渔夫说："才一会儿工夫就捕获到了。"

商人再问："那你为何不待得时间长点，好多捕一些鱼啊？"

渔夫不以为然："这些鱼已足够我们全家人生活所需啦！"

商人接着问："那么，你一天剩下那么多时间都在做什么？"

渔夫解说道："我呀？我每天睡到自然醒，出海捕几条鱼，回来后跟孩子们玩一玩，再回家睡个午觉，黄昏时晃到村子里喝点小酒，跟哥们儿玩玩吉他，我的日子可过得充实而又忙碌呢！"

商人不以为然，帮他出了个主意："你应该每天多花一些时间去捕鱼，到时候你就有钱去买条大一点的船。自然就可以抓更多的鱼，再买更多的渔船，然后拥有一个属于你自己的渔船队。到时候你就不必把鱼卖给鱼贩子，而是直接卖给加工厂，然后自己开一家罐头工厂。这样，你就可以控制整个生产、加工处理和行销。你就可以离开这个小渔村，搬到墨西哥城，再搬到洛杉矶，最后到纽约，在那里经营你不断扩充的企业。"

渔夫问："这得花多长时间呢？"

商人回答："十五到二十年。"

"然后呢？"

商人大笑着说："到时候你就发啦！你可以几亿几亿地赚！"

"再然后呢？"

商人说："到那个时候你就可以退休啦！你可以搬到海边的小渔村去住。每天睡到自然醒，出海随便捕几条鱼，跟孩子们玩一玩，再回家睡个午觉，黄昏时，晃到村子里喝点小酒，跟哥们儿玩玩吉他！"

渔夫疑惑地说："我现在不就是在过这样的生活吗？"

听了渔夫的回答，也许我们会吃惊，也许我们会一时无语。但是我们不得不重新思考这样一个很难回答的问题：我们到底在追寻什么？是快乐？是金钱？还是幸福？

假如在功名利禄之上，持"难得糊涂"的"糊涂主义"，一切顺其自然，认认真真地做事，老老实实地做人，得则得，不能得不争；当得没得，不急不恼；不该得，得了，也不要。这才叫聪明人，活得轻松，悟得透彻。

这位商人显然也是属"世味浓"的一族，如果他能把"世味"看淡一些，岂不是惬意的生活？

影星陈美玲写道："'生活简单，没有负担'，这是一句电视广告词，但用在人的一生当中却再贴切不过了。与其困在财富、地位与成就的迷惘里，还不如过着简单的生活，舒展身心，享受用金钱也买不到的满足来得快乐。"

圣人们不担心天灾，不受物累，没有人事上的是非，更是心中无鬼。他们生也如浮云，死也就这么死了；他们一生不思虑、不预谋，他们人格闪着光彩而不炫耀，他们有信誉而不向谁许愿；他们睡觉不做噩梦、醒来不担忧；他们神情纯粹单一而精力不疲倦。

所以说，人们的悲欢是德性上出了偏差；喜怒是求道心切的过错；心生好恶是德行上有了偏失。因为没有忧乐的干扰，才是德的最高境界；顺从自然这个"一"而不变初衷，才是静的最高层次；办事不违背自然规律，叫纯粹之极。因此，体力劳动不知休止，是大害；脑力劳动不知停歇，就疲惫，而疲惫就使人的生命枯竭。

就拿水来说吧，水的性质是没有杂质就清，不扰动就平；可是不让水流动起来，一潭死水也不能清；有流动、有变化、有吐故纳新就是天之德的象征。因此，纯粹而不杂，平静而不扰，恬淡而无为，以自然的变动来制定自己的变动，这才是最好的养神之道。而这种养神之道最纯一、最朴素、最基本的要领是什么？那就是专一守神。

俗话说：众人重利，廉洁的人重名，贤德的人重志，圣人重精神。换言之，专一于利的是商或是没发财的众人，专一于廉洁的是政治家，专一于德行的是道德家，而专一于精神的则是圣人。

我们说的素，就是不杂；纯，就是没有亏损精神。能既不杂，又不亏损精神的同时专一的人，叫真人。这样的人处在本能所为的限度内，藏身于无端无绪的混沌中，游乐于万物或来或生的变化环境里，本性专一不二，元气保全涵养，德行相融相合，从而使自身与自然相通。像这样，他的禀性淡定保全，他的精神没有亏损，外物又从什么地方能够侵入呢？

这就像醉酒的人坠落车下，虽然满身是伤却没有死去。骨骼关节跟旁人一样，而受到的伤害却跟别人不同。因为他的神思高度集中，乘坐在车子上也没有感觉，即使坠落地上也不知道，死、生、惊、惧全都不能进入到他的思想中，所以遭遇外物的伤害却全没有惧怕之感。那个人从醉酒中获得保全完整的心态，尚且能够如此忘却外物，何况从自然之道中忘却外物而保全完整的心态呢？

浓味常短，淡中趣长

【原典】

悠长之趣，不得于浓酽，而得于啜菽饮水；惆怅之怀，不生于枯寂，而生于品竹调丝。故知浓处味常短，淡中趣独真也。

【译释】

悠远绵长的趣味不一定能从浓烈的酒中得来，而是从清淡的蔬菜、清水中得来；惆怅悲恨的情怀不是从孤寂困苦中产生，而是从声色犬马中产生。由此可知，浓厚的味道往往很快消散，淡泊的事物才最真实。

单纯、宁静的生活

所谓深处常短，淡中趣长，指的是精神上的追求。曾有这样一种社会现象，说是有人穷，穷得只剩下钱；有人富，富得除了书本一无所有。这是不正常的。追逐金钱达到痴迷状态随之而来的便是精神空虚，而精神富足的人固然在理念世界能够做到真趣盎然，但没有一定的物质基础是没有体力来体会乐趣的。因此，看待任何事物都要有辩证的态度。

人生的情致，来自淡泊；淡中交耐久，静里寿延长；扫弃焚香可见清福，养花种竹必自安乐；淡饭粗茶有真味，明窗净几是安居；知事少时烦恼少，识人多处是非多；得点闲眠真可乐，吃些淡味自无忧；淡饭尽堪充一饱，锦衣那得几千年；守本分而安岁月，凭天性以度春秋；淡泊之人，岂是雅人，更是高人。

魏晋时期，担任广州刺史的人，一般都有贪赃枉法的行为。因为广州倚山傍海，是个出产奇珍异宝的地方，只要带上一匣珍宝，便可几世享用。但是当地流行瘴疠疾疫，一般人都不愿到那儿去。只有难以自立又想发财的人，才希望到那儿为官。因此，广州刺史要比其他地方更为腐败。

晋安帝隆安年间，朝廷想要革除这儿的弊政，便派有清官美称的吴隐之担任广州刺史，领平越中郎将。

吴隐之年轻时就孤高独立，操守清廉。虽然家中穷困，每天到傍晚才能煮豆当晚餐，但决不吃不属于自己的饭菜，不拿不合乎道义的东西。他后来担任过各种显要的职务，却仍保持俭朴的品质。他的妻子要自己出去背柴。他得到的俸禄赏赐，都拿来分给亲戚和族人，以致自己在冬天都没有被子盖；有时因为缺少替换衣服，洗衣服的时候只好披上棉絮待在家里。他的生活和贫寒的平民一样清苦。

吴隐之奉命去广州走马上任。到了离广州治所二十里一个名叫石门的地方，只见一道泉水淙淙流去。有人告诉吴隐之，这条泉水，称作"贪泉"。传说不论是谁，只要喝了贪泉的水，都会产生贪得无厌的欲望。

吴隐之听了这话，跨下马来，对随从说："如果不看见可以让人产生贪欲的东西，人的心境就不致慌乱。现在我们一路上见到那么多的奇珍异宝，我算知道了越过五岭，人们就会丧失清白的原因了！"这些话其实是告诉自己和周围人不要为珍宝动心。

说完，他便跑到贪泉边，舀起泉水很坦然地喝了起来，并且当即吟诗一首："古人云此水，一歃怀千金。试使夷齐饮，终当不易心。"表示了他要像商末的伯夷、叔齐一样，坚守节操，决不变心。

他在广州任上一尘不染，更加清廉。他平常吃的不过是些蔬菜和干鱼，帷帐、用具、衣服等都交付外库。当时有很多人都以为他是故意要显示自己俭朴，只不过做个样子给别人看罢了。时间长了，人们才知道他真

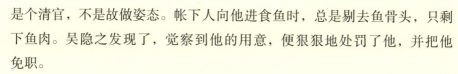

是个清官，不是故做姿态。帐下人向他进食鱼时，总是剔去鱼骨头，只剩下鱼肉。吴隐之发现了，觉察到他的用意，便狠狠地处罚了他，并把他免职。

由于他的以身作则，广州地区的贪污陋习大为改观。朝廷嘉奖吴隐之的廉洁克己、改变风气，晋封为前将军。

吴隐之从广州回到京城，随身未带任何东西。他妻子刘氏带了一斤沉香，吴隐之见到后，把它取出来，扔到河里。

吴隐之住在京城，只有几亩地的小宅院，篱笆和院墙又窄又矮，一共才六间茅屋，妻子儿女都挤在一起。当政者要赐给他车、牛，为他重新盖所住宅，但是他坚决推辞。不久，他被任命为度支尚书、太常，也只是以竹篷为屏风，坐的地方、站的地方都没有。后来升到中领军，每月初领到俸禄，只留下自己一人的口粮，其余的全赈济亲戚、族人，妻子儿女一点也不能分享。家属要靠纺织谋生，自食其力。因此时常发生困难困乏的情况，有时两天吃一天的粮食，身上总是穿着破旧的布衣。

吴隐之早先担任过卫将军谢石的主簿。他的女儿要出嫁，谢石知道他们家贫穷，嫁女儿一定很简朴，便特地派了厨师等人去帮助料理婚事。到他们家一看，正见到婢女牵了条狗要卖掉，此外什么都没有操办。

贪得者虽富亦贫，知足者虽贫亦富。这话对也不对，有财富使物质生活过得好些，总比贫穷好，但为财富丰厚不择手段、贪得无厌而沦为财富的奴隶，就失去了人生的意义。

淡泊是理性的成熟，也是最具体的满足；它是积极的乐天知命，而非消极的听天由命；它是入世的适情致性，而非出世的斩情灭性；非宁静无以致远，非淡泊无以明志；莫嫌淡泊少滋味，淡泊之中滋味长；淡泊，才是对人性的透彻了解，才是对世情的深刻领悟。

舍毋处疑，恩不图报

【原典】

舍己毋处其疑，处其疑，即所舍之志多愧矣；施人毋责其报，责其报，并所施之心俱非矣。

【译释】

既然要作出牺牲，就不要过多地计较得失而犹豫不决，过多计较得失，那么这种自我牺牲的志节就会蒙上羞愧；既然要施恩于人，就不要希望得到回报，希望得到回报，那么这种乐善好施的善良之心也会失去价值。

舍己为人，不图回报

舍己是紧要关头的自我牺牲；施人则是几十年如一日地自愿奉献。二者在本质上是一致的，在表现方式上则有所区别。对舍己而言，如果没有理想追求，没有平日的修省做基础，那么在舍己的关头就很可能退却。从古至今无数的先贤、英雄，因为他们志向远大，品质高尚，所以在生命与国家利益、民族大义之间，他们毫不犹豫地舍生成仁，青史永垂。施人，用现在的话来讲就是热情帮助别人，为了让别人活得更好些，自己默默奉献。

有了这样的想法，一个人才会看轻自己所拥有的，看轻自己所没有的，同时看轻自己所拥有的，看重自己所没有的。有了这样的胸怀和气度，一个人才会不宠、不惊、不骄、不躁、不怨、不怒，追求自己所没有的，正确看待自己所追求的。

为了改造中国，孙中山一生奋斗不止，舍己为国，死而后已，建树了不朽的丰功伟绩。

孙中山曾选择医生职业，欲"借医术为人世之媒"。但他清楚地知道，做一个好医生，只能为一部分人解除病痛，医术再高明，也不能救治整个国家，而要救治整个中国，就必须改革中国的政治。

1890年，孙中山就写信给一位同乡——退职的洋务派官僚郑藻如，提出兴农桑、禁鸦片、普及教育的改良主张，建议郑藻如先生在香山县试点，再向全国推广。1894年夏，受当时蓬勃兴起的维新思潮的影响，孙中山闭门谢客数日，写成了8000多字的《上李鸿章书》，亲自跑到天津，托了许多关系，想面见清政府的实权人物——直隶总督兼北洋通商大臣李鸿章。但李鸿章根本没把这个年轻人放在眼里，没有接见，信中的主张也不予采纳。孙中山受到了冷遇，他意识到，靠上书请愿的方法来改革中国的政治，这条路走不通。

当年10月，孙中山再次远渡重洋，到檀香山联络华侨，宣传革命思想，建立了兴中会。第一次提出推翻封建统治、建立欧美式资产阶级民主共和国的理想，成为中国资产阶级民主革命的第一个纲领。

1895年4月，清政府与日本签订了《马关条约》，激起了全国人民的反对。孙中山便与陆皓东等策划乘此机会发动起义，决定利用重阳节回乡群众来省城扫墓的机会，炸毁两广总督衙门，夺取广州。但由于走漏了风声，起义尚未正式发动，就失败了，孙中山流亡海外。

从此，孙中山的名字频繁地出现在国内的各种官书报章之上，清政府视孙中山为"要犯"，到处张贴缉拿告示，派出大批暗探到香港、澳门和新加坡等地"购线跟踪"，北京总理衙门还通报驻亚、欧、美各国使馆，密令相机缉拿。1896年，孙中山流亡至伦敦，就在他离船登上英伦陆岸那天，清驻英公使馆已接到来自纽约的密电，说孙中山已由美国来英国，立即逮捕。一天，孙中山从寄宿的葛兰旅社出来，就被几个暗探缠住，以认同乡为名，秘密地绑架到中国公使馆，准备再秘密地遣送回国。孙中山通过公使馆的英国清洁工的帮助，把求救信送到英国朋友那里。经过大力营救，才得以脱险。

1899 年，孙中山派人潜回内地，联合了哥老会、三合会等秘密会党，组成兴汉会，并被推为会长。1900 年自立军起义，他给予积极的支持和合作。1900 年 10 月，他又发动了惠州起义。

起义队伍最多发展到 2 万人，声势很大。但由于力量悬殊，最后弹尽粮绝，归于失败。

1905 年 8 月，在孙中山的提议和推动下，兴中会、光复会、华兴会等革命团体在东京联合成立了"中国同盟会"，孙中山被推举为总理。他亲自为同盟会制定的章程，是以"驱逐鞑虏，恢复中华，创立民国，平均地权"16 个字为纲领的。当时有少数人对"平均地权"表示异议，要求取消，孙中山坚持不让。同盟会把活动的重点放在武装斗争方面，多次发动武装斗争。孙中山对每次起事都亲自策划，甚至具体布置，并不辞劳苦，奔波于南洋、欧美之间，为革命事业筹集经费。

1907 年 3 月，孙中山前往越南河内，设立革命机关，策划两广起义。在不长的时间里，连续组织了潮州、黄冈、惠州、钦廉起义，但都失败了。同年 12 月，孙中山从越南潜回国内，参加镇南关起义。他亲临前线，指挥战斗，鼓舞士气，并亲自发炮轰击清军。起义军很快占领了镇南关，后清军大批援军赶到，起义军经浴血奋战后撤离镇南关，退往越南境内山区。

1908 年 3 月至 1910 年 2 月，两年的时间里，孙中山相继点燃了钦廉上思起义、云南河口起义和广州新军起义的烽火。1911 年 4 月在广州发动了震惊中外的黄花岗起义。这次起义集中了全党的人力、物力，但失败相当惨重，付出了巨大的代价。许多人萌生失望情绪，对前途丧失信心，孙中山多次给同志们写信，以"成功之期，决其不远"来鼓励大家的斗志，同时又为新的武装斗争而积极筹款策划。

武昌起义的炮火结束了清王朝的统治。1912 年元旦，孙中山在人民的欢呼声中宣誓就任临时大总统。3 个月后，不得不宣告解除职务，把政权让给袁世凯。1913 年 3 月发生的宋教仁遇刺案，使孙中山看清了袁世凯独裁、卖国的真实面目。他从日本赶回上海，坚决主张武力倒袁，同年 7 月打响反袁"二次革命"的第一枪，但是由于内部涣散，不到两个月，斗争就失败了。孙中山再一次被迫逃亡日本。在如此艰难的处境中，他依然表现出大无畏的舍己精神，他表示，只要此身尚存，革命之心就不会改变。

多年颠沛流离的艰苦生活，使孙中山积劳成疾，被确诊为肝癌，于1925年3月12日9时25分，在北京逝世。临终前，他还发出了"革命尚未成功，同志仍须努力"的号召；弥留之际，还在断断续续地呼喊："和平……奋斗……救中国"。

孙中山"致力于国民革命，凡四十年"，作为中国民主革命伟大的先行者，他的伟大历史功勋万古长存。但中山先生一生留给中国历史、中国人民的最宝贵的财富，与其说是他的伟大功绩，不如说是他的伟大人格。他"尽瘁国事，不治家产"、不争"地位权力"的舍己为国的崇高品质，是修身的伟大典范，具有不朽的感召力。正因为如此，他赢得了超阶级、超党派的敬仰。

孙中山是典型的舍己者，他有伟大的理想，有甘愿奉献的精神，所以人们敬仰他、怀念他，因为他代表了一种以国家、集体利益高于一切的精神。比起这样一种胸怀，那些施人一惠便图回报，助人一次便想金钱的形象的确渺小、苍白。

怒火沸处，转念则息

【原典】

当怒火欲水正腾沸时，明明知得，又明明犯着。知得是谁，犯着又是谁。此处能猛然转念，邪魔便为知真君子矣。

【译释】

当一个人怒火燃烧或欲火上升的时候，往往不能克制自己，明知不对，但又偏偏去违犯。知道这个道理的是谁？明知故犯的又是谁？若这时能够冷静下来，弄清问题的症结所在，在这紧要关头猛然觉悟，转变念头，那么再邪恶的魔鬼也会变成慈祥的圣人了。

以毅力控制怒气和欲望

一个人心里尖酸刻薄，浮躁起来如烈火，冷淡下来如结冰。心的变化迅速，转瞬之间就可往返四海之外。不动时，安静得像深渊；动起来，就浮躁得要上天。变化多端而难以制约的，大概就只是人的心啊！

唐代武将郭子仪屡立战功，唐代宗李豫很器重他，并把女儿升平公主嫁给了他的儿子郭暧。

一天，郭暧不知为什么事同公主吵起嘴来。郭暧这个人性子很直，火气也大，便没好气地数落了公主几句："你以为你爸爸是皇帝就了不起吗？我爸爸是因为瞧不起皇帝这个职位才不做的呢！"公主从小就娇生惯养，父母什么事情都得依着她，没尝过委屈是啥滋味。因此，她听了丈夫的话后很伤心，一气之下坐着车子跑回娘家"告状"去了。皇上看到女儿回来了，很高兴，老远就起身迎接。这回可不同于以前，公主见到父亲，脸上并没有笑容。皇上问她为何不高兴，公主一把眼泪一把鼻涕地把丈夫的话说了出来。皇上听完后，哈哈大笑道："你丈夫讲话的意思你不明白，如果他父亲真的做了皇帝，天下岂不就是你家所有了吗？"安慰一番后，皇上把女儿劝回了家。

郭子仪得知儿子与公主吵架并说了些有辱皇上的话后，很恼怒，立即派人把郭暧囚禁起来，带回宫中等候判罪。代宗听说女婿被他父亲拘了起来，连忙前去打圆场。代宗说："儿女们的事，父母何必那么认真？民间有句俗话：'不装聋卖傻，假装糊涂，是不能当好家长的。'儿女们闺房中的话，怎么能相信呢？"

如果代宗火上加油，不仅郭暧夫妻关系会恶化，而且郭子仪一家性命难保。然而，聪明的代宗却不动肝火，简单几句话便巧妙化解了一场家庭纠纷。

要把人"怒"的本能情感逐步理智化，是需要一个修省过程的。要逐步以自己的毅力把这种怒气和欲望控制住，才可能使一切邪魔都成为我们的精神俘虏，使自己转而变得轻松愉快。怒火、欲望本是一念之间的事，修养好了，一念之间可以使自己变得高雅；而杂念多了，便逐渐庸俗，以致养成许多恶习，烦恼就越发多了。

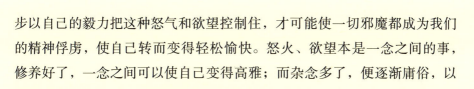

不昧己心，为民立命

【原典】

不昧己心，不尽人情，不竭物力。三者可以为天地立心，为生民立命，为子造福。

【译释】

不违背自己的良心，不违背人之常情，不浪费物资财力。做到这三点就可以在天地之间树立善良的心性，为生生不息的民众创造命脉，为子子孙孙造福。

修炼自己的品行，才能受万人敬仰

古圣先贤有句名言："内圣外王。"也就是说先成己而后才能成物。以古人此论推而广之，一个要在事业上有所作为的人，必须从自我修养做起。

山东德州人李允祯，顺治元年（1644年）任直隶故城县知县。该县旧丁口册载16岁以上男丁一万多，经过战火摧残，编审实丁只有七千多一点，可是仍按旧册数目征兵纳税。李允祯正要行文上司照实丁计征，忽接调令去江南丰县任知县。人们劝他这里的事就别管了，他慨然说道："我还没有交差，要负责到底。"于是在县府庭院召集县民，当众焚烧旧丁口册，昼夜赶造新册，申请省府审批。由于他的实事求是，虽然他调走了，故城县却免交浮粮，人民欢欣。

到丰县，管县库的官张某送上金币和器具，谄媚地说："这是司库的规矩，请大人笑纳。"

李允祯大怒，命将原物归库，杖张某一顿棍子并予以免职。在任三年，从不私自支库中一分钱。

丰县一些地痞恶棍与奸吏勾结，动辄造事诬告好人，千方百计使他破产，名叫"施状"。李允祯把这恶习呈报知府，并请求将告"施状"的几个人交回丰县。在人证物证面前，审理明白，被诬告的人释放，而杖毙诬告者。

黄河决口，上级命令丰县征集柳条上万捆，县吏建议由各里甲办理送去。允祯说道："你们倒舒服，可是想没想老百姓就要鸡犬不宁了！县城西郊十里左右就是一大片柳林，无主的就可以砍伐，让有牛车户运输，由官家按时价租赁，你们照此速办。"果然，不到十天便完成上级交下的任务。

县里有个土豪，想霸占某人之妻，用巨金买通死囚犯供某人同伙，某人已入狱，受重刑快死了。李允祯查案卷觉得有冤，晚上微服进牢房，慢慢从犯人口中获得狱吏与土豪相互为奸的情况，又从社会上调查出该案原委，于是马上释放某人，对土豪和狱吏依法处治。

与丰县相邻的砀山县发生动乱，朝廷下令李允祯代理砀山县事。济宁驻防军奉令调来，声言要屠杀城民，不放过一个乱党，允祯急忙吩咐杀牛备酒在城外犒赏大军，并说"城内都是良民，已经没有贼子了"。驻防军官不答应，坚决要把全城人过过筛子。李允祯当然知道，所谓过筛子，必然会乱杀无辜，抢掠民财。当官要为民做主，李允祯厉声道："总兵大人，这县是允祯管理的县，假使今后发生不测，我自负责，请大人放心。"结果没让大军进城骚扰。该县一些人往日有仇，彼此密告通贼。李允祯向朝廷解释，使许多被诬告者免获死罪。

为官从政，造福于民，本来就是一种至高无上的原则。即使因此得罪于权贵，也不违背自己的良心，更不违背人的常情。为民负责，为民做主，才是为官的正道，品行修炼的正途，才能为人所称道，受万人敬仰。

明辨是非：辨真识假之术，看清人情世故

　　个人要立足于社会，就得有一双看清人情世故的火眼金睛。人情世故当中，关键的因素是人，人的性格、品质、说话做事的方式等千差万别，且常常以一种与事实不一样的面目出现，只有看得清、认得明，才能交对朋友做对事。

不怕小人，怕伪君子

【原典】

君子而诈善，无异小人之肆恶；君子而改节，不及小人之自新。

【译释】

那些道貌岸然的君子如果以欺诈行为博取善名，那么他们的行为与邪恶的小人作恶多端没有什么两样；一个正人君子如果放弃自己的志节落入浊流，那还不如一个改过自新的小人。

慎防巧言令色

不要被居心叵测的恭维所迷惑，这是一种欺骗。有些人无需迷药便能施展魔法，单靠一个得体的脱帽礼，他们就让傻瓜——爱慕虚荣者——迷了心窍。满口承诺的人从来就不讲信用，他们的承诺不过是为蠢人设下的圈套。真正的礼貌是忠诚，虚伪的礼貌是欺诈，过分的殷勤并非尊敬而是依赖。惯行这种伎俩的人，他不是在向人鞠躬，而是在向其财富低头；不是向其高贵的品质致敬，而是为了某种利益而奉承。

俗话说："画虎画皮难画骨，知人知面不知心"，人生的千难万难也比不上"人心隔肚皮"。由此可见"人心难测"。在茫茫人海，我们很有必要练就"一语识破"、"一眼看穿"的识别人心的技巧。

对人心的识别，是"横看成岭侧成峰，远近高低各不同"。具有识人的本领，就意味着你可以在瞬息万变之间看透周围发生的人与事，谨防被伪君子暗算。有些人表面上装着非常友好的样子，但暗地里却隐藏着阴险的心思。对这样的人，定要强加防范。

《庄子·列御寇》中有这样一段话："贼害最大的，莫过于德中藏有私心而心眼有所遮蔽。到了心眼被遮蔽却要主观去观察，就要坏事了。坏品质有五种，心中的品质为首。什么是心中的品质？心中的品质，就是有自以为好的东西，而诋毁自己所不从事的东西。"

现实生活中那些道貌岸然的伪君子，满口仁义道德，其实肚子里净是阴谋诡计，这不正是最大的"贼害"吗？

王安石在变法的过程中，视吕惠卿为自己最得力的助手和最知心的朋友，一再向神宗皇帝推荐，并予以重用。朝中之事，无论巨细，全都与吕惠卿商量之后才实施，所有变法的具体内容，都是根据王安石的想法，由吕惠卿事先书写成文及实施细则，再交付朝廷颁发推行。

当时，变法所遇到的阻力极大，尽管有神宗的支持，但能否成功仍是未知数。在这种情况下，王安石认为，变法的成败关系到两人的身家性命，并一厢情愿地把吕惠卿当成了自己推行变法的主要助手，是可以同甘苦共患难的"同志"。然而，吕惠卿千方百计讨好王安石，并且积极地投身于变法，却有自己的小九九，他不过是想通过变法来为自己捞取个人的好处罢了。对于这一点，当时一些有眼光、有远见的大臣早已洞若观火。司马光曾当面对宋神宗说："吕惠卿可算不了什么人才，将来使王安石遭到天下人反对的，一定都是吕惠卿干的！"

又说："王安石的确是一名贤相，但他不应该信任吕惠卿。吕惠卿是一个地道的奸邪之辈，他给王安石出谋划策，王安石出面去执行，这样一来，天下之人将王安石和他都看成奸邪了。"后来，司马光被吕惠卿排挤出朝廷，临离京前，一连数次给王安石写信，提醒说："吕惠卿之类的谄谀小人，现在都依附于你，想借变法为名，作为自己向上爬的资本：在你当政之时，他们对你自然百依百顺；一旦你失势，他们必然又会以出卖你而作为新的晋身之阶。"

吕惠卿的伪君子手段果然是大见其效，王安石对这些话半点也听不进去，他已完全把吕惠卿当成了同舟共济、志同道合的变法同伴，甚至在吕惠卿暗中捣鬼迫使他辞去宰相职务时，仍然觉得吕惠卿对自己如同儿子对父亲一般地忠顺，真正能够坚持变法不动摇的，莫过于吕惠卿，便大力推荐吕惠卿担任副宰相职务。

王安石一失势，吕惠卿的小人嘴脸马上浮出水面。不仅立刻背叛了王安石，而且为了取王安石的宰相之位而代之，担心王安石还会重新还朝执政，便立即对王安石进行打击陷害，先是将王安石的两个弟弟贬至偏远的外郡，然后便将攻击的矛头直接指向了王安石。

吕惠卿真是一个伪君子，当年王安石视他为左膀右臂时，对他无话不谈，一次在讨论一件政事时，因还没有最后拿定主意，便写信嘱咐吕惠卿："这件事先不要让皇上知道。"就在当年"同舟"之时，吕惠卿便有预谋地将这封信留了下来。此时，便以此为把柄，将信交给了皇帝，告王安石一个欺君之罪，他要借皇上的刀，为自己除掉心腹大患。在封建时代，欺君可是一个天大的罪名，轻则贬官削职，重则坐牢杀头。吕惠卿就是希望彻底断送王安石的前程。虽然宋神宗对王安石还顾念旧情，没有追究他的"欺君"之罪，但王安石毕竟已被吕惠卿的"软刀子"刺得伤痕累累。

为人处世中，不乏这样的人：当你得势时，他恭维你、追随你，仿佛愿意为你赴汤蹈火；但同时也在暗中窥伺你、算计你，搜寻和积累着你的失言、失行，作为有朝一日打击你、陷害你并取而代之的秘密武器。公开的、明显的对手，你可以防备他，像这种以心腹、密友的面目出现的伪君子，实在令人防不胜防。

俗话说，明枪易躲，暗箭难防。生活中的暗箭确是防不胜防。许多道貌岸然的人貌似忠厚的君子，其实肚子里净是阴谋诡计、男盗女娼。有些自称"虔诚"信教的人，借宗教名义，施小仁小惠，既不知道《圣经》耶稣，也不知道释迦牟尼。像这种伪君子、假教徒，理应遭到社会唾弃。但在现实生活中，这些披着道德外衣的人往往能得逞于一时，欺世盗名。由于披上了一层伪装，识别起来更难。

辨别是非，明识大体

【原典】

毋因群疑而阻独见，毋任己意而废人言，毋私小惠而伤大体，毋借公论以快私情。

【译释】

不能因为大多数人的猜疑而影响自己独到的见解，不要固执己见而不听从别人的忠实良言，不要因为贪恋小的私欲而伤害了大多数人的利益，不要借公众的舆论来满足自己的私欲。

既要尊重人言，也要持有主见

事物是相对的，什么事一旦过度便变质。人固然要有从善如流的习惯，但决不能"人云亦云"，所谓"千人盲目一人明，众人皆醉我独醒"。

一个真正具有智慧的领导会广开言路，虚心听取不同的意见，然后在此基础上综合考虑，明辨是非。因为个人的真知灼见，往往是建立在集体的智慧之上。句子中"阻",意为阻碍、受影响,也含有怀疑的意思。"快",作满足、发泄解。

从实际来说,对于任何一个问题的思考与决策,都可能会发出种种不同的声音。广泛尊重多数意见是必要的,但绝对的民主,也未必正确,因为有时真理恰恰掌握在少数人手中。为此,该坚持的原则理当坚持,不可动摇。

不到30岁的史强,居然当上了罗茜莎西餐厅的总经理。

当然,如果不是其岳父操控了罗茜莎西餐厅的控股权,寒门出生的史强即使能力再强,人再帅气也不会这么快坐上总经理的位子。其岳父手一指,原为分店店长的史强就成为全公司的总经理了。

史强非等闲之辈,名牌大学食品专业毕业后,在国外待过两年,回国后又从底层干起:从领班,到店长,对餐厅的经营,早有"经国之大志"。

上任伊始,史强就带领各分店店长,到日韩作了考察,而且立刻有了收获。

"看看汉城那家小火锅连锁店,多发!多赚!"在回程飞机上史强特别从头等舱走到经济舱,对二十多位店长宣布:"我现在已经决定,回去就发展这种小火锅,我连韩国制造火锅的厂商都搞清楚了,保证成功,而且这是创举,在国内一定能引起轰动。"

机舱里立刻爆发一片掌声。但掌声一落下,有一个叫余庆的店长就扯着嗓子喊:"史总啊!可是你要想想咱们是西餐厅,桌椅都是进口的材料,又是高级地毯,你这火锅往上一放,水开了,蒸气再往上跑,涮的时候,又难免溅出来,这损失不就大了吗?"

下面开始交头接耳,听见一些低低的附和:"对呀!可不是吗!""而且,西餐厅里讲究的是气氛,东一锅、西一锅,既冒火,又冒烟,不是不伦不类吗?"

"什么不伦不类?"史强火了,"你吃过瑞士火锅没有?不但冒水气,还冒油烟呢。一句话,我这么决定了,下个月就进货,立刻印海报,登广告,百分之百成功!"

于是乎,各报都刊出了大幅的小火锅广告。

每家连锁店前，除了挂满大彩条、大海报，还插满了旗子，推出期间，特价优待。

这特价优待，原定两个星期，没想到，欲罢不能，居然持续了半年。

这欲罢不能是不得已呀！

推出第一天，明明是元月，偏偏热得跟盛夏一样，客人进来，都喊热；还有好多人，抬头一看是小火锅，转身就出去了。

接着，又是梅雨，加上小火锅一蒸一烤，墙上的壁纸居然自己开口，从顶上脱落，害得各分店急着用胶条把壁纸粘回去。

粘回去？多难看！可是跟桌、椅、地毯比起来还算好看呢！不幸被余庆言中，豪华的家具全完了，才半年，这高级西餐厅不但变得不伦不类，老顾客不再上门，连有限的几位捧小火锅场的顾客都不来了，说这餐厅太老旧、不求进步。

其中唯一的例外，是余庆负责的那家店。

余庆虽然好像服从总公司的命令，进了一批小火锅，可是他不宣传，更不推荐，只当小火锅不存在。甚至碰上看广告要来尝新的顾客，余庆都摇摇手笑笑，小声说："讲句实话，我自己都不敢恭维这种东西，我劝您，还是点西餐吧！我们是西餐厅嘛！哈哈！对不对？"余庆那家的生意居然一天比一天好，每月一次的店长会议，余庆在下面，虽不说话，他的笑，却一次比一次……让史强不舒服。

"当然啦！有些不喜欢看到火锅的客人，会一起跑去火锅少的分店，这不是那家店好，是走歪运。"史强安慰大家："继续坚持，什么新东西，要造成风气，都得花点时间。"

只是，话才说完，有一家店就出了乱子。火锅下面的小瓦斯炉，先是

点不着，点一次两次，居然"轰"一声爆炸了，蹲在那儿点火的店员立刻进了医院。

跟着另一家店也发生意外，是壁纸没粘牢，掉下来，正碰上下面小火锅的火，着了起来，虽没酿成大祸，但救火车一浇，却全"泡了汤"。

偏偏这时候余庆的餐厅被市政府选为卫生安全评奖的第一名，余庆自己发了新闻，还开了庆功宴。

庆功宴居然发请帖给各分店的店长，以及史总经理。听说大家都去了，除了史总之外。史强头疼了，思前想后，几天失眠。人不用说话，数字会说话，从他上任半年来，公司的业绩跌了三分之二。

"我错了！"史强主动去见老岳父，"我做了错误的决策，我想明天就宣布，各分店全部放弃小火锅。"

刘老头铁青着脸，正盯着财务报表看，听史强这么说，那铁青突然变成通红，狠狠拍一下桌子，霍地站了起来："你没错！你现在宣布改回去，就真错了！"

史强把原来写好的公文压下了，换上另一张。

"某某分店不配合总公司决策，有违团队精神，也有损公司整体形象。经董事会决议，店长余庆应予免职，即日生效。"

余庆走人了，他那家店的副店长很识时务，立刻搬出小火锅。

只是，才端出，就接到史总经理办公室秘书的电话："你们分店维持原来的经营方式，不必推出小火锅。"

又过几天，新的命令又发布了："经测试，推出小火锅的时机尚未成熟，下周起，各店均撤销小火锅，并进行全面整修。"

有时，真理确实掌握在少数人手中。一个人的能力表现在能辨别是非上，也表现在能明识大体上。从现实而言，不可能有绝对的民主，所以，明辨是非之后，还要照顾到方方面面，尤其是不要伤上司的自尊，照顾好领导的面子。另一方面，作为决策者，要善于公正地吸取各方面的意见，不存偏见和私心地采纳意见，这样，最后的决策才可能正确，有见地。

无害人意，存防人心

【原典】

害人之心不可有，防人之心不可无，此戒疏于虑也；宁受人之欺，勿逆人之诈，此警惕于察也。二语并存，精明而浑厚矣。

【译释】

不可存有害人的念头，但不可没有防人的心思，这是用来告诫那些思虑不周的人；宁可受到别人的欺负，也不可不防范别人的狡诈之心，这是用来警惕那些过分小心提防的人。能够做到这两点，便能够思虑精明且心地浑厚了。

害人之心不可有，防人之心不可无

寻找自己的合作伙伴应本着两者"互补"的原则。每一个合作伙伴，尤论在专长方面，还是在资金及个人的性格方面，都应该有其长处与优点。假如彼此之间能够相互配合，生意场上就可以进行合理的分工，不同专长的人各负其责，就可以进行有效的经营，从而提高生意上的效率。当然，这里所说的"互补"必须是建立在可靠的基础之上，在创业初期，没有可靠做基础的"互补"是毫无意义的。假是说合作伙伴的来历不明，身份与背景都令人起疑，那你在与他合伙做生意的时候，就要加强留心、小心防范。

在生意场上，"防人之心不可无"，即是说合作伙伴有可能是你的朋友，但"利"字当头，谁能保证对方不会财迷心窍而中饱私囊，甚至为了自身的利益，而出卖你呢？假如某一不良的合作伙伴是负责该生意的财务，万一他把公司的银行户头结存一并提走，所有合伙人的血汗资本和赢利就会化为乌有，生意上的运作就会骤然间搁浅了，公司能否生存下去也只有听天由命了。

胡伟原是某厂的翻砂工，曾因赌博、走私文物多次被公安机关处以罚款、拘押和强制劳动改造。1986年胡伟去香港探亲未归，打工度日。1990年由别人出资，他以一万元港币作为注册资金，成立了"香港中行（中国）投资有限公司"，自任总经理。

然后，他以这个身份回大陆进行诈骗活动。他身穿名贵的法国服装，手戴劳力士手表和大钻戒，手持"大哥大"，坐奔驰500豪华轿车，长期包租高级宾馆房间，挥金如土，赞助港台歌星演唱会一出手就是数万元，以此造成一个大老板的外表来迷惑人。他还与一家同政法机关有关系的公司拉上了关系，借以吹嘘自己有"政治背景"云云。他以这副派头十足的姿态招摇过市，骗取了许多人的信任，以投资为名，使许多急于引进外资的善良人中了圈套。他刚来大陆投资开办第一家合资企业时，囊空如洗，就以一份虚假的坯布供销合同，并用行贿手段，骗取了一商贸公司的70万元贷款，再到广州炒卖，换成100万元港币，又将100万元港币汇至香港一家银行，最后由香港汇入他的"合资企业"充抵外汇投资。以这笔投资为基础，凭着自己的派头招摇撞骗，在一年多的时间里，骗取银行贷款1900余万元，开办了五家"合资企业"。最后携巨额外汇潜逃境外，身后留下的是叫苦不迭的五家合资企业，有的没开张就告夭折，有的从盈利走向亏损。

像胡伟这样一个两手空空、劣迹斑斑，连写信都是错字连篇的家伙，为什么能如此财运亨通、设计骗局且连连得手呢？主要原因是我们的一些人被他派头十足的外表和行为、冠冕堂皇的头衔所迷惑，放松了警惕性，盲目信任。如果这些人能够保持较高的警惕性，对他的资信情况和来龙去脉做一番调查，是不难认清其真实面目的，也就不会上当受骗了。

害人之心不可有，防人之心不可无，这其实是辩证的。同样，可以不欺人，但不可不防人之诈，正反相成，才能使人精明、思虑周到、世事调和。这也是人情练达的表现。现实社会是复杂的，人不能在任何情况下都相信别人。虽然说人们不一定非得虚伪不可，但绝对应当有防人之心。

人无害虎意，虎有伤人心。可以说形形色色的阴影会不知不觉地向人袭来，所以保持警觉，注重防范才是一道安全的"保险丝"。

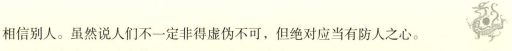

毋形人短，不持己长

【原典】

毋偏信而为奸所欺，毋自任而为气所使，毋以己之长而形人之短，毋因己之拙而忌人之能。

【译释】

不要盲目听信他人的言辞而被那些奸邪小人所欺骗，也不要自以为绝对正确而被一时的意气所驱使；不要用自己的长处来比较人家的短处，也不要因为自己的笨拙而嫉妒人家的才能。

切不可骄矜待人

人过于自信就容易偏信，傲以待人便目中无人。意气用事易被人利用，妒人之能却难自知。一个修养好的人具备公正、无私、诚恳、同情的品性，而偏袒、自私、欺骗、嫉妒则往往在修养较差的人身上表现出来。人有本领、能力强是好事，但如果由此而层出许多恶习，便变成了坏事。

三国初期，盘踞汉中地区的汉宁太守张鲁打算夺取西川，扩大势力，好登上"汉中王"的宝座。益州牧刘璋急派别驾张松到许都向曹操求援。张松走时，除携带一批准备献给曹操的金银珍宝以外，还暗地藏了一幅西川的地形详图。由于刘璋糊涂而又懦弱，当时川中的有识之士都感到在群雄竞争的形势下，刘璋绝对不能保住西川，因此不少人都有另投靠山的打算。张松借出使的机会，带着这幅极有价值的军事地图，就是出于这种打算。

张松一行到了许都，被安顿在驿馆里，等了三天才得到接见的通知，心中很有些不高兴。而且丞相府的上下侍从都公开索贿才肯引见，这使得张松更是摇头。曹操傲慢地接受张松的拜见礼，然后责问："你的主人刘璋为什么这几年都不来进贡？"张松巧妙地解释："因为道路艰难，贼寇又多，常常拦路抢劫，不能通过。"曹操大声呵斥说："我已扫清中原地区，哪里还有什么贼寇！分明是捏造借口。"

张松是西川有名的人物，生得头尖额翘，鼻低齿露，身长虽不满五尺，但嗓音洪亮，说话有如铜钟之声。他读书很多，有超人的见解，以富有胆识闻名。自来许都后，曹操那样慢待自己，心中早已不快；今天又见曹操这般蛮横，便断了投奔他的念头，决心教训他一番。曹操刚讲完话，张松嘿嘿一笑，说："目前江南还有孙权，北方存在张鲁，西面站着刘备，他们中间拥有军队最少的也有十余万人，这算得上太平吗？"

这一段抢白顿时使曹操窘得说不出话来。曹操一开始见到张松，觉得他个子小面孔怪，猥猥琐琐，已有五分不喜欢，现在又发现他言语冲撞，很不高兴，于是一甩袖子，起身转进后堂去了。

曹操左右的人纷纷责怪张松无礼，不该这样顶撞。张松冷笑一声，说："可惜我们西川没有会说奉承讨好言辞之人！"这句话说出不一会，立即招来一声大喝："你们西川人不会奉承讨好，难道我们就有这样的人吗？"张松转眼一看，这人生得单眉细眼，貌白神清，原来是丞相门下的掌库主簿杨修。张松过去听说过他是朝廷太尉杨彪的儿子，博学善辩，不觉有心难他一难。杨修也一向自命不凡，发现张松不是一般人物，也有心邀请张松到旁边书院里会上一会。

两人坐定后，杨修略作寒暄，说："出川的道路崎岖，先生远来一定很辛苦。"

张松表示："奉主人的命令办事，虽赴汤蹈火，也不能推却啊！"

杨修存心考考张松的知识，便问："川中的风土民情怎样？"

张松察觉对方的用意，便回答："川中原是西方一郡，古时称为益州。

锦江道路险峻，剑阁地势雄壮。周围百八十条道路，纵横三万多里。人烟稠密，到处听得到鸡啼狗叫的声音。市场繁荣，抬头看得到四通八达的街巷。土地肥沃，没有什么水旱灾害。人民富裕，文化发达。加之物产堆积如山，是任何地方都比不上的啊！"

杨修接着又询问一句："川中的人才怎么样？"

张松越加得意地说："四川历史上出现过大辞赋家司马相如、名将马援、'医圣'张仲景和著名阴阳家严君子。其他出类拔萃的人才，数也数不完！"

张松一耸肩说："文武全才、有智有勇、为人忠义慷慨的，有几百人之多。像我这样无能的，更是车载斗量，难以计算了。"

杨修又问一句："先生现在担任什么职务？"

张松谦虚地回答说："滥充一名别驾，很不称职。"接着迅速反问："敢问杨先生在朝廷里担任什么职务？"

杨修回答说："在丞相府里担任一名主簿。"

张松不客气地反扑过来："杨先生的上代担任国家高级官员，为什么不到朝廷里任职，直接协助皇帝，而屈居在丞相府里干这样一个小官！"

杨修听了这话，满脸惭愧，硬着头皮勉强解释说："我虽然职位不高，但蒙丞相将处理军政钱粮的重任交付给我；而且早晚还可以得到丞相的教诲，很受启发，所以就接受了这个职位。"

张松听到这句话，干笑一声说："我听说曹丞相文的方面不明白孔孟之道，武的方面不了解孙武、吴起的兵法，仅仅依靠强横霸道取得宰相的高位，哪能有什么教诲来启发阁下呢？"

杨修一本正经地说："不对，先生居住在边地，怎么知道丞相的杰出才干呢？我不妨让你开开眼界。"说着，叫手下人从书箱里拿出一卷书来，递给张松。张松一看书名题作《孟德新书》，于是从头到尾翻了一遍，其中共有十三篇，都是谈论战争中的重要策略的。谁知张松看完，颇有些不以为然地对杨修说："杨先生怎样看待这部书呢？"

杨修不无炫耀地回答："这是曹丞相博古通今，模仿十三篇《孙子兵法》写成的。你看这部书可以传世不朽吗？"

张松竟扬声笑了起来："我们西川三尺高的孩子都能把这部书背下来，怎能叫'新'呢！这原是战国时代一位无名氏的作品，曹丞相把它剽窃来表现自己，这只能骗骗阁下罢了！"

杨修责怪地说："这完全是丞相自己写成的，先生说什么川中的孩子都能背诵，欺人太甚了吧！"

不料张松立即应声说："先生如果不相信，我马上背给你听。"说着，即合起书来，从头到尾将书中全部字句背诵了一遍，一字不差。杨修这时才大吃一惊，说："张先生过目不忘，真是天下奇才啊！"

后来，杨修在曹操面前夸赞张松，要求重新接见他。但双方的观点差距太大，张松又讽刺了曹操一顿，然后离开许都，把身上带着的那张十分有价值的地图献给了刘备。

可惜曹操一辈子都在搜罗人才，却因自己一时的骄矜之态而助了他人一臂之力。

生活中常见到有些人有本事就傲气待人，由于有些能力，就很自信，往往瞧不起不如自己的人，以致目无一切。

无非和气，浑是杀机

【原典】

善人无论作用安详，即梦寐神魂，无非和气；凶人无论行事狠戾，即声音笑语、浑是杀机。

【译释】

一个善良的人，由于内心没有邪念，即使是睡梦中的神情，也都显得安然祥和；一个生性凶残的人，不论处于任何时空，由于本性刁钻诡异，在言笑中都会透出令人恐惧的杀意。

交友贵在交心

社会上形形色色的人很多，有诚实的，也有虚伪的；有善良的，也有歹恶的；千姿百态，错综复杂，似乎让人很难辨别清楚。尤其有些人心地阴险，却装出一副道貌岸然、和蔼可亲的面孔，更会忽悠得人迷迷糊糊。

为此，对于不太了解的人，人们应当多留个心眼，更要善于从本质上去观察和识别一个人。正如洪应明所说：心地善良的人不要说一言一行都很安详，即使是睡梦中的神情，也都洋溢着祥和之气；凶狠的人不要说其为人处世阴险狡诈，即使在谈笑之中，也会渗透出肃杀恐怖。

可见一个人是善是恶，能从他的言谈举止中觉察出来，任何虚伪的掩饰也无法永远骗过人们的耳目。

那么如何比较准确地识别一个人呢？这里面大有学问。如果你想知道一个人语言的表达能力，可以向他隐晦模糊地突然提出某些问题，连连追问，直到对方无言以对，这可以观察一个人的应变能力；与人暗地里策划某些秘密，可以发现一个人是否诚实；直来直去地提问，能看出一个人的品德如何；让人外出办理有关钱财的事，就能考察出一个人是否廉洁；用女色试探他，可以观察一个人的节操；要想知道一个人有没有勇气，可以把事情的艰难告诉他，看他有何表示；让一个人喝醉了酒，能看出他的定力。

宋人林逋也说："恶之性不能易，如水之不能燥，火之不能温，形色语然之间，善恶自见。"

宋朝时，做东都留守的吕元膺一次与一位掌管钱粮的下级弈棋，当吕元膺抽空去处理紧急公务时，这位钱粮官趁机偷换了一颗棋子，最后赢了这局棋。吕元膺当时对此虽有察觉，但并未吱声。一段时间后，吕元膺借故把此人调离身边，放到外地做官，并预言此人终将因贪污而受到惩罚。后来果然不出所料。

吕元膺以一棋子识人，可谓识人于微，分毫不差。一个人的思想素质

和道德品质如何，并不一定等到这个人犯了大错误才显示出来，从很多细小问题上就会有所反映。

人之心迹，常浮现于其言行举止之中，常暗藏在神色气韵之间。只要你用心，必能窥测到许多信息。

孔子有"以貌取人，失之子羽；以言取人，失之宰予"之叹。要想做到谨慎周详，万无一失，还需要做多方面的考察和推究。

亲疏有度，浓淡相宜

【原典】

交友者与其易疏于终，不若难亲于始。

【译释】

人与人之间的交往，与其最终轻易分手，倒不如一开始就不要显得太亲密。

保持距离，亲密有间

莎士比亚有一句名言："我并不是要压住您的爱情烈焰，可是，这把火不能够燃烧得过于炽盛，那是会把理智的樊篱完全烧去的。"倘若"爱"过了头，不仅理智会被烧光，而且爱情也会被烧焦。其实，交友也是如此。那种天天觥筹交错，吃喝往来，表面看似很热乎，未必筑有太深的友谊基础。有道是"亲则疏"，适当保持一定距离的友情最后却越发牢固。

《礼记》中说"君子之交淡如水，小人之交甘如醴。君子以清淡而成，小人以甘甜而坏"。这些话经常被人说，但实际而言，总是淡也并不好，朋友在一起缺少热乎劲的，没有什么意思，所以这句话得与另一句话联系起来理解，"水至清则无鱼，人至察则无友"，朋友之间还是该淡时淡、该浓时浓，既不能太疏远，也不能过于亲密最好。

处理好人与人之间的交往关系，莫不是处世的学问，而交往关系就在淡与浓之间，得看你如何去把握了。

做到亲疏有度，浓淡相宜，是朋友间良好交往必须掌握的一种分寸。因为，从一定程度上来说，每个人都有自己的家人要陪伴，每个人都有自己的事业、爱好要从事，每个人也都需要有自己独立自由的空间去思考。

亲疏有度，浓淡相宜，便省去了由于交往过密而带来的副作用。交往愈深，需要付出的经历和时间愈多，容易产生的矛盾也会愈多。

亲疏有度，浓淡相宜，还要注意不要对别人的家庭私事说三道四，关系再亲密也只有分享友情的便利而没有"干涉内政"的权利。如果你不小心得知了别人的某些隐私，此时只有三缄其口，沉默是金，千万不要为一时的嘴头痛快，让那些长舌妇们听到成为搬弄是非的材料。

亲疏有度，浓淡相宜也可以使人与人之间的关系富于弹性，说得来便可多谈一会儿，说不来彼此客气也不失为一种礼貌。这种亲疏有别、进退自如的关系正好给我们提供了更广阔的交往天地。

亲疏有度，浓淡相宜，还包含着根据不同的场合或不同的空间，以及不同的角色，守持一份得体的交往内容。再好的朋友，彼此之间也不能忽视这一准则。尤其是往日的朋友，后来成为你的上司或老板，更应把握好尺度。

你完全可以与你的老板一如既往地交朋友，但是在工作中，你与老板的角色是不同的，不能以为自己是老板的朋友就可以在单位或公司里也称兄道弟起来。否则，老板还怎么工作？他怎么去安排他人工作？他怎么处理好大家的关系？他又如何区分工作人事上的是与非？

有一个人，上班时喜欢拿着茶杯到老板的身边，找他吹牛聊天。公司来人，也不回避，仍旧坐在一旁，还不时地插几句，严重地干扰了老板与客人的交流。像这个人，就是由于在与朋友相处时没有做到亲疏有度、浓淡相宜，使朋友关系对工作的负面影响增大。如此，再好的交情也难以巩固发展，甚至很快会使友谊滑向下坡。

如果你的老板非常器重你，经常带你出席各种社交场合，那么，你千万不要得寸进尺，保持适度的距离对你是有好处的。

任何一位领导在对待下级的问题上，哪怕是他往日的铁哥们，都希望下级对他尊重、服从、喜欢。所以，当他愿意和部下建立朋友关系、同事关系的同时，或者在愿意建立情感沟通的同时，总是不希望用朋友关系超越或取代上下级关系。也就是说，他必须保持自己一定的尊严和威信。

可以说，亲疏有度，浓淡相宜是交友的一种艺术，它包含着在理解别人的基础上所持有的一份尊重，也契合了"与其易疏于终，不若难亲于始"的宝贵所在。

浮华不羡，淳朴存真

【原典】

交市人不如友山翁，谒朱门不如亲白屋；听街谈巷语，不如闻樵歌牧咏，谈今人失德过举，不如述古人嘉言懿行。

【译释】

交一个市井之人做朋友，还不如和山野老汉来往；巴结权贵人家，还不如和平民百姓亲近；听街头巷尾的流言蜚语，不如多听一些樵夫的民谣和牧童的山歌；批评现代人的错误，不如传述古人的善言美行。

交友，要摒弃庸俗虚荣的心理

朋友是生活的重要组成部分，忙碌之余，泡一杯香茗，与好朋友谈谈心、说说事，能够松弛身心、怡情益智。然而，交什么样的朋友才对人生有益，还是值得思考和明确的。

《史记》中说："以权势、利害相交合的朋友，权势倾倒利害已尽必然疏远。"唯有以道义相交、性情相交、肝胆相交、真诚相交，才会深切长久，才不致被富贵、贫贱、患难、利害所分离。句子中的"山翁"，指隐居山林的老人。"朱门"，红色的大门，比喻富贵权势人家。"白屋"，比喻平民穷苦人家的房屋。这段话的意思是，一个人如果结交些市井小人，所听到的大多是投机逐利俗事，这就容易沾染庸俗之气，倒不如结交一些淡泊清雅、隐居山林的士人；如果整天奔走于富贵权势之家，所听到的大多是功名利禄的权势之争，这很容易使人心生迷惑，丧失人格，倒不如结交一些平民百姓；如果总喜欢谈论左邻右舍的闲言，很容易使自己卷入是非之中，倒不如听听樵夫牧童的歌谣。总而言之，一句话，就是选择良友，才有利于自己的成长或者处世。

孔子在《论语》中说："益者三友，损者三友。友直、友谅，友多闻，益矣；友便辟，友善柔，友便佞，损矣。"这就明确告诉我们好朋友和坏朋友的区别。"益者三友"，就是指正直的朋友，他们广见博识，同这些人交往就是有益的。"损者三友"，就是指惯于走邪道的，惯于阿谀奉承的，惯于花言巧语的，同这些人交往则是有害的。正直的朋友所显现的宝贵之处从下列故事中便可窥豹一斑。

狄梁公任并州曹之职，他的同僚郑崇质应该出使边远地区，但郑崇质的母亲年老体病。狄梁公说："他的母亲这个样子，怎么能够让她为儿子远行而担忧呢？"于是他去拜见上司兰仁基，请求代替郑崇质远行。兰仁基素与司马李孝廉不和，他看到狄梁公这样做，于是就对李孝廉说："我们俩怎么能不惭愧呢？"从此兰仁基与李孝廉又和好如初了。

交友，要摒弃庸俗虚荣的心理，不要把心沉浸在富贵权欲的杯水中。可见，相知的朋友，为了对方而宁肯牺牲自己，如果你能交到这样的朋友，难道不感到有幸吗？

由此可以看出，结交到纯真质朴的好友是多么宝贵！谨记：浮华不足羡，淳朴最存真。

用人不刻，交友不滥

【原典】

用人不宜刻，刻则思效者去；交友不宜滥，滥则贡谀者来。

【译释】

用人要宽厚而不可太刻薄，太刻薄就会使想为你效力的人离去；交友不可太多太浮，如果这样，那些善于逢迎献媚的人就会设法接近你，来到你的身边。

宁可无朋友，也不交势利之人

用人的学问博大精深，奥妙无穷。尤其在当今，与其说是财富的角逐，事业的竞争，不如说是人才的竞争。而这其中，最有玄机，最为关键的就是如何用人。因为善于用人的高手，不仅会留住身边的人才，更能吸引飞来的"凤凰"。用人一定不要太刻薄，刻薄之下无人愿意接近。交友的学问同样如此。有人认为交的朋友越多越好，如果真能交到那么多的忠实好友当然是件很不错的事。

世间有一种普遍的情况是，大多在你春风得意之时，许多人都来迎合你，与你结友相交。而一到失势的时候，情形迥然不同。许多往日热乎乎的人即刻变得神情淡漠，形同陌路。可能在你身边的最多只有那么几个人了。这种情况现实中太普遍和多见。所以，大可不必为"朋友满天下"而自豪。

《文中子·礼乐篇》中说过为权势相结交成朋友的，势力没有了，交情也就断绝了；因利益而结成朋友的，利益没有了，交情也就淡忘了。这就是君子不与这类人结交的道理。

廉颇在被免官回故乡时，门下的宾客都走光了；等他重新做官时，宾客都回来了。廉颇说："你们不是都走了吗？"宾客说："唉，你怎么这才看出来？当今天下结交朋友，如同做生意，你有权有势，就跟着你，你无权无势，就离开你。世道本来就是如此，你何必这样气愤呢？"廉颇对此颇有感慨，从此交友也警惕起来。

从这个故事可以看出，势利之人，交也白交。结交了，往往为其所利用，一旦利用价值没了，给你带来的还会是心痛或伤脑筋，那又何必？还是鲁迅先生说得好，"得一知己而足矣！"我们完全没必要把处世的成败片面地建立在朋友的多少上。

趋炎附势，人情通患

【原典】

饥则附，饱则扬，燠则趋，寒则弃，人情通患也。

【译释】

饥饿潦倒时就去投靠人家，富裕饱足时就远走高飞，遇到富贵人家就去巴结讨好，当人家衰败贫寒时就掉头而去，这是一般人都会有的通病。

贫居闹市无人问，富在深山有远亲

如果你成功了，一定会有人巴结你、讨好你；但如果你一旦失败，他一定会像避瘟疫一样避开你。人就喜欢接近成功的人、走运的人，而避开失败的人、落魄的人。即使是世界上你最爱或最爱你的人，那又如何呢？他或她是世界上最敢于无情伤害你的人，最敢于撕破面具、向你伸出匕首的人。他或她可以容得下世界上所有的人的伤害，唯独不能忍受你的伤害。正派人一般都待人热诚，所谓古道热肠；遇事正直，所谓胸怀坦荡。他既不会巴结，更不会乘人之危，落井下石。所以，在社交中要能识别人，结识真正的朋友，真正的朋友是君子之交淡如水。

北宋时的张咏，自太平兴国五年登进士乙科，到大中祥符三年，先后两次出任益州知府，历任枢密直学士、吏部侍郎、工部尚书、安抚使等多种官职。张咏有个同学叫傅霖。在张咏为官的30多年中，傅霖从不与他来往。张咏很佩服这位同学的人品才学，多方打听他的下落，但总是找不到他。

张咏晚年得了"脑疡"，被朝廷派人星夜"驰驿代还"。

因为有病不能面见皇上，张咏就以书面形式给皇帝上奏章，陈说他对朝政的意见。其中有些话极刺耳，惹得皇上大怒，当时又把他派到了陈州去做知府。

谁知这次傅霖却像从地下冒出来的一样，主动前来见这位老同学了。

傅霖来到张府时，看门的通报说："傅霖请见！"

张咏立刻斥责道："傅先生乃是天下知名的贤士，我和他是早年的同学，到处寻访了多年，想求他做朋友而不可得。你是个什么人物，居然大呼小叫地喊出他的名字来！"

傅霖已经走了进来，笑着劝道："算了吧，这么多年了，你还是那老脾气呀？他一个看门的怎么知道人世间有我傅霖这号人呀！"

张咏见到傅霖，高兴得不得了，忙问他："从前我多方找你，你怎么就不露面，现在怎么又不请自到了呢？"

傅霖说："从前你是高官，我不好来攀高枝。如今嘛，我知道你的日子不多了，作为老同学特意来看看你！"

张咏叹了一口气道："我自己也是明白的。"

傅霖说："你明白就好啊！"

结果，傅霖在张咏那里只待了一天便告辞了。傅霖走后一个月，张咏真的死了。傅霖的生平事迹已无可考证，但他与张咏的交往同"天下贤士"的称号倒是相符的。因此，他便作为一种人的典型而留在了史册上。

从古而今，嫌贫爱富、附势趋炎，人之常情，世之通病。好像经济杠杆也成了人际交往的法则，以致在《史记》中有"一贫一富乃知交态，一贵一贱交情乃见"的感慨，俗谚有"贫居闹市无人问，富在深山有远亲"的叹息。这样的事例太多了。但这并不说明人们对此的认可。

坦诚以待，久交不厌

【原典】

使人有乍交之欢，不若使其无久处之厌。

【译释】

令对方对自己产生初交的欢喜，不如让人久交不厌。

君子坦荡荡，小人常戚戚

生活中有一种情形，就是有些人与他人交往，起初时总能赢得人的好感，并让人心生尊敬与信赖，可时间稍长，却变味了，让人产生厌烦情绪。这到底缘由何在呢？恐怕大多是在坦诚上有失偏颇。有道是，坦诚是维系长久友谊的基石。它与虚伪和矫揉造作是格格不入的。

毋庸置疑，谁都不会愿意与一个华而不实，假话连篇，奸刁巨猾的人打交道做朋友。这种人即使在刻意伪装中骗得对方的一时信任，也不会保持多久的。傅雷先生曾说："一个人只要真诚，总能打动人的，即使人家一时不了解，日后便会了解的。"又说："我一生做事，总是第一坦白，第二坦白，第三还是坦白。绕圈子，躲躲闪闪，反易叫人疑心。你要手段，倒不如光明正大，实话实说。只要态度诚恳、谦卑、恭敬，无论如何人家不会对你怎么的。"

为此要想得到知心好友，首先要敞开自己的心扉。要讲真话、实话，不要遮遮掩掩、吞吞吐吐，要敢于暴露自己的缺点，以你的坦率换得朋友的赤诚和爱戴。

须知，刻意地表现自我是愚蠢，也是庸俗。如果我们总想着要在别人面前刻意表现自己，而使别人对我们感兴趣的话，我们将永远不会有许多真实而诚挚的朋友。真正的朋友并不是以这种交往方法来获得的。

尤其在一些场合上，矫揉造作地表现自我，只会让人厌恶发腻而眉头紧蹙。

王林是一家公司的高级职员，平时工作积极，表现很好，待人也热情大方，同事们都主动和他交朋友。但是有一天，一个小小的动作却使他的形象在同事眼中一落千丈。大家都认为，王林不值得交往。

是什么原因呢？当时在会议室里，许多人都等着开会，其中一位同事发现地板有些脏，便主动拖起来，而王林似乎有些身体不舒服，一直站在窗台边往楼下看。突然，他急步走过来，叫那位同事把手中的拖把给他，接到手刚一会儿，总经理推门而入，看到的是王林正拿着拖把勤勤恳恳、一丝不苟地拖着地板。从此，大家再看王林时，觉得他虚伪了许多，从前的良好形象荡然无存。

与人交往，要保持让人无久处之厌的良方最关键的是要坦诚。不管从语言上还是行动上来说，都要善于表现真我。生活中往往有些人总喜欢把最光彩的一面刻意地露给人看，就像画眉喜欢炫耀声音一样，须知，人是理性的，是能洞察其本质的。任何刻意做作和虚伪之举都是很难交到挚友的。因此，良好的友情只会在自然坦诚中凝固和加深。朋友间的肝胆相照也只会在坦诚中得以拥有和表现。

勿仇小人，勿媚君子

【原典】

休与小人仇雠，小人自有对头；休向君子谄媚，君子原无私惠。

【译释】

不要跟品行低下的小人结成怨恨，因为小人自有他作对为敌的人；不要向品德高尚的君子献殷勤，因为君子不会为了私情给人施舍恩惠。

不必和小人太过不去

一位伟人说过："世界上最可靠的是人，最不可靠的也是人。"最可靠的是指君子，最不可靠的是指小人。因为小人心里没有道德的法则，心地大多不善良、有害人之心。可小人脸上并没贴上标签，平时还会伪装得高雅，但由于其卑劣的本质，必然会在许多行径上或隐或现地暴露出丑恶的面目。比如搬弄是非，谣言惑众，见风使舵，落井下石，趁火打劫，挑拨离间，设置圈套，巧进谗言等，对这类人当须加倍小心。

句子中"仇雠"，为结下怨仇之意。"私惠"，指私下给予恩惠。"谄媚"，指用不正当的言行博取他人欢心。

生活中的小人很多，你很难回避或不遇上，一旦遇上了这种人，最好是既不要过密交往，也不要器宇轩昂地划清界限而得罪他。一句话，如果不是非有必要，迫不得已之时，那就别得罪小人。这是具有长远眼光的保身之道。

在对付小人方面，古人的智慧为我们今天的"个人安全"提供了有益的借鉴。

为大唐中兴立下赫赫战功的唐朝名将郭子仪，不仅在战场上攻无不克、战无不胜，而且在待人处世中还是一个特别善于对付小人的高手。郭子仪与小人打交道的秘诀就是"宁得罪君子，不得罪小人"。

"安史之乱"平定后，位高权重的郭子仪并不居功自傲，为防小人嫉妒，他反而比原来更加小心。有一次，郭子仪正在生病，有个叫卢杞的官员前来探望。此人乃历史上声名狼藉的奸诈小人，相貌奇丑，生就一副铁青脸，脸形宽短，鼻子扁平，两个鼻孔朝天，眼睛小得出奇，时人都把他看成是个活鬼。正因为如此，一般妇女看到他都不免掩口失笑。郭子仪听到门人的报告，立即让身边人避到一旁不要露面，他独自等待。卢杞走后，姬妾们又回到病榻前问郭子仪："许多官员都来探望您的病，您从来不让我们躲避，为什么此人前来就让我们都躲起来呢？"郭子仪微笑着说："你们有所不知，这个人相貌极为丑陋而内心又十分阴险。你们看到他万一忍不住失声发笑，那么他一定会心存嫉恨，如果此人将来掌权，我们的家族就要遭殃了。"郭子仪对这个官员太了解了，所以在与他打交道时格外小心谨慎。后来，这个卢杞当了宰相，对别人极尽报复之能事，唯独对郭子仪比较尊重，没有动他一根毫毛，这件事充分反映了郭子仪对待小人的办法之高明。

在与小人打交道时务必考虑周全，最好不要与其发生正面冲突。论实力，小人并不强大，但他们不择手段，什么下三滥的招数都可能使出来。冲突起来，纵使赢了小人，也会付出代价，惹得一身腥。为此，在一般情况下，还是躲为上策。

另外，再坏的人也不愿意被人认为自己"很坏"，总要披一件伪善的外衣。而你偏要以正义之手揭开他们的面纱，让他们露出原形，这不是故意和他们过不去吗？

君子不怕传言，因为他问心无愧。小人看你揭露了他的真面目，为了自保和掩饰，肯定会对你打击报复。想必这也是洪应明先生所发出的"休与小人仇雠，小人自有对头"的感言。也许你不怕他们的反击，也许他们也奈何不了你，但你要知道，小人之所以为小人，是因为他们始终在暗处。

因此，对付小人，还是不要跟他们一般见识。同时，也不要刻意揭露他们的假面纱，还是保持距离，讲一些招数最好。

不恶小人，礼待君子

【原典】

待小人，不难于严，而难于不恶；待君子，不难于恭，而难于有礼。

【译释】

对待心术不正的小人，要做到对他们严厉苛刻并不难，难的是不去憎恶他们；对待品德高尚的君子，要做到对他们恭敬并不难，难的是遵守适当的礼节。

宁可得罪君子，不可得罪小人

孔子说："世间唯女子与小人难养也，近之则逊，远之则怨。"

这个世界是一个很大的树林，里面什么鸟都有，当然小人也比比皆是。小人成事不足，败事有余。如果你这辈子叫小人盯上了，那么肯定就麻烦大了。小人没有什么事好做，因此他可以专心致志地琢磨你，并把这当作专业。

"小人"没有特别的样子，脸上也没写上"小人"二字，有些"小人"甚至还长得帅，有口才也有内才，一副"大将之才"的样子，根本让你想象不到。

杨炎与卢杞在唐德宗时一度同任宰相，卢杞的爷爷是唐玄宗时的宰相卢怀慎，以忠正廉洁而著称，从不以权谋私，清廉方正，是位颇受时人敬重的贤相。他的父亲卢奕也是一位忠烈之士。卢杞在平日里不注意衣着吃用，穿得很朴素，吃得也不讲究，人们都以为他有祖风，没有人知道卢杞实则是一个善于揣摩上意、很有心计、貌似忠厚、除了巧言善辩别无所长的小人。

与卢杞同为宰相的杨炎，是中国历史上著名的理财能手，他提出的"两税法"对缓解当时中央政府的财政危机立下了汗马功劳。后来的史学家评论他说："后来言财利者，皆莫能及之。"可见杨炎确实是个干练之才，颇受时人尊重和推崇。此外，杨炎与卢杞在外表上也有很大不同：杨炎是个美髯公，仪表堂堂；卢杞脸上却有大片的蓝色痣斑，相貌奇丑，形象猥琐。

然而，博学多闻，精通时政，具有卓越政治才能的杨炎，虽然有宰相之能，性格却过于刚直，特别是对卢杞这样的小人，他压根儿就没放在眼里。两人同处一朝，共事一主，但杨炎几乎不与卢杞往来。按当时制度，宰相们一同在政事堂办公，一同吃饭，杨炎因为不愿与卢杞同桌而食，便经常找个借口在别处单独吃饭。有人趁机对卢杞挑拨说："杨大人看不起你，不愿跟你在一起吃饭。"

因相貌丑陋内心自卑的卢杞自然怀恨在心，便先找杨炎手下亲信官员的过错，并上奏皇帝。

杨炎因而愤愤不平，专门找卢杞质问道："我的手下人有什么过错，自有我来处理，如果我不处理，可以一起商量，你为什么瞒着我暗中向皇上打小报告！"弄得卢杞很下不来台。于是，两个人的隔阂越来越深，常常是你提出一条什么建议，明明是对的我也要反对；你要推荐那个人，我就推荐另一些人，总是较着劲、对着干。

卢杞与杨炎结怨后，千方百计谋图报复。他深知自己不是进士出身，又面貌奇丑，才干更是无法与杨炎相比，他就极尽阿谀奉承之能，逐渐取得了唐德宗的信任。

不久，节度使梁崇义背叛朝廷，发动叛乱，德宗皇帝命淮西节度使李希烈前去讨伐。杨炎不同意重用李希烈，认为此人反复无常，就对德宗说："李希烈这个人，杀害了对他十分信任的养父而夺其职位，为人凶狠无情，他没有功劳都傲视朝廷，不守法度，若是在平定梁崇义时立了功，以后就更不可控制了。"

然而，德宗已经下定了决心，对杨炎说："这件事你就不要管了！"谁知，刚直的杨炎并不把德宗的不快放在眼里，还是一再表示反对用李希烈，这使本来就对他有点不满的德宗更加生气了。

不巧的是，诏命下达之后，赶上连日阴雨，李希烈进军迟缓，德宗又是个急性子，就找卢杞商量。卢杞看到这是扳倒杨炎的绝好时机，便对德宗皇帝说："李希烈之所以拖延徘徊，正是因为听说杨炎反对他的缘故，陛下何必为了保全杨炎的面子而影响平定叛军的大事呢？不如暂时免去杨炎宰相的职位，让李希烈放心。等到叛军平定以后，再重新起用，也没有什么大关系！"

这番话看上去完全是为朝廷考虑，也没有一句伤害杨炎的话。德宗皇帝果然信以为真，就听信了卢杞的话，免去了杨炎的宰相职务。就这样，只方不圆的杨炎因为不愿与小人同桌就餐而莫名其妙地丢掉了相位。

从此卢杞独掌大权，杨炎可就在他的掌握之中了，他自然不会让杨炎东山再起的，便找碴儿整治杨炎。杨炎在长安曲江池边为祖先建了座祠庙，卢杞便诬奏说："那块地方有帝王之气，早在玄宗时代，宰相萧嵩就曾在那里建立过家庙，因为玄宗皇帝曾到此地巡游，看到此处王气很盛，就让萧嵩把家庙改建在别处了。如今杨炎又在此处建家庙，必定是怀有篡权夺位的谋反野心！近日长安城内到处传言：'因为此处有帝王之气，所以杨炎要据为己有，这必定是有当帝王的野心。'"

在卢杞的鼓动之下，勃然大怒的德宗皇帝，便以卢杞这番话为借口，将杨炎贬至崖州（今海南省境内）司马，并下旨于途中将杨炎缢杀。

君子不畏流言，不畏攻讦，因为他问心无愧。小人看你揭露了他的真面目，为了自保，为了掩饰，他是会对你展开反击的。也许你不怕他们的反击，也许他们也奈何不了你，但你要知道，小人之所以为小人，是因为他们始终在暗处，用的始终是不法的手段，而且不会轻易罢手。你别说不怕他们对你的攻击，看看历史的血迹吧，有几个忠臣抵挡得过奸臣的陷害？

所以，还是不同小人一般见识为好，内方外圆地和他们保持距离，不必过于刚直、嫉恶如仇地和他们划清界限，他们也是需要自尊和面子的。

善勿预扬，恶勿先发

【原典】

善人未能急亲，不宜预扬，恐来谗谮之奸；恶人未能轻去，不宜先发，恐招媒孽之祸。

【译释】

要想结交一个有修养的人不必急着跟他亲近，也不必事先来赞扬他，为的是避免引起坏人的嫉妒而背后诬蔑诽谤；假如想摆脱一个心地险恶的坏人，绝对不可以草率行事随便把他打发走，尤其不可以打草惊蛇，以免遭受这种人的报复。

对待小人一定要谨慎和讲究方法

常言道："君子之交淡如水，小人之交甘如醴。"君子之交是道义之交，是靠情趣、学识、爱好为细节来建立友谊的。和善人交，与君子游是人所愿也。

但与善人的交情都是在平淡中建立的，不可刻意地去追求，如果你急于去求得友情的话，别人就会觉得你别有他图；与小人接近容易，但远小人不易，正所谓请神容易送神难。如果不想和恶人交往下去，也得慢慢地疏远他，进行冷处理，而不能让对方明显地感觉到你态度的变化。句子中的"急"，急切之意。"谮"，指说话诬陷别人。《荀子·致士》中有"残贼加累之谮，君子不用"之语。"媒孽"，意指借故陷害人而酿成其罪。

小人的特征是唯利是图，不讲廉耻，为所欲为又善于伪装，工于心计又长于逢迎，两面三刀、出尔反尔。一旦你得罪了这种人，稍被他捉住把柄，他真的会像疯狗一样穷追不舍地咬你。

为此，当你在交往中，发现碰上了小人，要谨慎处理，尽量不要耿直性地得罪而招致怨恨。否则，他真会咬得你天昏地暗，够戗得很！历史上就有血淋淋的事例为证。

浙江乌程盲人庄延龙，想学习历史上同为盲人的左丘明，著写一部史书。但又匮于自己

所知不多，便去买得邻居朱国桢的明史遗稿，招揽江南一带有志于纂修明史的才子加以编辑。书中仍奉尊明朝年号，不承认清朝的正统，还提到了明末建州女真的事，并增补明末崇祯一朝事，全都是清朝所忌讳的。该书定名为《明书》。书编成后，庄延龙病死，其父庄允城为之刊行。

不久，归安罢官知县吴之荣观得此书，发现上述"破绽"，便去庄家敲诈，被庄允城赶出家门之后，又去杭州府告状。庄氏收书删改以免遭议。吴之荣是个小人，对庄家拒绝他，还将他赶出家门的事一直怀恨在心，见在杭州告状不成，又辗转获得该书初版，直接上告京师鳌拜处。

鳌拜为维护清朝政治统治，对此案加以严查。结案之后，庄延龙被开官戮尸，庄家满门抄斩，涉案者被杀70人，其中凌迟者18人。凡作序者、校阅者、刻书、卖书、藏书者均被处死，被充军边疆者达几百人。

"恶人未能轻去"，庄家因为将吴之荣这个小人赶出门外，被吴之荣多次告上朝廷，最后遭受牢狱之灾。对待小人，不能单纯地打发他走，更不能得罪他，因为小人的心胸狭窄，很容易记仇和报复。

言辞有度:话要恰到好处,把握分寸尺度

　　仼何　个人都想能说会道,把事情做得漂亮,赢得别人的欣赏,游刃有余地展现自己的能力。然而,有没有社交能力、办事水平,主要表现在能否把握说话的尺度和办事的分寸上。恰当的说话尺度和适度的办事分寸是人获得社会认同、上司赏识、下属拥戴、同事喜欢、朋友帮助的最有效的手段。

宁可默然，不出躁语

【原典】

十语九中，未必称奇，一语不中，则愆尤骈集；十谋九成，未必归功，一谋不成，则訾议丛兴。君子所以宁默毋躁，宁拙毋巧。

【译释】

十句话中有九句都说得很正确，人们未必会称赞你，但是如果有一句话说得不正确，就会受到很多人的指责；十个谋略有九次成功，人们不一定会赞扬你的成功，但是如果有一次失败了，埋怨和责难的话就会纷至沓来，这就是君子宁可保持沉默也不浮躁多言，宁可显得笨拙也不自作聪明的缘故。

说话之前要三思

在纷繁复杂的社会中，种种关系扑朔迷离，种种现象错综多变。尤其在人际交往中，嫉贤妒能的情形并不在少数。当你所说的话中，十句对了九句，未必有人对你赞誉称奇，可是你说错了一句，往往会受到种种指责。

这就是告诫人们，在某些特殊的场合或特殊的情形之下，说话一定要深思熟虑，要像收紧的小口袋那样，将想表达的意思好好地组合成合适的语言，且用合适的语气表达出来，如果考虑不成熟，宁可沉默，也切不可随意而发。句子中的"愆尤"，指过失责备之意。"骈集"，意为并列，合到一处。"訾议"，訾，诋毁、指责也，比喻非议、责难的意思。

明朝吕坤的《呻吟语》中写道："世间事各有恰好处，慎一分者得一分，忽一分者失一分，全慎全得，全忽全失。"便道出了人生立足于世，其慎言慎行是多么的宝贵。倘若不分场合，信口开河，出言无度，不仅会得罪别人，也会给自己增添麻烦，从而陷入难堪的地步。

　　小朱正在主持婚礼。按照风俗，新婚那天，新郎、新娘要入席吃菜用饭，然后分桌敬酒。新郎、新娘在众人簇拥下入席，各位来宾也分别入席，第一盘盛满喜糖和糕点的金色塑料盘，由一个帮忙的伙计端了上来。可是就在伙计把盘子放在喜桌上的时候，只听"咔嚓"一声脆响，盘子破裂了。宾客们听到刺耳的声音，目光全扫了过来。不料端盘子的伙计不假思索地脱口说出："怎么是个破货？"这句话就像一声惊雷，被在场的人真真切切地听到耳朵里去了，气氛一下子紧张了。主持人小朱见此情景灵机一动，高声说："大喜、大喜，这叫做破旧立新，岁岁平安。"一句话使得十分紧张的空气顿时又欢腾起来。

　　众所周知，洞房花烛夜，金榜题名时，这是人生最得意的事，是喜庆吉祥的日子，然而由于伙计躁言而出，致使欢乐高兴的气氛一下子被弄得紧张沉闷，后来要不是主持人及时圆场，给伙计找了个台阶，可以想象，场景会多么尴尬。

　　《呻吟语》中曰："到当说处，一句便有千钧之力，却又不激不疏，此是言之上乘。除外，虽十缄也不妨。"其意就是教人要宁可默然，不出躁语，切不可逞一时口舌之能。这对人生有利而无害。

　　为此，在一定的场合中，说话必须三思。须知，多一分思考，少一分粗莽；多一分慎重，少一分是非。这既是一个人的涵养，也对人生有很大益处。可以说，"宁默毋躁，宁拙毋巧"，永远是为人立身处世的明训。

言简意赅，注重场合

【原典】

言语减，便寡愆尤；思虑减，则精神不耗；聪明减，则混沌可完。

【译释】

少说一些闲话，能避免很多口误；少去考虑一些不必要的问题，能避免精神的损耗；少卖弄一些小聪明，能保持纯真的本性。

切忌拖泥带水

俗话说，言多必失。闲话多，废话多，难免胡言乱语，必招人厌。一个人的良好心境在于不要去胡思乱想，不要为俗事的欲念丧失纯真的本性。聪明固然是造物者的一大恩赐，但是假如聪明过度，反而会危害自身，聪明反被聪明误说的便是这个意思。句子中的"愆尤"，愆，指错误，过失。尤，怨恨之意。"耗"，意为消耗，损失。"混沌"，指天地未开辟以前的原始状态，此处喻指人的本性自然纯朴。

虽然说话是人与人之间构建感情的纽带，架接事务的桥梁，但绝不能忘却"适度"二字。适度就是要求一个人说话要简洁，要中听，要顾及场合。简洁的语言，通俗明快，它能产生"片言以居要，一目能传神"的效果。正如语言大师们所说：言不在多，达意则灵。中听，就是说话要契合人的心意，倘若不是针锋相对的辩论，那些有损于对方自尊的话最好不说。顾及场合，就是有些话在彼处能说，在此处则不能说。违反这一原则，必然会在尊重上失之偏颇，让人产生不悦或恼怒，也会显出自身的低俗。古人说"买货看颜色，说话分场合"，讲的就是这个道理。比如关于个人之间的一些私事就不宜在公众场合提及。

不管对方是你的新朋友还是老朋友，都应注意这一点，因为人多嘴杂，你提出私事可能不方便，也有可能不适时宜，也可能上不了台面，只有在私下说才合适。要知道，你在公众场合所提私事，别人也不好直接答复你，由此，也就成了闲话和废话了。

有些人在公众场合，不理解别人所处的境地，而只顾提自己的私事，有时不慎还会说出不应该说的话。这不仅不利于交友办事，还有可能产生不利的影响，甚至丢掉性命。

明太祖朱元璋出身寒微，做了皇帝以后自然少不了有昔日的穷哥们儿到京城找他。

有位朱元璋儿时的好友，千里迢迢从老家凤阳赶到南京，几经周折才进了皇宫。一见面，这位穷哥们儿便当着文武百官大声嚷起来："老四，你当了皇帝可真威风啊！还认得我吗？当年我们一块儿光着屁股玩耍，你干了坏事都是让我替你挨打。有一天我们在芦花荡里，把偷来的豆子放在罐里煮。还没等煮熟，大家就抢着吃，把罐子打破了，撒了一地的豆子，汤都泼在泥地里。你只顾从地上抓起豆子吃，却不小心把红草叶子也送进嘴里。还是我出的主意叫你吞下青菜叶，才把红草叶子带下肚子里去……"

这位穷哥们儿还在喋喋不休唠叨个没完，朱元璋再也坐不住了，下令

把这个穷哥们儿杀了。

什么场合说什么样的话是非常重要的，所产生的效果也是不一样的。

同样，另一个和朱元璋在小时候玩耍，一起偷豆子煮着吃的人，不是在公众场合，而是私下拜见朱元璋，见面的时候，他说：

"我主万岁，当年微臣随驾为荡庐州府，打破罐州城，汤元帅在逃，拿住豆将军，红孩儿当关，多亏菜将军。"

朱元璋听他说得中听，心里很高兴。细想起来，隐约记得他的话里包含从前的事情，所以就封了个御林军总管。这位嘴乖心巧的昔日朋友用几句简明的话语就做起大官来。

可见，言简意赅，注重场合是多么的重要。

文学大师高尔基曾说，"简约的语言中有着伟大的哲理"。闲话、废话多了，在任何时候任何地方都没什么好处。

小张无论什么话只要一开了头，他便会给你来一番洋洋洒洒的长篇大论，别人根本插不上嘴。于是朋友们一听到小张的声音便条件反射般地皱起眉头，最后给他送了个"大师"的绰号。

在所有朋友们中间，小李算是比较有耐心的一个。有一次"大师"的一个电话却让小李的耐心全失。其实所要说的事只要一两句话便可说明：他写了一篇稿子，小李看完后说不行，建议他再修改一下，可他没听，很自信地送到了杂志社，最后果然没发表。于是他骗小李，向他解释稿子没发表的原因：

"我的这篇稿子本来是要发表的，已经讲好了，可是情况突然有了改变，上午还说发的，到下午变了。主要是因为……"接着便是近十分钟的解释。小李开始还耐着性子听他的解释，虽然明知他的稿子之所以没发的真正原因，但是为了照顾朋友的面子，没有反驳他。但是眼看着时间在一分分地过，小李的一个约会时间已到，于是小李再也忍耐不了了，只好打断他的话，急忙挂断了电话。

其实这件事根本不需要解释，即使解释也只不过是两句话的事："因为情况有了变化，稿子没有发。"如此而已，一分钟内便可解决。可是小张竟用了十几分钟，最终仍没有将问题真正说清。就算是比小李更有耐心的人，也不会忍受得了的。

所以在应酬中，交谈的话宁简勿繁、宁精勿滥，特别是在电话应酬中，更应该注意掌握时间。掌握好交谈的时间，给对方留有余地，同时给对方以发言的机会，你便会在应酬中赢得主动。

时间对于现代人来说，真可谓是千金一刻。"时间就是金钱"的口号也早已为人们所接受。所以现代人对时间的重视，与对金钱的重视几乎可以画上等号。在现代应酬中，几乎没有人愿意听某一个人滔滔不绝地论东论西，口若悬河。但是交谈又是应酬中必不可少的一个重要部分，如果没有了交谈，也就不存在应酬了。人们正是通过交谈，才达到互相了解，互相亲近的。不过问题是，你将如何去把握交谈。

所谓把握交谈，一是指把握交谈的方式，二是把握交谈的时间。

把握交谈的方式，往往是应酬成功与否的关键。选择一个好的交谈方式，往往会让交谈双方都感到轻松愉快，于心情舒畅之中解决所要解决的问题。在把握好方式的同时，对交谈的时间的把握则尤为重要。每一次应酬之前，都必须对本次交谈做到心中有数，该谈哪些话，不该谈哪些话，心里要有一本账。不要坐下之后，一谈起来便滔滔不绝，没完没了，这样会使人对你生厌。柏拉图曾经告诫他的弟子说："拖泥带水的谈论，会让人对你产生厌倦。"这说明在应酬时，谈话应当以得体而简洁为好。如果一旦让人产生厌倦感，不仅最终不能达到应酬的目的，还很可能会适得其反。

操履严明，不犯蜂虿

【原典】

士君子处权门要路，操履要严明，心气要和易，毋少随而近腥膻之党，亦毋过激而犯蜂虿之毒。

【译释】

有学识的人处于有权势的重要地位时，节操品德要刚正清明，心地气度要平易随和，不要放松自己的原则，与结党营私的奸邪之人接近，也不要过于激烈地触犯那些阴险之人而遭其谋害。

不要轻易得罪小人

汉元帝懦弱无能，宠信宦官石显，一切唯石显是听。朝中有个郎官，名京房，字君明，东郡顿丘人。他精通易学，擅长以自然灾变附会人事兴衰。鉴于石显专权，吏治腐败，京房制定了一套考课吏法，以约束各级官吏。元帝对这套方法很欣赏，下令群臣与京房讨论实施办法。但朝廷内外多是石显羽翼下的贪官污吏，考核吏法，就是要惩治和约束这些人，他们怎能同意推行呢？京房心里明白，不除掉石显，腐败的吏治不能改变。于是他借一次元帝宴见的机会，向元帝一连提出七个问题，列举史实，提醒元帝认清石显的面目，除掉身边的奸贼。

可事与愿违，语重心长地劝谏并没有使元帝醒悟，丝毫没有动摇元帝对石显的信任。

既然考核吏法不能普遍推行，元帝就令京房推荐熟知此法的弟子作试点。京房推荐了中郎任良、姚平二人去任刺史，自己要求留在朝中坐镇，代为奏事，以防石显从中作梗。石显早就把京房视为眼中钉，正寻找机会将他赶出朝廷。于是，趁机提出让京房做郡守，以便推行考核吏法。元帝不知石显用心，任京房为魏郡太守，在那里试行考核吏法。郡守的官阶虽然高于刺史，但没有回朝奏事的权利，还要接受刺史监察。京房请魏郡太守不隶属刺史监察之下和回京奏事的特权，元帝应允。京房还是不放心，在赴任途中三上密章，提醒元帝辨明忠奸，揭露石显等人的阴谋诡计，又一再请求回朝奏事。元帝听不进京房的苦心忠谏。一个多月后，石显诬告京房与其岳父张博通谋，诽谤朝政，归恶天子，并牵连诸侯王，京房无罪而被下狱处死。

京房死后，朝中能与石显抗衡的唯有前御史大夫陈万年之子陈咸。此时陈咸为御史中丞，总领州郡奏事，负责考核诸州官吏。他既是监察官，又是执法官，可谓大权在握。况且陈咸正年轻气盛，无所畏惧，才能超群，刚正不阿，曾多次上书揭露石显奸恶行为，石显及其党羽皆对他恨之入骨。在石显指使下，群奸到处寻找陈咸过失，要乘机除掉他。

陈咸有一好友朱云，是当世经学名流。有一次，石显同党少府五鹿设坛讲《易》，仗着元帝的宠幸和尊显的地位，没有人敢与他抗衡。有人推荐朱云。朱云因此出名，被元帝召见，拜为博士，不久出任杜陵令，后又调任槐里令。他看到朝中石显专权，陈咸势孤，丞相韦玄成阿谀逢迎，但求自保，朱云便上书弹劾韦玄成懦怯无能，不胜任丞相之职。石显将此事告知韦玄成，从此韦玄成与朱云结下仇恨。后来官吏考察朱云时，有人告发他讥讽官吏，妄杀无辜。元帝询问丞相，韦玄成当即说朱云为政暴虐，毫无治绩。此时陈咸恰好在旁，便密告朱云，并代替他写好奏章，让朱云上书申诉，请求呈交御史中丞查办。

然而，石显及其党羽早已控制中书机构，朱云奏章被仇家看见并将其交给石显。石显批交丞相查办。丞相管辖的官吏定朱云杀人罪，并派官缉捕。陈咸闻知，又密告朱云。朱云逃到京师陈咸家中，与之商议脱险之计。石显密探查知，马上报告丞相。韦玄成便以执法犯法等罪名上奏元帝，终将陈、朱二人拘捕下狱，判处服苦役修城墙的刑罚，除掉了两个心腹大患。

阴险之人，每个地方都有，这种人常常是一个团体纷扰之所在，他们的造谣生事、挑拨离间、兴风作浪很令人讨厌，所以有些人对这种人不但

敬而远之，甚至还抱着仇视的态度。不合时宜地仇视小人固然能表现出你的正义，但这并不是保身之道。

处世不偏，行事适宜

【原典】

处世不宜与俗同，亦不宜与俗异；做事不宜令人厌，亦不宜令人喜。

【译释】

为人处世既不要同流合污陷于庸俗，也不故做清高、标新立异；做事情不应该使人产生厌恶，也不应该故意迎合讨人欢心。

行事得当，不偏不过

每个人都是社会群体中的一分子，也是社会舞台上的一个角色。要使自身的角色能演绎得好，能较好地融注于这个舞台之上，就必须掌握一定的为人处世之准则。那么，这个为人处世的准则到底是什么呢？也就是《菜根谭》中所言"处世不宜与俗同，亦不宜与俗异；做事不宜令人厌，亦不宜令人喜"。即既不能盲目追随他人，同流合污，也不能故意标新立异，与众不同；既不能过分清高惹人讨厌，也不能媚态十足取悦他人。这实际上就是如何把握为人处世的尺度问题。

那么，在与人交往中，就需要注意言行，做到分寸有度、举止得体。尤其在他人眼皮之下，切不可为讨好某些权势之人而过于溜须拍马。因为有时过分的媚态和殷勤往往会让旁边的人下不了台，由此，在你得到宠幸的同时，也会在别人的心里埋下仇恨的种子。当情形发生一定变化时，很可能就是你厄运降临的时候了。

李斯在历史上似乎一直是正面人物。一是他在辅助秦始皇建立千古第一大帝国方面起了巨大作用，对秦王朝和整个历史而言，他是有功的；二是后来他一家人死于赵高之手，人们总是同情弱者的。但在大秦帝国的掘墓人中，赵高固然是始作俑者，李斯却也难逃干系。

李斯是楚国上蔡人，年轻时，托关系在郡里从事抄抄写写的工作。有一天，李斯蹲在厕所里方便，发现生活在厕所里的老鼠们只能吃粪便，而一旦有人来或狗进来，就吓得惊慌失措四处逃窜。一次他到官仓办事，发现生活在官仓里的老鼠一个个悠然自在地吃着上等的粮食，既没有狗来咬它们，人来了也无动于衷。李斯因而感慨万分：大家都同为老鼠，只是由于所处的环境不一样，命运真是有天壤之别呀。一个人成为别人羡慕的成功人士或是被人讥笑的失败者，也和老鼠们的境遇是一个道理。

这位年轻的后生决定要做一只官仓里的成功老鼠。他当即向长官辞职，因为他深知，在这种科员的位置上哪怕干上八辈子也是没有前途的。

李斯辞职后，投奔了当时全国最有名气的大学者荀子，向他学习帝王治国之术。学成之后，李斯审时度势地看到，楚国虽是自己的父母之邦，却早已江河日下，其他几个国家也不足与之为谋，唯有西边的秦国正如日中天，于是打起背包就投到了秦相吕不韦门下。

在秦国，李斯果然一步一个脚印，慢慢就从吕不韦门下混饭的舍人，混到了最高法院大法官（廷尉）。随着东方六国一个个烟消云散，李斯也升到了一人之下万人之上的地位——首相（丞相）。

秦始皇在旅途中突然去世，这是帝国最大的变故和最重要的机密。李斯以行政第一长官的身份认为，现在车驾还在回咸阳的途中，皇上已去世，太子却没有即位，如果一旦将这个消息散发出去必然会引起一小撮别有用心的人的骚动。于是，秦始皇去世的消息只限于包括李斯、赵高和胡亥等五六个人知道的范围内。

秦始皇的尸体被放置在他一直乘坐的温凉车上，为了掩盖尸体可能发出的臭味，秦始皇的坐驾后面紧跟了一辆装满咸带鱼和鲍鱼之类水产的车。秦始皇每天要吃的饭，也照常由侍者送入车内，再由胡亥等人趁人不注意时拿出来倒掉。文武百官要上奏的，照例由李斯在一旁代为处理。

　　赵高在说动了胡亥动手政变后，下一个必须说服的人就是李斯。没有李斯的援手，一切都只是镜中花水中月。

　　赵高真不愧是一流的鼓动家，天生就具有煽动性。他对李斯说："您知道，皇上去世了，写了一封遗书给长子扶苏，要他回咸阳主持丧事，继位为君。但这封信还没有送走，皇上就去世了，除了我以外，还没有任何人知道这件事情。现在，这封信和皇上的印章都在我手里，让谁当太子继承皇位，也就是你我二人的事了。您觉得我们该怎么办呢？"

　　李斯政治觉悟还是有一些的，不然也不可能爬到那么高的位置。他当即正色道："你哪里来的这种亡国之言？这种事是我们当臣子的人可以讨论的吗？"

　　赵高这位演说家和鼓动家，最善于干的事就是捏住别人的软肋做思想工作。他不慌不忙地向李斯说："丞相啊，你还是自我掂量一下吧。论才能，你能与蒙恬相提并论吗？论功劳，你能与蒙恬不分高下吗？论谋略，你能与蒙恬一比高低吗？论人心，你能与蒙恬并驾齐驱吗？论和即将继位的扶苏的关系，你能赶得上蒙恬吗？"

　　这几个问题也是李斯经常为之苦恼的，蒙恬作为名将和皇长子扶苏的心腹，一直是他心中难以抹掉的阴影。李斯回答："这五者我都不如蒙恬。"

　　赵高进一步说："我在内宫之中管事二十多年了，从没见到过有哪位丞相级别的高级官员得到过善终，一朝天子一朝臣，都没有能经历过两代的。皇上有二十多个儿子，长子扶苏为人刚毅正直，深得人心，一旦他真的成为天子，肯定会启用和他私交甚好关系很铁的蒙恬代替你。你只能告老还乡，郁郁而终罢了。而皇上幼子胡亥是我的学生，此人礼贤下士，轻财重义，完全有人君的风范，要是你肯在关键时刻帮他一把，他难道不知恩图报？"

　　李斯虽然内心有着太多的担忧，但从来就没有想到过要背弃秦始皇遗诏另立新君。他引述历史，想反过来说服赵高："我听说晋国因废立太子之故，造成国家三代不得安宁；齐桓公兄弟争夺继承权，闹得祸起萧墙；商纣王杀兄屠叔，弄得国破家亡。这三者都是前车之鉴，我李某如何敢违背先帝的旨意，参与这种非人臣所为之事呢？"

　　赵高可不吃这一套以古喻今的说法，他厉声道："当今的大权即将操作在胡亥手里，你如果识时务的话，自然免不了继续荣华富贵，泽及子孙；反之，完全可能落个家破人亡的结局。"

李斯知道赵高的这番话可不是威胁，呆了，"仰天而叹，垂泪太息"，说："天啊，我李斯生逢乱世，既然不能以死来报答先帝，我的命运又将托付到哪里呢？"

其实，在李斯这声愧对先帝的叹息中，他已经与赵高和幕后的胡亥同流合污，一同结成了秦帝国的掘墓同盟。而大秦帝国的朗朗乾坤，也蒙上了越积越重的阴霾。

把握处世行事的尺度是很难的，因为这既需要良好的道德水准，还要有丰富的人生历练经验作为基础。不同流合污是对的，但还要尽量避免小人的打击排挤和威逼利诱。不与小人同流合污，就像是浪和水的关系，同是一个性质，但表现形态不同，在相容的情况下，保持各自的样子。

守口应密，防意当严

【原典】

口乃心之门，守口不密，泄尽真机；意乃心之足，防意不严，走尽邪蹊。

【译释】

口是心灵的大门，假如大门防守不严，内中机密就会全部泄露；意志是心的双脚，意志不坚定，就可能会像跛脚一般走入邪路。

信口闲话不宜多

人际交往中不仅需要有守口如瓶的戒意，而且更要注意语言的艺术美。

人们要善于"守口"，而"守口"也是需要意志来磨炼的。所谓守口如瓶，就体现出一个人的控制能力。能够做到善于"守口"，想必也就能够做到该言则言，不该言的则绝不会乱说。

"把门带上！"总经理指了指门，又指了指椅子："你坐！"

小葛的心开始狂跳，没有任何迹象，自己又做得很好，不会有什么不幸的事要发生吧。

可是，总经理为什么这么严肃呢？想起刚才离开办公室的时候，秘书王小姐也用很奇怪的眼神盯着自己。

小葛想，如果不是有什么大事，总经理怎么会突然叫我上来呢？

正想着，总经理转过身，清了清喉咙，问道："你有没有注意到，最近公司十楼，正在重新装修？"

"是的！是的！"

"因为公司要成立一个新的研究发展部门，表面看，跟你现在负责的部门平行，实际要高一层，甚至可以说，在未来可能成为决策单位。"

"是的！是的！"

"也可以说这个部门要直接对我负责，也直接由我管。"总经理站起身，看着窗外："我一直没有对外说，连董事长都没讲。"突然转身，眼睛射出两道光："我觉得你不错，信得过，打算把你调过去负责。也可以说，以后你就是我的耳目，你要把公司的一切状况汇集了，向我报告。我想，你了解我的意思，在我下达人事命令之前，不能对任何人说，连我的秘书，都不知道。更甭说我妻子了，她如果告诉董事长，就轮不到你了。"

"是的！是的！"

小葛临出门，总经理还用食指在嘴上比了个手势。

"这下子，我成红人了！"电梯往下降，小葛的心却往上升。想想总经理身边，全是他妻子娘家的人，现在开始有好戏看了。

"而这好戏的主角之一，竟是我！"小葛笑了起来。

不过进自己办公室时，小葛还是把脸板下。王秘书虽然追着问，小葛只摇摇头。

当天下班，他没走，清了清抽屉，把不用的东西全扔了。心想"在那个大办公室里，怎么能摆这样的小东西呢？"想到大办公室，小葛兴奋得再也坐不住。看办公室的人都走光了，溜进电梯，直按十楼。十楼灯光通明，几个工人正在油漆，总务室姜主任也在场。

"大兴土木，要做什么用啊？"小葛故意问。

"不知道！总经理交代的。"姜主任摊摊手，又一笑："您该知道吧？听说今天他找您上去过？"

小葛心一惊，忙说："没什么大事！"就匆匆下楼了。

第二天，小葛一早就把王秘书叫来训了一顿。

"是不是你说的？为什么连姜主任都知道总经理找我？"

"姜主任？"秘书愣了一下。

"总务室姜主任！"小葛沉声说，"昨天他在十楼问我。"

"十楼？"

"不要提了！"小葛把秘书赶出去，又叫了进来："记住！什么人问，都不要说，就说你不知道。你如果想跟着我，就嘴紧一点，吃不了亏！"

大概为了表现，王秘书下班也没走，先帮小葛复印几份重要的文件，又收拾了自己的抽屉。

"你收拾东西干什么？"小葛经过时，笑嘻嘻地问。

"您不是也收拾东西吗？"王秘书歪着头笑笑。小葛第一次发觉，这个近四十的女人，居然还有点媚。

"要不要到十楼看看？"小葛指指上面。

"好哇！"王秘书高兴地跳了起来。

电梯在十楼停下，门打开，吓一跳，正碰见董事长，笑呵呵地进来，后面跟着总经理，还有总经理夫人。

又隔一个礼拜，小葛的"资料"已经准备齐全了，他知道这些报表，都是将来分析的利器，他要好好为总经理，争一片江山。

人事命令发布了——公司新成立研究发展部，由原业务部方经理接任。小葛为什么空喜一场？是谁破坏了他的"好事"？

当然是董事长！

董事长原来不是不知道吗？是谁走漏了风声？

小葛没说、王秘书没说，总经理更不会说，是谁说的呢？

世上的情形就这么奇妙，你会发现人们似乎有一种特殊的第六感，把那些蛛丝马迹设法联想在一起，开始猜、开始问，并且由对方的反应中归纳，最后得到结论。

所以，你再细看看前面的故事，就会发现，小葛确实什么都没说，但他用行动说了。他干吗收拾东西？又何必上十楼。就算董事长没由姜主任那里听说，而出面阻止，只怕总经理看到这种情形，也不会再用小葛的。

世上有许多事都隐含着机密，做不到守口如瓶，就难免招惹是非。即使有百分之百的把握，也不能在言谈或任何行动上表现出来。做事必须注意"隔墙有耳，守口如瓶"。守口是需要意志来磨炼的，因为用说话来表达思想、表现才能本是人的一种需求，由好说到守口如瓶，没有控制自己的坚强意志的能力很难做到。

潜移默化，启迪人心

【原典】

善启迪人心者，当因其所明而渐通之，勿强开其所闭；善移风化者，当因其所易而渐反之，勿轻矫其所难。

【译释】

善于启迪人心的人，应当借助人心中已经证明了的地方渐渐地启发开导他，不要生硬地打开心中一时还想不通的地方；善于改变世风的人，应该先从容易改变的着手逐步使它改变，不要轻易地改变其中难以改变的陋习。

言语要委婉

说话的方式有多种，比如直言不讳、迂回曲折、正话反说、潜移默化、察言观色等等。其目的只有一个，就是力求使自己表达的观点嵌入对方的心中，并为其接受。而在不同的情形下，采取不同的说话方式所取得的效果是绝对不一样的。为此，说话应根据不同的情形，该直接时直接，该婉转时婉转。如果一味地直言就不可取了，因为不适当的直言如同反面说话一样，是一种消极和否定的语言暗示，不是使人抵触反感，就是使人顾虑重重，增加心理压力。在很多情况下，潜移默化，婉转表达，不失为一种尊重中便于接受的良法，它回荡着春风宜人之感。

虽说是"忠言逆耳利于行"，但一般情况下人们大多是不喜欢听"逆耳"之言的，就是有理性认识的人，也往往会在"逆耳"中产生反感情绪。

可以说，就连再开明的领导在内心里也不会欢迎太直白的"逆耳"之言的。即使你的意见非常中肯，他对这样的进言方式也会不满。为此，潜移默化不失为一种良好启迪的途径。

在整个第二次世界大战期间，斯大林在军事上最倚重的人有两个，一个是军事天才朱可夫，一个则是苏军大本营的总参谋长华西里耶夫斯基。

众所周知，斯大林在晚年逐渐变得独裁，"唯我独尊"的个性使他不允许世界上有人比他高明，更难以接受下属的不同意见。在第二次世界大战期间，斯大林的"唯我独尊"曾使红军大吃苦头，受到本可避免的巨大损失和重创。一度提出正确建议的朱可夫曾被斯大林一怒之下赶出了大本营。但有一人例外，他就是华西里耶夫斯基，他往往能使斯大林在不知不觉中采纳他的正确的作战计划，从而发挥着杰出的作用。

华西里耶夫斯基的进言巧妙之一，便是潜移默化地在休息中施加影响。在斯大林的办公室里，华西里耶夫斯基喜欢同斯大林谈天说地、"闲聊"，并且往往"不经意"地说说军事问题，既非郑重其事地大谈特谈，讲的内容也不是头头是道。但奇妙的是，等华西里耶夫斯基走后，斯大林往往会想到一个好计划，且过不了多久，就会在军事会议上宣布这一计划。于是大家都纷纷称赞斯大林的深谋远虑，但只有斯大林和华西里耶夫斯基心里最清楚，谁是真正的发起者，谁是真正的思想来源。

斯大林晚年的专断独行可以说是达到了一定的程度，而华西里耶夫斯基之所以还能够不断地让斯大林接受自己正确的作战计划，就是因为他利用自己的特殊身份，不直接发表不同意见，而是在和斯大林的闲聊中"不经意"地流露出自己的一些"想法"，用这些想法潜移默化地影响斯大林的军事观念，使他在受到启发后自然而然地做出正确的决策。

可以说，潜移默化是顾及对方自尊、避免对方逆反或引起冲突的良好方法，它能在不露声色中达到进言的目的。这对于帮助他人启迪心智和建立良好的人际关系，往往起着不可替代的作用。

弥缝人短，化诲其顽

【原典】

人之短处，要曲为弥缝，如暴而扬之，是以短攻短；人有顽固，要善为化诲，如忿而疾之，是以顽济顽。

【译释】

对于他人的不足之处，要想办法为人家掩弥短处，故意暴露宣扬，那就是用自己的毛病去攻击人家的毛病；对于别人的执拗，要善于诱导教诲劝解，因为他的固执而愤怒或讨厌他，不仅不能使他改变固执，还等于用自己的固执来强化别人的固执。

批而不露，婉转点击

在当今社会中，我们不妨按照"弥缝人短，化诲其顽"的原则，反求诸己，推己及人，这样往往会有皆大欢喜的结果。反求诸己，易入情，由情入理，自然生羞恶之心而知义，辞让之心而知礼，是非之心而知耻。有些人不懂推己及人的道理，往往毫无顾忌地把苦恼转嫁到旁人身上。以这种方式处世，走到哪里，被骂到哪里，真正是既损人又损己。

世界上绝对完美的人是没有的，绝对不犯错误的人也是没有的。错误有大有小，有轻有重，终难避免。这就要求人们应正确地认识自身与他人。一旦发现别人某些缺点，不可当作新闻到处宣扬。有意识地宣扬别人的缺点，是一大缺点。假如对他人的缺点，四处宣扬，唯恐他人不知，这不仅是对别人自尊的伤害，也绝对表明着自身的浅薄。当然，并不是说对别人的缺点要视而不见，一味隐瞒，而是应该本着帮助他人的善意心理，加以规劝，婉转点击。句子中的"曲"，指婉转，含蓄。"弥缝"，弥补，掩饰。"暴"，暴露，揭发之意。

"人之短处，要曲为弥缝"，"人有顽固，要善为化诲"，就是要求我们针对别人无意中所犯的错误，要掌握艺术的处理方法，其中说话的艺术更是关键。它既显出一个人的能力和修养，也往往决定着转化他人缺点的良好效果。尤其当领导的对此应更为注重。

战国时，梁国与楚国交界，两国在边境上各设界亭，亭卒们也都在各自的地界里种了西瓜。

梁亭的亭卒勤劳，锄草浇水，瓜秧长势极好，而楚亭的亭卒懒惰，不事瓜事，瓜秧又瘦又蔫。两相对比，楚亭的人觉得失了面子，乘一天夜无月色，偷跑过去把梁亭的瓜秧全给扯断了。梁亭的人第二天发现后，气愤难平，报告给边县的县令宋就，说："我们也过去把他们的瓜秧扯断好了！"宋就回答说："楚国人这样做当然是很卑鄙的，可是，我们明明不愿

175

他们扯断我们的瓜秧，那么为什么再反过去扯断人家的瓜秧？别人不对，我们再跟着学，那就太狭隘了。你们听我的话，从今天起，每天晚上给他们的瓜秧浇水，让他们的瓜秧长得好，而且，你们这样做，一定不可以让他们知道。"梁亭的人听了宋就的话后觉得有道理，于是就照办了。楚亭的人发现自己的瓜秧长势一天好似一天，仔细观察，发现地被浇过了（那是梁亭的人在黑夜里悄悄为他们浇的）。楚国的边县县令听到亭卒们的报告后，感到十分惭愧又十分敬佩，于是把这件事报告了楚王。楚王听说后，感于梁国人修睦边邻的诚心，特备重礼送梁王，既示自责，亦以示酬谢，结果这一对敌国成了友好的邻邦。

从这个故事可以看出，"弥缝人短，化诲其顽"的核心是用以己度人、推己及人的方式处理问题。这样可以造成重大局、尚信义、不计前嫌、不报私仇的氛围，从而改善了双方的关系。

多栽桃李，不积诗书

【原典】

多栽桃李少栽荆，便是开条福路；不积诗书偏积玉，还如筑个祸基。

【译释】

多培养桃李少栽种荆棘，这是开辟一条通往幸福的道路；不重视知识的积累，却一心贪念于玉器珠宝，这如同埋下了灾祸的根基。

良言一句三冬暖，恶语无端惹祸来

人们需要赞美犹如种子需要阳光，一句简单的赞美之言，即可以给他人以振奋鼓舞，也可以更好地融合人与人之间的情感。"多栽桃李少栽荆"，从一定角度来说，就是劝导我们要善于赞美，多说一些表扬激励的话，少说一些讽刺挖苦的话。每一个懂得艺术赞美的人都会意识到赞美对于给予者与接受者会有同样的快乐，就如画家、音乐家以给人创造美感为快乐一般，它给人温暖，令这个纷繁的世界充满了欢乐。

"不积诗书偏积玉，还如筑个祸基"，是说知识是十分宝贵的，一个人如果不懂得用知识来充实自己，而一心贪财念物，势必浅薄虚浮，缺乏发展远景，这就如同埋下了隐患。知识是人的宝贵财富，文化是人的精神脊梁，只有知识的不断积累、进步，才能不断开阔人们的视野，并有力地推动一个人开拓更绚丽多彩的人生。

在现实中，人与人之间的和谐交往，是于相互尊重中实现的。这种尊重包含着多方面的内容，其中"多栽桃李少栽荆"，便是很重要的一条。赞美别人的实质，就是对别人的尊重与评价，也是送给别人的最好礼物和报酬。同时，也是博得他人好感，获得他人赞同的一把金钥匙。

无论在什么情况下，良言美语都是令人愉快，并能使自己摆脱窘境的一种绝妙的方法。其功效有时还足以让蛮横骄纵者退让三分。

《南亭笔记》中有这样一个故事：

有一次，权重显赫的彭宫保路过一条偏僻小巷，一个女子正用竹竿在巷里晒衣服，一失手竹竿滑落下来，正好击中彭宫保的头。彭大怒，并厉声狂叫斥骂。那女子一看，原来是彭老爷，内心十分害怕，躲也不是跑也不是，慌乱中她急中生智，说道："你这副腔调像是行伍里的人，所以这样蛮横无理。你可知道彭宫保就在这里！他清廉正直，假如我去告诉他老人家，怕要砍了你的脑袋呢！"彭听后，难以发作，转怒为喜，心平气和地走了。

这位聪明的女子明知自己面对的就是彭宫保，却假装不知，迂回赞美彭宫保，既避了直言赞美的恭维之嫌，又使自己得到解脱，化险为夷。从中既可见女子的灵巧，也可见赞美之功效。

我国素称礼仪之邦，古往今来，和气待人，和颜悦色，被视为一种美德。《礼记·仪礼·少礼》说："言语之美，穆穆皇皇。""穆穆"指恭敬，

"皇皇"指正大。汉代刘向在《说苑》中云："辞不可不修，说不可不善。"社会发展到今天，溢美之言已成为做人的基本要求，它足以消除误会和扫平人际间的障碍。

当然，需要注意的是并非所有的赞美之方都讨人喜欢与接受；那种过分的喋喋不休、吹牛拍马之词往往使人生厌。而从实际出发，因人而异，恰如其分的赞美，才能更好地引起人们心灵上的共鸣，最受人欢迎。

攻勿太严，教勿太高

【原典】

攻人之恶毋太严，要思其堪受；教人以善毋过高，当使其可从。

【译释】

批评别人的缺点不要太严厉，要想想别人是否能够承受；教别人做善事，也不要要求太高，要考虑到别人是否能够做到。

言辞过烈，其成果往往是零

谁都不愿受到别人的责备或批评。然而，人非圣贤，孰能无过？生活中也少不了责备或批评。通过批评可以改正错误。但是，批评也是一门艺术，是不可随意为之的，否则，对方不仅不会接受，还会产生怨恨。至于教人为善，不要论调过高，不要尽讲一些空洞的道理，而应考虑他的能力是否可能达到，只有鼓励对方完成力所能及的目标，才能增强其自信心，从而达到有效诲人的目的。

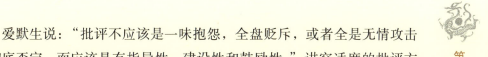

爱默生说："批评不应该是一味抱怨，全盘贬斥，或者全是无情攻击与彻底否定，而应该具有指导性、建设性和鼓励性。"讲究适度的批评方法是一个重要的原则，如果你言辞激烈，恶语相向，就会冲淡主题，这是对当事人不尊重的表现，如此，就会造成不良后果。

林肯年轻时喜欢评论是非，还常写信写诗讽刺和挖苦别人，常把写好的信丢在乡间路上，故意使当事人容易发现。后来发生的一件事使他彻底改掉了这种坏习惯。

1842 年秋天，林肯在报纸上发表了一篇讽刺一位政客的文章。文章登出后，那位政客怒不可遏，他向林肯下战书，要求与其决斗。林肯本不喜欢决斗，但迫于情势和为了维护名誉，只好接受挑战。到了约定日期，两人在河边见面，一场你死我活的决斗就要进行。在最后一刻有人阻止，才使得这场悲剧未发生。这对林肯来说是一生中最为深刻的一次教训，让他懂得了抨击他人会带来怎样的后果。从此，他学会了在与人相处时不再随意攻击他人。

过于严厉地批评他人，使对方产生怨恨，这就是自己的一大过错。不随便谈论别人的是非是远离怨恨的方法。检讨一下我们自己，是不是也有这种喜欢攻击别人的毛病？布置下去的一项工作没有做好，我们是积极地去与下属寻找原因，研究对策，还是批评下属："你怎么搞的？怎么这么笨？"这时，你有没有想过下属会有什么反应？他可能什么也不说，但在内心肯定会觉得你不近人情，从而怨恨你，这样，你今后就很可能在与他共事时，总感到疙疙瘩瘩……

有一个比较极端的例子，说的是《三国演义》里的故事：

张飞闻知关羽被东吴所害，下令军中限三日内制办白旗白甲，三军挂孝伐吴。次日，帐下两员干将范疆、张达告知张飞，三日内办妥白旗白甲有困难，须宽限方可。张飞大怒，将二人绑在树上，各鞭五十。打得两人满口出血。鞭毕，张飞手指两人："到时一定要做完。不然，就杀你二人示众！"范疆、张达受此刑责，心生仇恨，便于当夜，趁张飞大醉在床，以短刀刺入张飞腹中。张飞大叫一声而亡，时年五十五岁。

从这个悲剧中我们可以看出，粗鲁野蛮、不讲情理地对待别人，也会把自己推向绝境。卡耐基指出：尖锐的批评和攻击，所得的效果往往是零。这也正是对"攻人之恶毋太严，要思其堪受"的经典诠释。

阴者勿交，傲者勿言

【原典】

遇沉沉不语之士，且莫输心；见悻悻自好之人，应须防口。

【译释】

如果你遇到一个表情阴沉而不喜欢说话的人，千万不要一下就推心置腹跟他做朋友；如果你遇到一个满脸怒气自以为了不起的人，说话就要更加委婉。

出门观天色，进门看脸色

俗话说："出门观天色，进门看脸色。"观天色，可推知阴晴雨雪，携带行具，以免受日晒雨淋。看脸色，便可知其情绪。面部表情凝重恼怒的人，与他说话尤其要小心。句子中"输心"，指推心置腹之意。"悻悻"，表情愤怒的样子。

人的面部表情是一个人内心世界的反映。那些性格外露心直口快的人往往是少于心计，易于交往；而那些表情阴沉、沉默寡言的人却往往令人捉摸不定，难于交往。还有些人傲慢自大、口出狂言，也没必要与其交往。因此，在现实生活中，我们要善于察言观色、分析和判别各种类型的人，以此作为我们交往的前提，而不能轻信于人。

尤其与表情阴沉的人，不可推心置腹地交流，与怒形于色的人说话更须懂得"火候"。

试想，假如与一个恼羞成怒、暴跳如雷的人嬉言直语，非但他一句话听不进，还很可能使你自讨没趣。

常言道：人好水也甜，花好月也圆。人在高兴时，看见高楼大厦也会想到"凝固的音乐"，而在烦恼时，即使欣赏"田园交响曲"也会觉得是噪声。为此察言观色，把握尺度实在是不可忽视的说话办事之道。

有位记者曾去采访同新西兰刚交过锋的中国"国脚"们。一进门，发现休息间气氛沉闷，守门员铁青着脸，圆睁着眼，他赶紧退了出来，取消了这次采访。后来，这位记者才知道，"国脚"们吃了败仗，正在怄气。倘若当时不看脸色，硬要不知趣地采访吃败仗的"将军"，非挨骂不可。

看来这位记者颇有经验，看到沉闷的气氛和铁青着脸的表情，很会掌握"火候"，知道自己想发的话不可能达到初衷，倒不如不问了。

如果在一定的情况下，面对恼怒之人还非得说话不可，则必须讲究说话的艺术和效果。正如《菜根谭》中"见悻悻自好之人，应须防口"的忠告，"防口"二字，道出了该说什么、如何说、怎样使自己的意见让恼怒之人接受这样一些问题，这也正是说话技巧的关键。

有这样一个例子：

三国时的刘基是扬州牧刘繇的儿子，是一个知书达理、风度翩翩的青年，在他14岁时父亲就去世了。孙权比较赏识刘基，大胆起用他。刘基除了善于处理一些事之外，更有一张会说话的嘴。"好马长在腿上，好人长在嘴上。"刘基知道怎么跟领导说话。"虎口拔牙"还真得有两下子。公元

220 年，孙权向曹丕服软，面北称臣，曹氏暂时也无攻孙权之力，所以双方倒也相安无事。孙权整日吃喝玩乐，好不快活。一天孙权和大臣们喝得异常高兴，亲自为大家把盏（倒酒）。按说这是天大的面子，谁敢不接。偏偏到了虞翻那儿，他假装不胜酒力，躺在了地上，等孙权走过去了，他又一下子坐好，一点醉意也没有。虞翻不给面子，惹恼了孙权，恼羞成怒的孙权立马拔出腰剑，眼看一剑下去，虞翻就没命了。大伙一下子酒劲都过去了，可是谁也不敢说什么，因此时的孙权已酒后乱性，弄不好自己会引火烧身。就在这一刹那，刘基眼疾手快，一下子抱住了孙权的大腿，说："大王等酒过三巡之后，再杀贤能之士。即使虞翻真的有罪，天下人不知他该死，却知道您是酒后杀人，大王您这么多年礼贤下士，仁慈之名播于四海，不能让好名声毁于一旦啊！"刘基深知说话的精要：一是保存领导颜面，二是真心地为领导着想。他的话孙权听进去了，可心里头火气未消，再者也不能就这么算了，那不是显得自己酒后失德吗？这时孙权记起了曹操，说："曹操尚且杀了孔融，我杀虞翻，算得了什么？"这话听着有道理，虞翻怎能比得过大名鼎鼎的孔融呢？刘基说："曹操轻率杀害了士人，天下共愤；大王推行仁义，应和尧、舜比，怎么能和曹操相提并论呢？"这话说到孙权的心坎上——"我和尧舜差不多，哪能像曹操呢。"于是虞翻在鬼门关口又转了回来。刘基借巧说"不"挽回了虞翻的性命。

　　跟正在气头上的人说话，千万不可硬顶硬撞，哪怕是他理屈，也不可当即直言指责，更不可用激将法的语言刺激对方。你说话的目的，是为了让他能够接受你的主张，如此，倒不如多美言他几句，多奉承他一些，这样效果会更好。

第六章
功业成败:勉励现前之业,图谋未来之功

　　人生有时像个大赌局,谁也不可能总是赢家,谁也不可能老是输家。在人生的道路上要经得起大风浪,我们只有在惊涛骇浪中,才能认清自我。输是什么,失败是什么?什么也不是,只是离成功更近了一步;赢是什么,成功是什么? 就是走过了所有通往失败的路,只剩下一条路,那就是成功的路。

　　达则兼济天下,穷则独善其身。进居庙堂之高,退出江湖之远,都能挥洒自如,得其所哉。在此,《菜根谭》告诉我们,如何直,怎样屈;何时当一往无前,义无反顾,何时应挂冠归去,散淡入林;更告诉我们那些取得功业成就的基本要素、方法技巧和正确心态。

菜根谭 全鉴

良药苦口，忠言逆耳

【原典】

耳中常闻逆耳之言，心中常有拂心之事，才是进德修行的砥石。若言言悦耳，事事快心，便把此生埋在鸩毒中矣。

【译释】

耳中能够经常听到一些不顺耳的话，心里常常遇到一些不顺心的事，这样才是修身养性、提高道行的磨砺方法；如果听到的句句话都顺耳，遇到的件件事都顺心，那么这一生就如同浸在毒药中一样。

良药苦口利于病，忠言逆耳利于行

"智者千虑，必有一失"。一个非常聪明的人，也有不聪明的时候；一个有着最大智慧的人，也有着智慧的盲点。因为人毕竟是人，人是情感动物，在情感的支配下，智慧也有着一个空白点，这个空白点会偏离、误解或忽略一些东西。那么，怎么办呢？怎么样来充实矫正，填补这个空白点呢？恭听忠言就不失为一个良好的途径，它能避免片面、武断，以及因思维的偏差和冲动而导致的错误。句子中"逆耳"，意为不中听，不好听。"拂心"，指不顺心。"砥石"，本指磨刀石，比喻磨砺修身。"快心"，即称心如意。简明来说，这段话就是告诉人们，不要尽喜欢听一些恭维、漂亮话，有些不好听的话，也应该听，而且还应该更认真、更虔诚地听。

人们常说"良药苦口而利于病，忠言逆耳而利于行"。只有听得不同意见，广纳群言，才可以吸收好的建议。哪怕是真正的逆耳之言，也要虚怀若谷，从反面吸取经验教训。易喜易怒，轻口薄舌只是一种浮躁用事，须努力克服。

公元前207年10月，刘邦率军逼近秦都咸阳。秦王子婴驾素车，乘白马，系颈套，捧着传国玉玺跪于车道旁，俯首请降，它标志着秦朝正式灭亡。

刘邦来到秦朝宫殿里，只见这里雕梁画栋，曲榭回廊，构筑精致，规模宏大。后宫一班美人怯生生地前来迎接，个个有姿有色，看得刘邦眼都直了。刘邦在家乡就是个酒色之徒，见到眼前这班美人，不由春意回荡，禁不住飘飘然起来。

正在他出神的时候，一个声音传入他的耳中："沛公是安天下呢，还是图个富贵就行了？"刘邦一看，原来是樊哙。屠夫出身的樊哙跟随刘邦转战多年，在这关键时刻，给刘邦来了个有益的提醒。刘邦也知樊哙说得对，不过这送上门来的享受，他还是不甘心放弃。于是，他说了一句："就在这儿住一晚。"看来，他没有离开的意思。

不知什么时候张良也进来了。他对刘邦说："秦政无道，所以您才有可能到达这儿。现在刚入咸阳，就想在此享乐，恐怕今日秦亡，明日就是您的末日了。古人说得好：'良药苦口利于病，忠言逆耳利于行。'请公听樊哙一句话，免得祸从天降。"

刘邦有个突出的优点，就是善于听取各种不同的意见。他连忙离开秦宫，回到驻地，并召集关中豪杰父老，与之订立了著名的"约法三章"：杀人者死，伤人及盗抵罪。既废除了秦朝暴政苛法，又保护了私有财产，起到了稳定人心的作用。关中一带秦民莫不为此而欢欣鼓舞。

项羽在巨鹿击败章邯后，得知刘邦已进入关中，便预感到刘邦要与他争夺天下。于是，马不停蹄地指挥自己的队伍奔关中而来。那时，项羽有四十万人，刘邦才十万，从实力上说相差一大截，无论如何刘邦也不是项羽的对手。好在刘邦听了樊哙、张良的话，及时回军，摆出一副不与项羽争天下的姿态，这才避开了项羽的锋芒，从而赢得了政治上的主动。

善于听取不同意见，是刘邦能夺取天下的重要保证。

人们做事，总会出现和发生一些问题和缺点，就看你如何去对待。遮

遮掩掩，有时也能过去；将错就错，也不一定会出什么大问题。然而一旦成为习惯，就会给事业带来巨大的损失。如果敢于正视问题，敢于接受不同意见，不仅不会损失什么，你的形象反而会好得多。

得意回首，拂心莫停

【原典】

恩里由来生害，故快意时须早回头；败后或反成功，故拂心处切莫放手。

【译释】

被垂恩重用往往会招来祸患，所以一个人得意时应"见好就收"、急流勇退；挫折和失败反而使人走上成功之路，因此遭受不如意事的打击时，千万不可放弃。

达观权变，进退适宜

权力最能腐化人心，而人由于贪恋名利，往往会招致身败名裂的悲惨下场。而从做人的角度看，得意时更要谨慎，不骄不躁。至于后一句话其意义更明显，所谓失败乃成功之母，一个人不受挫折是不可能的，关键是受了挫折不要气馁。

孙武在历史上的主要事迹发生在吴国。孙武到达吴国之时，吴国正值多事之秋。吴王阖闾是位胸有大志、意欲有所作为的君主。他想使吴国崛起，首要的打击目标就是近邻也是强邻楚国。只有打击了楚国，吴国才有出头之日。

阖闾的意图与受到楚平王迫害从而全家被杀的伍子胥不谋而合，遂决意对楚一战。面对强大的楚国，伍子胥也没有把握必胜，于是他找到了隐居于吴的孙武，认为有了他的帮助，灭楚报仇不成问题。

伍子胥先后七次向吴王阖闾推荐孙武，称赞孙武之文韬武略，认为要兴师灭楚，孙武首当其选。

终于，吴王决定召见孙武。交谈之下，孙武将他的兵法十三篇与吴王娓娓道来。吴王阖闾聪敏过人，一闻之下连声道好。两人越谈越投机，不知不觉十三篇兵法都讲完了。吴王阖闾礼敬孙武，下决心用孙武为将，筹备伐楚。

公元前506年，楚国派兵包围了蔡国都城上蔡。蔡人拼命抵抗，并联合唐国，向吴国求救。

于是，这年冬天，吴王以孙武、伍子胥为将，其弟夫概为先锋，亲率大军进攻楚国。按照孙武的筹划，大军六万乘船从水路直抵蔡都，楚将囊瓦见吴军势大，不敢迎敌，慌忙退守汉水南岸，蔡围遂解。蔡、唐遂与吴军合兵一处，向楚国进发。

吴军迅速通过大隧、直辕、冥关这三个险要的关隘，如神兵自天而降，突然出现在汉水北岸。楚军统帅囊瓦乱成一团，攻守不定。先听人献计分兵去烧吴师舟楫，主力坚守不出，后又下令渡江决战。于是率三军渡过汉水，于大别山列阵以待吴军。孙武令先锋队勇士三百余人，一概用坚木做成的大棒装备起来，一声令下，先锋队杀入楚阵挥棒乱打，这种非常规的战法一下子打得楚军措手不及，阵势大乱，吴军大队掩杀过来，楚军大败。

初战得胜，众将皆来相贺。孙武却说："囊瓦乃斗屑小人，一向贪功侥幸，今日受小挫，可能会来劫营。"乃令吴军一部埋伏于大别山楚军进军必经之路，又令伍子胥引兵五千，反劫囊瓦营寨，并令蔡、唐军队分两路接应。

再说囊瓦那边，果然派出精兵万人，人衔枚、马去铃，从间道杀出大别山，来劫吴军大营。不用说，楚军此番劫营反遭了孙武的埋伏，被杀得丢盔弃甲，三停人马去了两停。好容易脱难逃回，营寨又让吴军劫了，只好引着败兵一路狂奔，到柏举方才松了一口气。这时楚王派来了援兵，可援兵将领与囊瓦不和，两人各怀二心，结果被吴军先锋夫概一阵冲杀，囊瓦军四散逃命，囊瓦本人也逃到郑国去了。

这时吴军已进逼楚都郢城，楚昭王倾都城之兵出战。两军最后决战，孙武设计用奇兵大败楚军，吴军直捣郢都。郢都为楚国多年营建，城高沟深，易守难攻，又有纪南城和麦城为掎角之势，要想占领楚都，夺取最后胜利，并不是一件容易的事。孙武也深知攻城之难，在他的兵法里将之归为下下之策，搞得不好，旷日持久曝兵于坚城之下，纵使有天大的本领也难逃覆灭的下场。孙武艺高人胆大，把全军一分为三，一部引兵攻麦城，一部攻郢都，自领一军攻纪南。伍子胥不负众望，率先使计让吴军混在楚败军之中混入麦城，赚开城门，破了麦城。而孙武在攻城之前先察看了地形，见漳江水势颇大，而纪南城地势较低，于是令军士开掘漳水，引漳水入赤湖，又筑起长堤围住江水，使江水从赤湖直灌纪南城。水势浩大，直灌郢都，纪南不攻自破，孙武率军乘筏直攻郢下。楚昭王领着妹妹连夜登舟弃城逃命，文武百官霎时如鸟兽散，连家眷都顾不得了。孙武伐楚至此大获全胜。

此次伐楚，虽然没能最终灭掉楚国，但强大得一直令中原诸国寝食不安的楚国，这次居然让向来被人看不起的蛮夷之邦吴国攻破国都，这件事本身就够震惊天下的了。从此楚国长时间一蹶不振，难有作为，吴国则开始了它的霸主生涯。

破楚凯旋，论功当然孙武第一，但是孙武非但不愿受赏，而且执意不肯再在吴国掌兵为将，决心归隐山林。吴王心有不甘，再三挽留，孙武仍然执意要走。吴王乃派伍子胥去劝说，孙武见伍子胥来了，遂屏退左右，推心置腹地对伍子胥说："你知道自然规律吗？夏天去了则冬天要来的，吴王从此会仗着吴国之强盛四处攻伐，当然会战无不胜，不过从此骄奢淫逸之心也就冒出来了。要知道，功成身不退，将后患无穷。现在我非但自己隐退，而且还要劝你也一道归隐。"

可惜伍子胥并不以孙武之言为然。孙武见话不投机，遂告退，从此飘然隐去，不知所终。

后来，果如孙武所料，吴王阖闾与夫差两代穷兵黩武，不恤国力，最后养虎遗患，败在越王勾践手下，身死国灭。而那个不听孙武劝告的伍子胥却早在吴国灭亡之前就被吴王夫差摘下头颅挂在了城门上。

得意时早回头，失败时别灰心，这是人们长期生活积累而得到的经验之谈。

骄矜无功，忏悔消罪

【原典】

盖世的功劳，当不得一个矜字；弥天的罪过，当不得一个悔字。

【译释】

最伟大的丰功伟绩，也承受不了一个骄矜的"矜"字所起的反作用；即使犯了滔天大罪，只要能做到一个懊悔的"悔"字，就能赎回以前的过错。

有功莫狂傲，悔过须自新

人最宝贵的是要良好地驾驭自己的情绪，不要觉得有点功劳就了不得，就可以率性而为。应该懂得居功之害以及"一将功成万骨枯"的道理。句子中"矜"，即骄傲、自负。"弥天"，指满天、滔天的意思。这一段有两层意思，一是说"戒骄"，二是说"悔罪"。

老子在《道德经》中说"圣人处无为之事，行不言之教"，"功成弗居"，就鲜明地提出了"无为"的思想。

道家的思想是出世的，但道家的始祖老子并不反对建功立业，而且十分看重个人的功业，他只是主张建功而不居功，打天下建天下而不占有天下、独享天下。"功弗居"，这是一种非常崇高的人生观。

"功成身退，自然之道"，这是一种非常积极高尚的人生观，每个人的责任就是献身社会，在政坛、在战场实现个人的价值，建立一番伟大的功业。等自己的使命完成以后，马上就应该隐退，空出舞台让后来人演绎更辉煌的历史剧。如果打下天下就占有天下，那与强盗的抢劫有什么两样呢？

康熙登基时才八岁，不能料理国事，国家一切大事都由四位辅政大臣代理。这四个人是鳌拜、索尼、苏克萨哈和遏必隆。其中拿大主意的是鳌拜，然而鳌拜是一个专横跋扈、野心勃勃的人。他利用其他三位辅政大臣的软弱退让，极力扩大自己的权势。凡是向他巴结献媚的，都受到提拔重用；凡是不肯顺从他的，不是被排斥罢黜，便是遭到不意陷害。辅政大臣苏克萨哈及大臣苏纳海、朱昌祚等人就因为与鳌拜持有不同的意见而遭到杀身之祸。他甚至经常在康熙皇帝面前耀武扬威、呵斥他人，而且多次擅自以皇帝的名义假传圣旨，滥用权力。朝廷内外的大小官员，凡是稍有一些正义感的，无不对鳌拜一伙的为非作歹恨之入骨。可是鳌拜的心腹党羽遍布从中央到地方的许多重要机构，掌握着生杀予夺大权，谁也奈何他不得。

康熙立志要做一个像汉武帝、唐太宗那样有作为的皇帝，因此对鳌拜擅权十分不满，决心改变大权旁落的状况。于是在他亲政不久便下令取消了辅政大臣的辅政权，使鳌拜的权力受到限制。可是，这样一来，他们之间的矛盾便日益激化起来。鳌拜虽然意识到康熙要夺自己的权力，但却误认为"主幼好欺"，对于自己的所作所为非但不加收敛，反而更加肆无忌惮。在群臣向康熙朝贺新年时，鳌拜竟然身穿黄袍，俨如皇帝。在他托病不朝、康熙亲往探视时，他把刀置于床下，直接威胁皇帝的安全。对于鳌拜这些欺君罔上的行为，康熙已经忍无可忍，决心采取果断的措施，把他除掉。

康熙是一个很有谋略的人。他知道鳌拜的势力大、党羽多，除掉他不是很容易的，必须要计划周密，谨慎从事。

他一方面把近身侍卫索额图、明珠提拔为朝廷大臣，作为自己的左膀右臂，以便通过他们联络朝廷内外反鳌拜的势力；另一方面又给鳌拜封官加爵麻痹他，使之放松对自己的警觉。与此同时，一个擒拿鳌拜的计划也酝酿出来了。

不久，康熙从各王公显贵府中挑选了一百余名身强力壮的贵族子弟，以陪伴皇帝习武消遣为名入宫，鳌拜没有发觉其中有什么异常。一来是满族具有让自己的子弟从小习武的习惯，二来是他把康熙看成一个年幼无知、只图玩乐的纨绔之辈，乐得他少过问政事，所以没有把这件事放在心上。不到一年，这班少年侍卫一个个学得拳术精通、武艺高强，连康熙本人也学到不少本领。康熙看在眼里，喜在心头，认为擒拿鳌拜的时机成熟了。于是便以下棋为名，召索额图入宫，商量除掉鳌拜等人的计划。

一天，正值鳌拜入朝，康熙已事先把少年侍卫召来，对他们说："你们常在我身边，好像我的手足一样，你们是听从我的命令，还是听鳌拜的命令？"这些人对鳌拜的专横跋扈愤愤不满，又朝夕与皇帝相处，早已成为效忠于康熙的心腹，因此齐声高呼："听从皇帝的命令！"接着康熙布置擒捉之法，只等这个权奸来投罗网。

不多时，鳌拜入朝，康熙传令要单独召见他。鳌拜不疑，欣然前往。到了内廷，只见康熙端坐在宝座上，两旁站立的全是一班少年侍卫。鳌拜一向把这些人看成是一群孩子，成不了什么气候，心里毫无戒备，仍旧摆出一副傲慢的架势来到康熙面前。康熙见时机已到，便果断地做出擒拿的手势。少年侍卫们一拥而上，把鳌拜团团围住。看到此情，鳌拜大吃一惊，起先还以为是皇帝教一群孩子来与他戏耍，后来感觉不对劲，便全力挣扎，与这班少年打成一团。鳌拜也不是等闲之辈，他不仅生得熊腰虎背，有一股蛮力，而且精通武艺，曾经驰骋疆场几十年，立过不少大功，是清朝的一代骁将。近身交手，他并不外行。他仗着自己体大力强，拳脚并用，竟一连打倒了好几个人，差一点脱身。可是，这些少年侍卫毕竟是训练了一年的武将，不仅血气方刚、武艺超群，而且都有除奸报君的决心，岂容奸雄逃脱！

他们你一拳，我一脚，轮番向他攻击，直打得鳌拜气喘吁吁，汗流浃背，只有招架之功，没有还手之力，最后不得不束手就擒。

为人应该有自知之明，任何时候、任何情况下都应摆正自己的位置，保持自谦上进的品质。即使是为国家建设立下大功，成为天下崇拜的英雄、伟人，假如产生自夸功勋的念头，并沉浸在荣誉的花环中，那他的大功不但会在自傲中丧失，说不定还会招来意外的祸患。

居功自傲不仅是有功之臣的大敌，也是平常之辈应该戒除的不良习惯。一个有道德的人，应该在功劳和成功面前保持常人的心态，保持自谦上进的品质，做到无为淡泊，这样才能获得更大的功绩和进步。反之，曾经犯下滔天大罪的人，只要能真心悔过，那么他心中的邪念就会逐渐消失，就能重新做人。俗话说，"浪子回头金不换"，讲的就是这个道理。

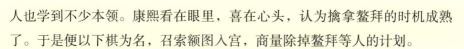

功盈招忌，业满招损

【原典】

事事留个有余不尽的意思，便造物不能忌我，鬼神不能损我。若业必求满，功必求盈者，不生内变，必召外忧。

【译释】

不论做任何事都要留有余地，不要把事情做得太绝，这样即使是造物主也不会嫉妒我，鬼神也不会伤害我。假如一切事物都要求尽善尽美的地步，一切功劳都希望登峰造极的境界，即使不为此而发生内乱，也必为此而招致外患。

做人不要做绝，说话不要说尽

为人处世就应处处讲究恰当的分寸。过犹不及，不及是大错，太过是大恶，恰到好处的是不偏不倚的中和。

保留一点空间，这样既不会得罪人，也不会使自己陷入困境。凡事都能留有余地，方可避免走向极端。

商鞅是战国时期的卫国人，姓公孙，所以叫卫鞅或公孙鞅。他原本在魏国宰相公叔座手下任中庶子，帮助公叔座掌管公族事务。

公叔座很欣赏商鞅的才华，曾建议魏惠王用商鞅为相，但魏惠王瞧不起商鞅，便没有答应；公叔座死前又向魏王建议，魏王仍没有起用商鞅。

公叔座死后，失去了靠山的商鞅便投奔到了秦国。通过宠臣景监的荐举，秦孝公多次同商鞅长谈，发现商鞅是个难得的治国奇才，便"以卫鞅为左庶长，卒定变法之令"。

秦孝公之所以看重商鞅，是因为当时新兴地主阶级认为封建生产关系已经登上政治舞台，社会正处于新兴的封建制取代奴隶制的社会大变革时期，商鞅变法正好适应了社会变革的需要。同时秦孝公也是一位奋发有为的君主，商鞅提出的一整套富国强兵的办法，也正好符合他的愿望。

商鞅变法的主要内容是：废除井田制，从法律上确认封建土地所有制，"为田开阡陌封疆，而赋税平"。商鞅特别重视农业生产，鼓励垦荒以扩大耕地面积；建立按农、按战功授予官爵的新体制，以确立封建等级制度；废除奴隶制的分封制，普遍实行法治，主张刑无等级。

商鞅变法的基本内容都是促使社会发展的进步措施，当然会受到许多守旧"巨室"大家的反对。变法之初，专程赶到国都来"言初令之不便者以千数"。甚至太子还带头犯法。为了使变法顺利实施，商鞅毫不留情，"刑其傅公子虔，黥其师公孙贾"，真正做到了"王子犯法与庶民同罪"。结果，新法实行十年，秦国便国富兵强，乡邑大治，最后使秦孝公成为战国霸主。

然而，正当商鞅在秦国功勋卓著的时候，他的心情却反而感到孤寂和迷惘。为什么会这样呢？他自己也弄不懂。于是，商鞅便去请教一个名叫赵良的隐士。他对赵良说，秦国原本和戎狄相似，我通过移风易俗加以改除，让人们父子有序，男女有别。这咸阳都城，也由我一手建造，如今冀阙高耸，宫室成区。我的功劳能不能赶上从前的百里奚呢？百里奚是秦穆公时的名臣，现在商鞅和百里奚比，当然颇有一点委屈的情绪。谁知赵良却直率地说："百里奚一得到信任，就劝秦穆公请蹇叔出来做国相，自己甘当副手；你却大权独揽，从来没有推荐过贤人。百里奚在位六七年，三次平定了晋国的内乱，又帮他们立了新君，天下人无不折服，老百姓安居乐业；而你呢，犯了轻罪，反而要用重罚，简直把人民当成了奴隶。"

"百里奚出门从不乘车，热天连个伞盖也不打，很随便地和大家交谈，根本不要大队警卫保护；而你每次出外都是车马几十辆，卫兵一大群，前呼后拥，老百姓吓得唯恐躲闪不及。你的身边还得跟着无数的贴身保镖，没有这些，你敢挪动半步吗？百里奚死后，全国百姓无不落泪，就好像死了亲生父亲一样，小孩子不再歌唱，舂米的也不再喊着号子干活，这是人们自觉自愿地敬重他；你却一味杀伐，就连太子的老师都被你割了鼻子。一旦主公去世，我担心有不少人要起来收拾你，你还指望做秦国的第二个

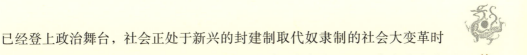

百里奚，岂非可笑？为你着想，不如及早交出商、於之地，退隐山野，说不定还能终老林泉。不然的话，你的败亡将指日可待。"

后来的事实不幸被赵良所言中，商鞅变法之所以能够成功，主要是他能够抑制上层保守派的反抗，如刑及太子的老师。试想，太子犯法尚且不容宽恕，老百姓当然只有遵照执行了。

但这同时，也就给商鞅埋下了致命的败因。"商君相秦十年，宗室贵戚多怨恨者。公子虔杜门不出已八年矣"，一旦有机可乘，上层保守派肯定会合而攻之。

秦孝公死后，太子继位，是为秦惠王，公子虔等人立即诬告"商君欲反"，并派人去逮捕商鞅。商鞅走投无路，最后只好回到自己的封地商邑。秦发兵攻打，商鞅被杀于渑池。秦惠王连死后的商鞅也不放过，除了把商鞅五马分尸外，还诛灭其整个家族。

事事留有余地，从多方面考虑事物发展的大势，无论为文还是从政、经商都有大益。俗话说，做日短，看日长。要考虑到将来的前程，设身处地地想，人生的福分就像银行里的存款，不能一下子就透支，应当好好珍惜，精打细算，方能细水长流。不因一时贪心毁坏将来的名声。抱着平常心，乃是得乐的大法。

进时思退，得手思放

【原典】

进步处便思退步，庶免触藩之祸；着手时先图放手，才脱骑虎之危。

【译释】

在平步青云、通达高升时就要做好隐退的准备，这样也许可以避免进退两难的灾祸；在得手时要考虑怎么罢手，这样才能避免骑虎难下的危险。

见好就收，安然无欺

善于做事的人都会考虑进退之道，这是从容行事的必备思路。原文中的"触藩"，典出《易经》。羊是一种相对较愚的兽类，走路时不顾前后，很容易触到篱笆上，被夹住后进退不得。"进步处便思退步，庶免触藩之祸"，这句话就是比喻人做任何事都要胸中有数，春风得意时也要考虑自己的后路，这样才会避免遭到不测。

郭德成，元末明初人，性格豁达，十分机敏，特别喜爱喝酒。在元末动乱的时代里，他和哥哥郭兴一起，随朱元璋转战沙场，立了不少战功。

朱元璋做了明朝开国皇帝后，原先的将领纷纷加官晋爵，待遇优厚，成为朝中达官贵人。郭德成仅仅做了骁骑舍人这样一个普通的官员。

郭德成的妹妹宁妃，当时在宫中深得朱元璋的宠爱。朱元璋因此感到有些过意不去，准备提拔郭德成。

一次，朱元璋召见郭德成，说道："德成啊，你的功劳不小，我让你做个大官吧。"郭德成连忙推辞说："感谢皇上对我的厚爱，但是我脑袋瓜不灵，整天不问政事，只知道喝酒，一旦做大官，那不是害了国家又害了自己吗？"朱元璋见他辞官坚决，内心赞叹。于是将大量好酒和钱财赏给郭德成，还经常邀请郭德成去皇家后花园喝酒。

一次，郭德成兴冲冲赶到皇家后花园，陪朱元璋喝酒。花园内景色优美，桌上美酒香味四溢，他忍不住酒性大发，连声说道："好酒，好酒！"随即杯来盏去地大喝起来。渐渐地，郭德成脸色变红，醉眼蒙眬，但他依然一杯接一杯地喝个不停。眼看郭德成已烂醉如泥，踉踉跄跄走到朱元璋面前，弯下身子，低头辞谢，结结巴巴地说道："谢谢皇上赏酒！"朱元璋见他醉态十足，衣冠不整，头发纷乱，笑着说道："看你头发披散，语无伦次，真是个醉鬼疯汉。"郭德成摸了摸散乱的头发，脱口而出："皇上我最恨这乱糟糟的头发，要是剃成光头，那才痛快呢。"朱元璋一听此话，脸涨得通红，心想，这小子怎么敢这样大胆侮辱自己。他正要发怒，看见郭德成仍然傻乎乎地笑着，便沉默下来，转而一想："也许是郭德成酒后失言，不妨冷静观察，以后再整治他不迟。"想到这里，朱元璋虽然闷闷不乐，还是高抬贵手，让郭德成回了家。

郭德成酒醉醒来，一想到自己在皇上面前失言，恐惧万分，冷汗直流。原来，朱元璋年少时，在皇觉寺做过和尚，最忌讳的就是"光""僧"等字眼。郭德成怎么也想不到，今天这样糊涂，这样大胆，竟然戳了皇上的痛处。

郭德成知道朱元璋对这件事不会轻易放过，自己以后难免有杀身之祸。怎么办呢？郭德成深深思考着：向皇上解释，不行，更会增加皇上的忌恨；不解释，自己已铸成大错，难道真的为这事赔上身家性命不成。郭德成左右为难，苦苦地为保全自身寻找妙计。

过了几天，郭德成继续喝酒，狂放不羁，和过去一样。只是进寺庙剃了光头，真的做了和尚。整日身披袈裟，念着佛经。

朱元璋看见郭德成真做了和尚，心中的疑虑、忌恨全消，还向宁妃赞叹说："德成真是个奇男子，原先我以为他讨厌头发是假，想不到真是个醉鬼和尚。"说完，哈哈大笑。

以后，朱元璋猜忌有功之臣，原先的许多大将纷纷被他找借口杀掉了，而郭德成却保全了性命。

原文提示我们，无论做什么事情都不要贪得妄念，而应见好就收。倘若一根筋地往前走，等到进退两难之时再想退就为时晚矣。

懂得进退之道，方能从容行事。否则就容易陷入骑虎难下、进退维谷的境地。

忧勤勿过，淡泊勿枯

【原典】

忧勤是美德，太苦则无以适性怡情；淡泊是高风，太枯则无以济人利物。

【译释】

尽心尽力去做事本来是一种很好的美德，但是过于认真心力交瘁，使精神得不到调剂就会丧失生活乐趣；把功名利禄看淡本是一种高尚的情操，但是过分清心寡欲而冷漠，对社会大众也就不会有什么贡献了。

凡事不可走极端

中庸这种道德，是最高的境界。为人处世，不要过分，也不要不及，过分与不及，都是偏离目标，不能中的。

《礼记·中庸》说：国家天下可使达到人人均平富裕（智与能），高官厚禄可以断然辞让（仁），锋利的刀刃可以毅然相向（勇），智仁勇俱全，但要做到中庸，还是"不可能"。中庸是儒家心目中的妙境，是艺术，是至高至美的理想，是需要人时时警醒，不懈努力去追求的。

陶渊明不为五斗米折腰，采菊东篱，种豆南山，精神上是够幸福的。但他作为理智的性情中人，也会考虑自己的物质需求。

陶渊明几次出仕，当的都是小官吏。以他的个性来说，绝不可能巧取豪夺。既然打算要隐退，总得要为日后的衣食作打算，做些物质的准备才行。因此，陶渊明费尽周折谋取到了离家不远的彭泽令的职务。这次做官的目的就是"聊欲弦歌以为三径之资"。他还打算将公田全部种上粳米，用来酿酒备饮。但是，他的妻子反对全部田地种上粳米，劝他也要种些粮食，陶渊明才决定五十亩种秫、五十亩种粳米，以实现他"吾尝醉于酒足矣"的美好打算。

此次赴任正好赶上岁末，有位督邮前来视察，旁人提醒他应该穿戴好官服毕恭毕敬，陶渊明一听就心里不满，督邮算什么东西？我怎么能为五斗米折腰呢？恰在这时，他妹妹病故了，借此机会，他就奔丧去了，彭泽县便成了他仕途中的最后一站。他从二十九岁起出仕，到四十一岁归隐田间，前后共十三年。在这十三年中，仕与隐的矛盾始终交织并贯穿始终，而且越往后斗争越激烈，东篱采菊，种豆南山，一个"猛志逸四海"的有理想、有抱负、慷慨激昂的青年，最后还是痛苦地"觉今是而昨非"。

陶渊明虽然向往林泉之趣的淡泊生活，但他要考虑到生计温饱问题，"吾尝醉于酒足矣"，艺术同生活的矛盾确实需要调和。

做什么事情都要讲究适度。"富贵于我如浮云"，心境也就自然平静清凉，如此无忧无虑该是何等飘逸潇洒。但什么事都不要走极端，假如以淡泊为名而忘记对社会的责任，忘记人间冷暖以致自我封闭就不对了。至于演变为不管他人瓦上霜而自私自利，就会被人视为没有公德没有责任感，这样就会被社会所唾弃。

勤于事业，忙于职业是美德，是一种敬业精神，但如果陷于事务圈而不能自拔，或因无谓的忙碌而心力交瘁、失去自我是不足取的。

地秽生物，水清无鱼

【原典】

地之秽者多生物，水之清者常无鱼，故君子当存含垢纳污之量，不可持好洁独行之操。

【译释】

污物的地方往往滋生众多生物，而极为清澈的水中反而没有鱼儿生长。所以真正有修养的君子有容忍庸俗的气度和宽宏他人的雅量，绝对不可孤芳自赏自命清高不跟任何人来往，而陷入孤立无援的状态。

包容为真，清高无益

天下奇才，偏于一面者，十有八九。金无足赤，人无完人。用人不必求全责备，也不必均是贤才。很多人只能看到别人的缺点而不能赏识别人的长处，这就很难成就什么大事业了。

古人说："泰山不让土壤，故能成其大；江海不择细流，故能就其深；王者不却众庶，故能明其德。"这是一种可贵的容量，是一种王者气象，也是古代贤人传给我们的穿越千年沧桑时空的宝贵智慧。

现实生活也是如此。在为人处世中，做人固然不可以玩世不恭或者游戏人生，但也无须事事太较真，认死理。太认真了，就会对什么都看不惯，连一个朋友都容不下，这样就会把自己同社会隔绝。镜子很平，但在高倍放大镜下，就成凹凸不平的"山峦"；肉眼看到很干净的东西，拿到显微镜下，满目都是细菌。试想，如果我们拿着放大镜、显微镜生活，恐怕喘气都会紧张。

所以，在处理与周围的人的关系的时候，要互相谅解，求大同，存小异，有肚量，能容人，如此，你就会拥有一个和谐的网络平台，且左右逢源，诸事遂愿；相反，"明察秋毫"，眼里容不得半粒沙子，过分挑剔，什么鸡毛蒜皮的小事都要论个是非曲直，得理不饶人，无理搅三分，人家肯定会躲你躲得远远的，最后，你只能成为孤立的异己，成为使人避之唯恐不及之徒。

曹操用人的一大特点是大度用人，容人之错。他冲破了固有的迂腐标准的禁锢，具有创新的见地，他认为"人无完人，慎无苛求，才重一技，用其所长"。

东汉建安四年，曹操与实力最为强大的北方军阀袁绍相持于官渡。袁绍拥兵十万，兵精粮足；而曹操兵力只及袁绍的十分之一，又缺粮，明显处于劣势。当时很多人都认为曹操这一次是必败无疑了。曹操的部将以及留守在后方根据地许都的好多大臣，都纷纷暗中给袁绍写信，准备一旦曹操失败后便归顺袁绍。

官渡之战曹操采用了许攸的奇计，袭击袁绍的粮仓，一举扭转了战局，打败了袁绍。曹操打扫战场时，从袁绍的书文案卷中拣出一束书信，都是曹营里的人暗中写给袁绍的投降书信。当时有人向曹操建议，要严肃追查这件事，对凡是写了投降信的人，统统抓起来治罪。然而曹操的看法与众不同，他说："当时袁绍强盛，我都担心能不能自保，何况别人呢?"于是，他连看也不看，下令把这些密信全都付之一炬，一概不予追查。这么一来，那些怀有过二心的人便全都放心了，并对曹操心存感激，军心、臣心稳定，使处于弱势的曹军迅速巩固了胜利的战局。

古今中外，大凡善用人者必有宽容之心，容人之度。容人之错，可以宽其心，去其疑，进而使其尽心竭力。

现代社会科技飞速发展，社会情况变化日新月异，人的思维能力、判断能力是有限度的，容人之错对今天的领导者来说是必备的素质。大连有一个女企业家，专门聘用刑满释放人员，她的四十多名员工，无一例外都有过前科。她是怎样对待这些特殊员工的呢？她自有准则："忘其前愆，取其后效。""即其新，不究其旧。"她用信任帮助这些人找回失去的尊严，还这些人以自尊，她甚至将保管仓库的重任交给曾经偷摸盗窃的人。面对如此信任，稍有良心的人都会感动，都会尽心尽力回报，十几年来，这个仓库连一个螺丝钉也没丢过。来到这里的浪子们找到了心灵的回头之岸，开始了新的人生。

在用人的问题上，除了要有气量，还应用人之所长，不求全责备。只要有一方面专长的人才，都要用其所长。因势而用人，为制势而择人，这是统御者御将用人的基本出发点。不从个人印象的好恶出发，能御用自己不得意的人，用其所长，避其所短，不讲资历，不论出身，只要有功绩、有本事就会给予提拔。

生活中污洁并存，良莠混杂，善恶交错，要想成就一番事业必须有清浊并容的雅量，宽恕为怀，善于与不同的人与不同的环境打交道，这是我们立身处世的基本态度，也是一个人事业成功所必须具备的心理素质。

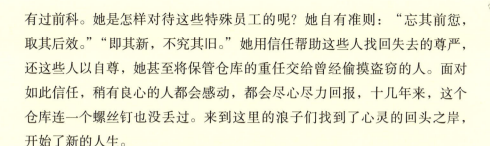

持其操履，敛其锋芒

【原典】

淡泊之士，必为浓艳者所疑；检饬之人，多为放肆者所忌。君子处此，固不可少变其操履，亦不可太露其锋芒。

【译释】

志向淡泊的人，必定会受到那些热衷于名利的人的怀疑；生活俭朴谨慎的人，大多会被行为放荡的人所妒忌。一个坚守正道的君子，固然不应该因此而稍稍改变自己的节操，但是也不能够过于锋芒毕露。

能隐忍者才能崛起

古人常崇拜"不风流处"的风流，称颂"怜儿忘丑"的高贵的愚者精神。彻底的愚是常人能及的；足够的聪明，常人都能获得。真正的人却是愚者，禅的最高阶段就是守愚禅。而守愚是世间最大的美德，即不为名利，自发性地。

俗话说："做人难，难做人。"所发出的也就是一个人进也不好，退也不好，左也不好，右也不好的慨叹。但生活在现实中的人，不可逃避地要充当一定的角色。如何充当好这个社会角色，就是人生处世的一个大的学问。句子中"淡泊"，指恬静无为，不重名利的意思。"浓艳者"，指身处富贵荣华，具有权势名利中的人。"检饬"，自我约束，谨言慎行之意。"操履"，比喻追求自己的理想。"锋芒"，意指才华和锐气。上述这段话着重是说，"枪打出头鸟"，有才能的人往往会受到无能之辈的排挤，有德行的人常常会受到无德之人的诽谤。所以，一个修养高深的人，处于这种环境时，最好的办法是不要过于显露自己的锋芒，在坚守自己志向的同时，要善于隐忍，要多注意待人处世的方法和态度。

荀攸是曹操的一个谋士，他自谦避祸，很注意掩蔽锋芒。

荀攸自从受命军师之职以来，跟随曹操征战疆场，筹划军机，克敌制胜，立下了汗马功劳。

平定河北后，曹操即进表汉献帝，对荀攸的贡献给予很高的评价。公元207年，曹操下了一个《封功臣令》，对于有贡献之臣论功行赏，其中说道："忠止密谋，抚宁内外，文若是也，公达其次也。"可见，在曹营众多的谋臣之中，他的地位仅次于曹操，足见曹操对他的器重了。后来，曹操做魏公后，任命他为尚书令。

荀攸有着超人的智慧和谋略，不仅表现在政治斗争和军事斗争中，也表现在安身立业、处理人际关系等方面。他在朝二十余年，能够从容自如地处理政治旋涡中上下左右的复杂关系，在极其残酷的人事倾轧中，始终地位稳定，立于不败之地。

三国时代，群雄并起，军阀割据，以臣谋主，盗用旗号的事情时有发生。更有一些奸佞小人，专靠搬弄是非而取宠于人。在这样风云变幻的政治舞台上，曹操固然以爱才著称，但作为封建统治阶级的铁腕人物，铲除功高盖主和略有离心倾向的人，却从不犹豫和手软。荀攸则很注意将超人的智谋应用到防身固宠、确保个人安危的方面，正如文书所载"他深密有智防"。

那么，荀攸是如何处世安身的呢？曹操有一段话很形象也很精辟地反映了荀攸的这一特别的谋略："公达外愚内智，外怯内勇，外弱内强，不伐善，无施劳，智可及，愚不可及，虽颜子、宁武不能过也。"可见荀攸平时十分注意周围的环境，对内对外，对敌对己，迥然不同，判若两人。参与谋划军机，他智慧过人，迭出妙策，迎战敌军，他奋勇当先，不屈不挠。

但他对曹操、对同僚，却注意不露锋芒、不争高下，把才能、智慧、功劳尽量掩藏起来，表现得总是很谦卑、文弱、愚钝、怯懦。作为曹操的重要谋士，为曹操"前后凡画奇策十二"，史家称赞他是"张良、陈平第二"。但他本人对自己的卓著功勋却是守口如瓶、讳莫如深，从不对他人说起。

荀攸大智若愚、随机应变的处世方略，虽有故意装"愚"卖"傻"之嫌，但效果却极佳。他与曹操相处二十年，关系融洽，深受宠信。从来不见有人到曹操处进谗言加害于他，也没有一处得罪过曹操，或使曹操不悦。

建安十九年（公元 214 年），荀攸在从征孙权的途中善终而死。曹操知道后痛哭流涕，对他的品行，推崇备至，被曹操赞誉为谦虚的君子和完美的贤人，这都是荀攸以智谋而明哲保身的结果。

嫉贤妒才，几乎是人的本性，愿意别人比自己强的人并不多。所以有才能的人会遭受更多的不幸和磨难。很多位居高官的人或者尸位素餐，或者"告老还乡"，主要就是收敛锋芒，以免成为众矢之的。

锋芒不露讲的就是一个"藏"字，仅这一个"藏"字，包含着无穷意

味。"藏"的目的，是不让别人发现自己所有的长处，不引起别人的妒忌，更好地保护自身。

要知道，在纷繁复杂的社会中，人际关系占着举足轻重的地位，只知显露，不知敛藏，很容易得罪人，而一旦遭到小人的忌恨，暗地里下你一着"黑手"，极有可能使你稀里糊涂地落个惨局。所以"花宜半开，酒宜微醉"，低调做人，收敛起一些锋芒才好。

功过不混，恩仇勿显

【原典】

功过不容少混，混则人怀惰隳之心；恩仇不可太明，明则人起携贰之志。

【译释】

对于功绩和过失，不可有一点模糊不清，混淆了人们就会变得懈怠而没有上进之心；恩惠和仇恨却不能表现得太明显，太明显了，人们就容易产生怀疑背叛之心。

一手赏一手罚，切实做到执法严明

一个人，尤其是领导别人的人，在方法上有一条重要的原则，即对人要功过清楚，赏罚分明。赏罚是使人努力的诱因，一个丧失工作诱因的人，他的工作情绪必然不会高昂。假如是一两个人这样还不要紧，万一群体也如此，这个集体乃至社会必然要陷于不进步的停顿状态，所以赏罚又是促进整个社会进步的一大动力。

皇太极是后金大汗努尔哈赤的第八个儿子。他从小就嗜好读书，尤其是熟读历代典籍，并善于借鉴，运用于领兵治军。他身材高大，体魄健壮，武功很好，尤擅步射、骑射；对勇士也特别喜欢；继承父位之后，他十分重视擢拔勇士。

公元1628年，皇太极率十万大军包围了明朝的遵化城。天刚放亮，皇太极就下令攻城。这是一场异常惨烈的攻坚战。明军壁垒森严，箭矢、滚石如雨，八旗兵士冒着炮火，迎着箭矢、滚石，奋勇攻城。很多战士抬着云梯冲到城下，攀梯而上。其中有个士兵，名叫萨木哈图，他不顾乱石飞矢，第一个奋勇登上城头，挥舞着明光闪亮的大刀，一连砍倒许多守城的明军，使后援的清军乘机一拥而上，攻破了明军的防御，并迅速地扩大战果，占领了全城。

萨木哈图勇猛奋战、第一个登城而入的事很快就被皇太极知道了，皇太极十分高兴，立即召见了萨木哈图，并与之畅谈了许久。

过了几天，皇太极在遵化城举行庆功大会。会上，凡立功的都被叫到他面前，由他亲自授奖。当萨木哈图走到皇太极跟前时，皇太极端着最名贵的金卮，亲手斟满美酒，赐予萨木哈图，并看着他把酒喝下去，然后当众宣布封他为"备御"，授予"巴图鲁"的荣誉称号。顿时，整个会场欢声雷动，全都沸腾起来了，因为萨木哈图只是一个普通士兵、无名小卒。

接着，皇太极又赐给萨木哈图一批贵重物品予以嘉奖：一峰骆驼、一匹蟒缎、二百匹布、十匹马、十头牛，还规定萨木哈图的子孙世代承袭备御爵位，他本人今后如有过失可以一律赦免。

在以后的战斗中，皇太极对萨木哈图一直予以爱护，不再让他冒险冲杀。

自萨木哈图一战获殊荣后，立功受奖，量功拔将就成为一种定制。由此，每逢攻坚，将士们都冲锋陷阵，争当勇士，清军的战斗力也就大大提高了。

历朝皇帝打天下，哪一个不是以论功行赏作为调动文臣武将积极性的手段呢？就现实生活中的人来讲，不论是做官还是一般的领导，都需要讲究方式方法，以便使大家能为一种共同的事业团结一致。

信人己诚，疑人己诈

【原典】

信人者，人未必尽诚，己则独诚矣；疑人者，人未必皆诈，己则先诈矣。

【译释】

一个能信任别人的人，也许别人并不十分诚实，但他自己却是诚实的；一个怀疑别人的人，别人也许并不都狡诈，但他自己却已经是狡诈的了。

诚实最可贵，切莫乱猜疑

疑神疑鬼，不信任别人的人是成不了气候的。尤其是一个有创造大业雄心的人，在待人接物上必须出自真诚，注意疑人莫用，用人莫疑，使大家精诚合作。诚信是传统的原则之一，真诚待人终究会感动别人。但是真诚待人不是见什么人都把自己和盘托出，就是见了作奸犯科的歹徒也去真诚相待，期望以此感化他。

《说苑》中说"巧诈不如拙诚"。诚是天地的大道，它作为人性中的第一美德，把它扩充开来，可以配合天地而参化育。故有言："国有诚信必兴，家有诚信必和，人有诚信必贤。"可以说，一个人在为人处世中最值得人们肯定和最能赢得人们青睐的当为"诚信"二字。诚信是一种人格的体现，是人类社会平稳存在、和谐与共的基础，也是人性中立身处世的最高尚品质与情操。为此，在与人相处中，首先应做到自己诚信，倘若自己都不诚信了，那还如何要求别人去恪守诚信呢？有不少人都相信欺骗、说谎是一种占尽便宜的手段，在这种观念的引诱下而陷于误区。

公元前209年，陈涉揭竿起义，一个群雄争霸的时代来临了。在阳武县户牖乡有一个叫陈平的年轻人，前去投奔魏王咎，被任命为太仆，替魏王执掌乘舆和马政。

陈平非常聪明，很小的时候，就树立了远大的志向，且勤于读书。他来投奔魏王，本来想有一番作为，但他多次献策不仅未被采纳，反而遭人诋毁。陈平认识到魏王是一个平庸之辈，于是毅然出走，投奔到项羽麾下，参加了著名的巨鹿之战，跟随项羽进入关中，击败秦军。

项羽赐给他卿一级的爵位，但这种职位徒具虚名，并没有实权。

公元前206年4月，爆发了著名的楚汉战争。这时，殷王司马昂背楚降汉。项羽大怒，于是封陈平为信武君，率领魏王留在楚国的部下进击殷王，收降司马昂。陈平取胜后因功被拜为都尉，赐金二十镒。过了不久，汉王刘邦又率部攻占了殷地，司马昂被迫投降。项羽对司马昂的反复无常极为恼怒，并因此而迁怒陈平，要尽斩以前参加平定殷地的全体将士。陈平害怕被杀，又看到项羽无道乏能，难成大气候，便封好其所得黄金和官印，派人送还项羽，而自己则单身提剑抄小路逃走。在渡过黄河的时候，艄公见陈平仪表非凡，又单身独行，怀疑他是逃亡的将领，身上一定藏有金银财宝，顿起谋财害命之念。陈平察言观色，知道他心怀歹意，略一沉思，便脱掉衣服，袒露全身，帮助船公去撑船。船夫由此知道他一无所有，才没有动手。

陈平上岸后，一路直奔修武，因为当时刘邦正率领部队驻扎在那里。他通过汉军将领魏无知见到了刘邦。刘邦问陈平："你在楚军里担任什么官职？"

陈平回答说："担任都尉。"当日刘邦就任命陈平担任都尉，让他当自己的参谋，主管监督联络各部将的事。

此事传出，刘邦手下将领不禁哗然，纷纷向刘邦进谏："大王得到楚军一个逃兵，还不知道他本领有多大，就同他坐一辆车子，反倒来监督我们这些老将。"刘邦听到这些议论后，反而更加亲近陈平，同他一道东伐项王。这样一来，将领们越发不服气。过了一段时间，他们推举周勃、灌婴晋见刘邦说："陈平虽然看起来是一表人才，恐怕是虚有其表，我们听说他在家时就德行不佳，与嫂子通奸，而且反复无常，事奉魏王不能容身，逃出来归顺楚王，归顺楚王不行又来投奔汉王，如今大王器重他，给予他高官，他就利用职权接受将领的贿赂。这样的人，汉王怎么能加以重用呢？"

俗话说众口铄金，刘邦也不能不怀疑陈平起来，他把推荐人魏无知叫来训斥了一番。魏无知根据刘邦豁达大度、不拘小节的特点，以及求贤若渴、争夺人才的特殊形势，回答得非常精彩。他说："我所说的是才能，陛下所问的是品行。这两者在夺天下的过程中，哪一点最重要呢？我推荐奇谋之士，是为了有利于国家，哪里还管他是偷情还是接受贿赂呢？"

如此一说刘邦也没有什么好说的。

一日刘邦正在进食，陈平来见。刘邦赐给他酒食，并说："吃完，就休息去吧。"陈平说："我为要事而来，我对您要说的事不能挨过今天。"刘邦听他这么一说，就跟他谈起来，两人纵论天下大事，谈得非常融洽。到这时，陈平才说出他的计谋来："项王身边就那么几个刚直之臣，如范增、钟离昧、龙且、周殷之辈。大王只要花几万金，可以行使反间计，离间他们君臣关系，使之上下离心。项王本来爱猜忌，容易听信谗言，这样，必定会引起内讧和残杀，到那时，我军再乘机进攻，一定会获胜。"

刘邦听完陈平的分析点头称是，于是拿出四万两黄金给陈平，让陈平去安排这件事。

于是，陈平向楚军派遣大量间谍，用很多黄金收买楚军中的将士，让他们散布谣言说："钟离昧等人身为楚军大将，战功卓著然而却不能分地封王，因此想同汉军结成联盟，消灭项王，瓜分楚国的土地，各自称王。"

项羽本来生性多疑，果然心生不安，就派使者打探汉军虚实。陈平让侍者准备最高规格的菜肴，叫人端去，但一见楚使，故作吃惊地说："我还以为是亚父（即范增）的使者呢，原来是项王的使者。"于是就把端上来的菜端走，另上一份制作粗劣的食物。使者见此情景，极为生气。

回去后就把自己看到的和听到的如实告诉了项王，项王于是怀疑起范增来。当时范增建议项羽迅速攻下荥阳城，但项羽就是不采纳，气得范增发怒说："天下大事大体上定局了，大王你自己干吧！请求赐还我这把老骨头，退归乡里。"不料，项王准其所请。范增在回家途中，因背上毒疮发作，猝然而死。陈平略施小计，竟使项羽失去第一谋士。以后，大将周殷在英布引诱下叛楚，钟离眛也因遭猜忌而得不到重用。刘邦此后便夺得天下。

　　荀子说，即使是普通的谈吐也一定要诚实可信，即使是普通的行动也一定要谨慎小心，不敢效法流行的习俗，不敢自以为是，像这样就可以叫做诚实之士了。诚实是对别人而言的，也就是说诚实是有对象的。自己对自己是透明的，无所谓诚实与不诚实，就像含蓄一样，含蓄是一种对象化的装饰风格，当一个人愈是在乎另一个人，就愈是含蓄的淋漓尽致；当一个人面对自己或最体己的人时，他是用不着含蓄的。诚实就是彻底地卸掉所有的伪装或技巧，把自己像一朵花那样打开，自然、朴实、亲切。诚实的力量是一种敞开的力量。

忙里偷闲，闹中取静

【原典】

　　忙里要偷闲，须先向闲时讨个把柄；闹中要取静，须先从静处立个主宰。不然，未有不因境而迁，随事而靡者。

【译释】

　　即使在十分忙碌的时候，也要抽出一点空闲，松弛一下身心，必须先在空闲的时候有一个合理的安排和考虑；要想在喧闹中保持头脑的冷静，必须先在平静时有个主张。如果不这样，一旦遇到繁忙或者喧闹的情形就会手忙脚乱。

危急时保持冷静

　　静的时候要有主张，乱的时候要能镇定，要做到临事不慌，就应当事先计划和安排。人能在劳顿中保持一点幽默，学会求静，不失君子风范。

建兴六年四月，诸葛亮率军北上，一举攻战了祁山，蜀军声势浩大，威震祁山南北。曹魏属地天水、南安、安宝三郡先后归顺蜀军。魏明帝曹睿亲临长安督战，魏军大将曹真率大军抵眉城抗击蜀军，蜀军前锋大将马谡，违反诸葛亮战前部署，被魏军趁机而入，致使街亭失守。诸葛亮得知街亭失守后，急忙调集军队，准备撤回汉中。诸葛亮分派仅剩的五千兵马去西城搬运粮草，这时得报司马懿统领十五万大军已兵临城下。此时运粮士兵仅二千余人，城中兵马不足三千，众人听到大兵压境，无不大惊失色。诸葛亮深知，此时若弃城逃跑，无疑会暴露实情，在十五万大军面前，必然无法逃脱。于是，他神情自若地传令军士："将城中所有战旗尽数放倒，所有兵士坚守城池，凡有擅自出入和大声喧哗者，一律斩首！"又命令将四方城门大开，每一城门处派二十军兵扮作百姓，洒水扫街，装作若无其事的样子。一切安排就绪后，诸葛亮头戴方巾，身披鹤氅，带两名小童，持琴登城。诸葛亮边弹琴边饮酒，一副安然悠闲的神态。

魏军先锋部队见状，不知虚实，急忙策马回报司马懿。司马懿听报随后来到城下，远远见到城上诸葛亮悠闲自得边饮边弹，二位小童站立身后，琴声悠悠不绝于耳。再看四处城门大开，每一城门处都有一二十名百姓，在细心地洒水扫路，对魏军视而不见。见状，司马懿心中大疑。他对诸葛亮有很深的了解，认为素来谨慎行事的诸葛亮，从不弄险，今天见他如此安然，城中秩序井然，十五万大军压城犹如不见，其中必有埋伏。司马懿越想越怕，急忙传令撤兵。司马懿之子司马昭是员虎将，见要退兵，急忙劝阻司马懿说："诸葛亮手中可能无兵，必是在疑惑我们，不如让我带兵攻城，即可知虚实。"司马懿不准，十五万魏军全部退却。诸葛亮见魏军远去，遂拍掌大笑，结果尽在意料之中。城中兵士见千军万马之险，顷刻间化作乌有，不由得惊喜交加。诸葛亮含笑对余悸未尽的兵士们说："司马懿素来知我谨慎，不曾轻易弄险，而今见我稳坐城头，安然饮酒抚琴，城门大开，百姓自若不慌，想必我定有奇兵伏于城中，所以不战而退了。此疑兵之计，是万不得已才用的，倘若随便用此计，一旦被敌人识破，必遭大败。"在众人的赞叹声过后，诸葛亮接着说："司马懿急切中退兵，必然选择小路，可速去通告关兴、张苞二位大将设伏。"

不出所料，司马懿正率军沿小路向北退却，行至武功山时，忽听得山后鼓炮齐鸣，杀声震天，只见冲出一队人马，将旗上写着张苞。司马懿以为这是诸葛亮早已埋伏好的蜀军，急令魏军不许恋战，拼死冲杀，以求生路。刚刚冲出不远，又是一声号炮，只见一队蜀军从左路向魏军冲来，一看将旗是关兴的兵马。司马懿大惊，更加确信这一切都是诸葛亮预先的计谋，一时间不知蜀军到底有多少兵马。魏军已成惊弓之鸟，丝毫不敢停留，丢掉粮草辎重，沿此路向山后溃逃。

虽然诸葛亮的空城计从表面上看不出计划和安排，但此计之所以能够成功，是和诸葛亮平时一贯精于计划和安排分不开的，司马懿深知孔明一生谨慎，认定对方早有安排，所以才不敢攻城。

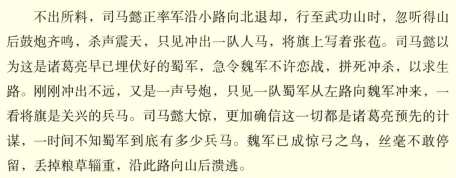

虚圆建功，执拗败事

【原典】

建功立业者，多虚圆之士；偾事失机者，必执拗之人。

【译释】

能够建立宏大功业的人，大多是外世谦虚圆融的人；容易失败抓不住机会的人，一定是性情刚愎固执的人。

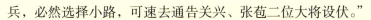

虚怀若谷，礼贤下士

有向学之志的人，未必能取得某种成就；取得某种成就的人，未必做每件事都合乎原则；做每件事都合乎原则的人，未必懂得根据实际情况灵活变通。

李自成攻陷北京后，被胜利冲昏了头脑，他开始变得狂妄而骄傲，刚愎自用。吴三桂引清军入关是被李自成逼出来的，李自成似乎根本就没把吴三桂放在眼里，也根本就没站在吴三桂的角度去思考过他的处境。

吴三桂奉命率军据守山海关，保卫明朝首都北京。山海关被称为"明之咽喉"，一面是波涛汹涌的大海，一面是险峻的燕山，山海关镶在其中，无疑是战略要塞。然而，北边的清军尚未进入北京，李自成率领的农民起义军却攻陷了北京，崇祯皇帝在煤山自缢，明朝走到了尽头。

此时镇守山海关的吴三桂会怎样想呢？北边是虎视眈眈的清军；南边京城已经陷落，皇帝已经驾崩，他究竟是在替谁镇守山海关呢？吴三桂不是史可法，更不是屈原，他要设身处地地替自己考虑，于是，他决定投降李自成。一个投降的人最关心的就是自己投降以后的命运，吴三桂自然也十分关心这一点。他对李自成并不了解，还需要通过一些事实来判断自己投降过去之后的处境。所以，他一方面带领自己的部队去北京向李自成投降，一方面又不断地派人四处打探消息。这时，消息传来了，父亲吴襄被抓，家产被抄，自己最宠爱的歌姬陈圆圆也被刘宗敏占有。从这些消息里，吴三桂已清楚地判断出了自己投降李自成以后的命运，于是他立刻放弃了投降的打算，回去继续镇守山海关。

李自成攻陷北京后，他和部下们都处在狂妄而骄傲的心态之中。这一心态使他们变得目空一切，妄自尊大，对客观局势丧失了判断力。他一方面抄了吴三桂的家产、抓了他的父亲、抢了他的爱妾，另一方面还要让吴三桂投降，这可能吗？

倘若李自成能够静下心来，从吴三桂的角度去思考一下，他就会发现，自己的行为根本不可能让吴三桂归顺。吴三桂不投降，李自成就率领大军进攻山海关，逼迫其投降，否则就要彻底消灭他。他似乎忘记了山海关长城外面的敌人，也似乎把吴三桂当成了崇祯皇帝，无路可走之时会自缢而死。

总之，李自成心高气傲、唯我独尊的心态，导致他对吴三桂的感受和行为一无所知，只按照自己的意愿一个劲儿地猛攻山海关。吴三桂本来就不是一个有民族大义的人，在自己被逼走投无路之时，他自然会投降清军，更何况多尔衮比李自成做得高明，他与吴三桂杀白马盟誓，相约永不相负，并许以封王封地。就这样，当八旗劲旅突然出现在李自成的农民起义军面前时，他们竟毫无准备，大惊失色，因为他们从来就没想到吴三桂会引清军入关。李自成在西山上发现清兵已经进关，他想稳住阵脚，指挥抵抗，可已经来不及了，只好传令后撤。多尔衮和吴三桂的队伍里外夹击，起义军遭到惨重失败。血腥的改朝换代就从山海关这里开始了。

倘若李自成从一开始就能克服自己傲慢、浮躁的心态，虚怀若谷，礼贤下士，让吴三桂能踏踏实实地归顺过来，历史就大不一样了。即使吴三桂不投降，也应抱着冷静的心态从他的角度去分析一下他的感受和行为，以便采取相应的措施。遗憾的是，李自成陶醉于暂时的胜利中，只顾尽情地享受胜利的果实，完全沉迷在自己的美梦之中。正因如此，当清军入关时，他完全没有准备，惊慌失措，仓促逃离北京。

恶不即就，善不即亲

【原典】

闻恶不可就恶，恐为逸夫泄怒；闻善不可即亲，恐引奸人进身。

【译释】

听到人家有恶行，不能马上就起厌恶之心，要仔细判断，看是否有人故意诬陷泄愤；听说别人的善行不要立刻相信并去亲近他，以防有奸邪的人作为谋求升官的手段。

谗言害人，谗言误国

作为领导者，应该有自己的主见，这样才能上下一心，成事立国。

韩非是战国末期的思想家，原是韩国公子，与李斯同出于荀卿门下。曾多次上书韩王，倡议变法图强，均未被采纳，于是他发愤著书立说，宣传自己的思想。韩非天生口吃，因此与别人说话总是结结巴巴。但是他擅长写文章，对人性心理的观察很敏锐，是荀卿门下最优秀的门生。

韩国当时日渐衰败，受到他国侵略，领土愈来愈狭小。韩非屡次向韩王提出建议，要求打破现状。韩王不喜欢口吃的韩非，根本无视他的建议，也不想改革。

韩王身边围绕着只会奉承阿谀的俗人，韩王重用他们，使他们肆无忌惮。但是对国家来说，最重要的却是制定法令制度，以王权治理国家，富国强兵，并寻求真正有才能的人，提拔真正的贤者。

因此，廉明正直的韩非，感叹小人当道及自己的不得志，认清了自古以来王者的政治得失与成败，写了《孤愤》、《五蠹》、《内外储说》、《说林》、《说难》等十余万字的书，即所谓的《韩非子》。

韩非受到韩王的疏远，在韩国非常孤独，认为韩国的前途渺茫，他分析天下的形势，认为将来称霸天下者非秦莫属。

水工郑国被派遣到秦国建设大规模的灌溉工程，本来是韩非的策略。后来郑国叛变，巴结秦王，使秦国集中兵力攻击韩国。

郑国在进入秦国时，曾以韩非的书献给秦王政，这就是《孤愤》、《五蠹》二书。

秦王政读后感叹地说："多出色的一本书，如果能与韩非见一面，死而无憾。"

秦王并不知道韩非这个人。

"韩非是与我同门的韩国人。"客卿李斯惶恐地对秦王说。

李斯是楚国人，与韩非同是荀子的门下，但成绩却不及韩非，后投效秦国，是吕不韦的食客之一，因此能够接近秦王而成为幕僚。

秦王立刻派遣使者到韩国，要求见韩非一面。秦王指名要见韩非，韩王心乱如麻，心想：虽然韩非看起来很不起眼，秦王却想招揽他，或许他真的是一个人才。如果真是人才，实在舍不得出让。而且韩非一直受到自己的冷落，不知会在敌国做出什么对韩国不利的事，因此而深感不安，但是对于秦国的要求又不能加以拒绝。

韩非到了秦国，向秦王上书，建议打破六国合纵的盟约，阐述统一天下的策略，秦王非常高兴。

李斯害怕韩非会取代自己的地位，就向秦王说："韩非乃韩国公子，秦王想并吞诸侯之地，韩非必定会为自己的祖国韩国打算，而不会为秦国设想，这是人之常情。现在他长期留在我国，一旦遣送回国必将为害我国。最好的方法就是施以酷刑，杀了他。"

秦王听了他的话，逮捕韩非入狱。

韩非虽想为自己辩白，却无法把自己的意思传达给秦王。李斯派人送来毒药，并附带一封信："秦国重臣对客卿甚为不满，决定将他们全部放逐，当然也不会让他们这么回去，自己服毒自杀吧！"

韩非终于明白，于是用李斯送来的毒药解脱了一切。

秦王政很后悔逮捕韩非入狱，于是匆忙下令赦免，但韩非已自杀身亡。

史记中记载，韩非虽然写了完美的《说难》一书，但自己却难逃悲惨的命运，他的悲惨结局就是没有提防谗言的后果。

谗言是诬蔑不实之词。由于别人的胜利，自己的失败，造成自己处于劣势，一时无法打败对手，只能靠谗言的力量来诋毁对方。或是由于对方的功劳高于自己，于是产生了妒忌心理，没有办法宣泄，又不可能击倒对手，只好背后打小报告，进谗言。

穷寇勿追，为鼠留路

【原典】

锄奸杜幸，要放他一条去路。若使之一无所容，譬如塞鼠穴者，一切去路都塞尽，则一切好物俱咬破矣。

【译释】

要想铲除杜绝那些邪恶奸诈的人，就要给他们一条改过自新、重新做人的路径。如果使他们走投无路、无立足之地的话，就好像堵塞老鼠洞一样，一切进出的道路都堵死了，一切好的东西也都被咬坏了。

要给降者留有一点"生"的余地

人在面临绝境时，大多有三种状态：一是坐以待毙；二是全力挣扎，以死相拼；三是竭尽自己的智慧，积极地寻求摆脱的办法。后面两种状态给那些暂时得势的征服者以深刻警示，就是斩草除根固然重要，但"置人于死地"也往往容易激起更大的反弹力，反而可能会瞬间成败易位。因而在征服者已经把被征服者置于必败之险境的同时，必当考虑要给其留有一点"生"的余地。

河北平定之后，曹仁跟随曹操包围壶关。曹操下令说："城破以后，把俘虏全部活埋。"但连续儿个月都攻不下来。

曹仁对曹操说："围城一定要让敌人看到逃生的门路，这是给敌人敞开一条生路。如果你告诉他们只有死路，敌人会人人奋勇守卫。而且城池坚固粮食又多，攻则会伤亡士兵，围守便会旷日持久。今日陈兵在坚城的下面，去攻击拼死命的敌人，不是好办法。"

曹操采纳了他的意见，城上守军投降了。

乱世之主，一生百战，胜败在所难免。而每一战的胜利，都可能有一批降者，如何对待降者，霸主们或杀或留，自有一番主张。虽然对于降者斩尽杀绝的做法，可以起到斩草除根的作用，但是英明的霸主往往是不杀降的。

曹操打败于毒的黑山军后，于兖州东郡有了立足点，做了名副其实的东郡太守，名声大振后，采纳陈宫策略，决定先平定黄巾，再图取天下。于是曹操向青州黄巾军发起进攻。当黄巾军退至济北时，已是寒冬十二月，衣食接济很困难。曹操敦促黄巾军投降。经谈判后，黄巾军数十万人向曹操投降，愿意接受他的指挥。曹操非常高兴，宣布既往不咎，一个也不加伤害，将其中的老幼妇女缺乏作战能力的，全部安排在乡间从事生产，挑选其中精壮者五六万人，组成"青州军"。

这样，曹操的军事力量大增，终于有了一支同其他势力抗衡的武装队伍。

同时，对于像张绣那样降而复叛，叛而复降，并致使爱将典韦、长子曹昂、侄儿曹安民在南征中丧生的投归者，也不计较其杀子侄及爱将之仇，并表示热烈地欢迎，立即任命他为扬武将军，封他为列侯，还与他结为儿女亲家，为己子曹均娶了张绣的女儿。在后来的官渡之战中，张绣为曹操打败袁绍立下了战功。

曹操一生，虽然杀了很多人，但他不杀降，确实为壮大自己的力量，向天下人显示了自己的宽阔胸怀和不计私怨的品格，从而为取信于天下，争取更多的智能之士归附，起到了积极的作用。

曹操的这一做法，得到了一代伟人毛泽东的肯定。他在读《魏书·刘表传》时写了两条有关曹操的批注。《魏书·刘表传》裴松之的注中，有一段说刘表初到荆州时，江南有一些宗族据兵谋反，刘表"遣人诱宗贼，至者五十五人，皆斩之"。毛泽东读到此注，对"皆斩之"的做法是不赞

成的，所以，他在"皆斩之"三字旁画了粗粗的曲线，又在天头上写下了这样一条批语：杀降不祥，孟德所不为也。毛泽东的这条批语，表明他对曹操"不杀降"的赞许。

杯弓蛇影，猜疑不和

【原典】

机动的，弓影疑为蛇蝎，寝石视为伏虎，此中浑是杀气；念息的，石虎可作海鸥，蛙声可当鼓吹，触处俱见真机。

【译释】

好用心机的人，会怀疑杯中的弓影是毒蛇，将草中的石头当作蹲着的老虎，内心中充满了杀气；意念平和的，把凶恶的石虎当作温顺的海鸥，把聒噪的蛙声当作吹奏的乐曲，眼中所见到的都是真正的机趣。

天下本无事，清者自清之

胸怀坦荡的人不会去管身边的是是非非，志向远大的人无暇思索宵小之事。唯小人与小人在一起便常生是非，相互猜忌，推波助澜，弄得周围的气氛紧张起来。

一个人假如凡事都疑神疑鬼，就会造成俗话所说的"疑心生暗鬼"，本来毫无疑问的事也会弄出风波来。反之假如你居心坦荡对周围事物不存疑心，才能显露人类本性中的真迹。从这个意义来说，天地万物是善是恶，存乎我们的一念之间，一个人总是杯弓蛇影、杞人忧天地生活，哪还有人生的乐趣可言。故"一念"可以豁达开朗，也可能狭隘善妒，从中足见一个人修养的高低。

桓伊是东晋孝武帝时期最出色的音乐家，他尤其擅长演奏竹笛，被称为"江南第一竹笛演奏家"。

当时，宰相谢安由于功劳和名声都特别大，引起了朝廷中一些小人的妒忌。他们恶意造谣中伤，在皇帝面前说谢安的坏话。于是，孝武帝与谢安之间便产生了矛盾。

有一天，孝武帝邀请桓伊去参加一个宴会，谢安也去陪同。桓伊想利用这个机会调解他们的矛盾。因为皇帝和宰相之间不和，对国家和人民是大为不利的，何况，孝武帝是受了坏人的挑拨和蒙蔽，更不应该冤枉了德才兼备、忠心耿耿的谢安。

孝武帝命令桓伊吹笛子，他吹奏一曲之后，便放下竹笛说："我对筝的演奏虽然比不上吹笛子，但还勉强可以边弹边唱，我想为大家演唱一曲助助兴，还想请一个会吹笛子的人来帮我伴奏。"

孝武帝便命令宫廷中的一名乐妓为桓伊伴奏。桓伊又说："宫廷中的乐师与我可能配合不好，我有一个奴仆，很会与我配合。"孝武帝同意了桓伊的要求。

那位奴仆吹笛、桓伊便一边弹筝一边唱道："当皇帝真不容易，当臣子也很难，忠诚老实的没好处，反而有被怀疑的祸患，周公旦一心辅助周文王和周武王，管叔和蔡叔反而对他散布流言蜚语，"桓伊唱得声情并茂，真挚诚恳，谢安听着听着，禁不住泪如雨下，沾湿了衣袖。一曲唱完，谢安离开座位来到桓伊身边，抚摸着他的胡须说："您太出色了！"孝武帝听了这首歌曲之后，也显露出愧色。君臣之间消除了误会，和好如初。

桓伊在适当的场合，运用自己的音乐特长来劝谏皇帝，收到了用语言所难以达到的效果，不愧为高明之举。他深知对于一个国家来讲，君臣不睦，尤其是君臣相互猜疑，那国家的灾难也就要来临了。要治理好一个国家，君臣各方面都要不疑神疑鬼，尤其是为人君者，更应不受蒙蔽，要心中有数，善于用人才行。

作为臣子，应该怎么去处理这个问题？是借机挑拨，以便使自己飞黄腾达？还是以自己的努力去尽力弥补君臣之间的嫌隙？桓伊从大局出发，

作出了正确的选择。

一个人居心坦荡，对周围事物不存疑心，才能显露人们本性中的真迹。信任对方，必然会得到对方真诚的信任。

人为乏趣，天机自然

【原典】

花居盆内终乏生机，鸟入笼中便减天趣。不若山间花鸟错集成文，翱翔自若，自是悠然会心。

【译释】

花木移栽到盆中终归失去了蓬勃生机，飞鸟关入笼中就减少了盎然的生趣。不如山间的花鸟点染成美丽的景致，自由飞翔，这样才能使人悠然领会自然的妙趣。

是蛟龙不必盘缩在池塘里

人生的志向有远有近，人生的境界有高有低。为人做事最大的缺点就是目光短浅，胸无大志。终日在方寸的天地里翻筋斗，即使翻得再美又能怎样，翻得再好也难有大的作为。

花盆里长不出参天大树，人只局限于一个小天地里，很难成就什么大事业。在大环境允许的情况下，有能力就要展现出来，飞出鸟笼，冲向广阔的天空，成就一番大事业，为国家的进步、社会经济的发展出一份力。好男儿志在四方，走出去，涉事业之大川，利民族与国家，才是生之本意。

张思民属于20世纪60年代那场全国大饥荒之后成长起来的一代人，1962年他出生于北国雪城长春的一个普通的老师之家，四兄弟妹中他是老大。

要说阅历，张思民三十多年生涯可以用"单纯"二字概括，与许多成功者在成功之前一般都有一段大起大落的坎坷经历不一样，他单纯而绝非平庸。

1979 年，张思民高中仅读了一年，16 岁便考进哈尔滨工业大学这座被誉为工程师摇篮的名牌学府，在那里加入了共产党，连续三年被评为三好学生。

1983 年 8 月，他毕业分配到北京航天部 207 所从事军品的开发和研究。

1986 年 5 月，他调到国内外享有盛誉的中国国际信托投资公司总部。

他的人生之路每一步都走得一帆风顺，都是让人眼热的大单位。然而张思民背靠大树不乘凉，人要走进阳光，他说"要太阳注视我"！

"要想干大事，还是要办自己的公司"，他终于在一天早上起床之后把所有的问题都翻来覆去想通想透了。"到深圳去，那里改革的大潮正猛，是大展宏图之地"，他把这个严肃的决定告诉新婚不久的妻子时，得到的是理解和支持。

此时，正值中信公司派员赴深圳投资部工作，张思民积极报名并获批准。

1988 年 11 月，他怀揣美丽的梦想，携妻离开了首都，离开了刚刚营造好的小家。

一日，一个人手拿着一个海洋开发的科技项目来到了中信公司深圳分公司，声称海洋开发是一个新兴的领域，只要稍作投资便可大获收益。财大气粗的中信公司也许是正忙于更大宗买卖而无暇他顾，或许是觉得这个项目太小而不值得花太多工夫，便拒绝了来人的要求。

张思民在一旁暗暗着急，他凭直觉觉得这是一个大有可为的项目，海洋开发当时在国内虽属刚刚起步但却有着无限的潜力，这是一个千载难逢的机会。

这个项目就是日后闻名全国的海洋滋补保健品，也是海王集团拳头产品的金牡蛎。

1989 年 5 月，26 岁的张思民郑重地向中信投资部递了辞呈，同年 7 月 8 日，属于他自己的深圳工贸公司（海王集团前身）在蛇口石云村住宅楼里的 3 间普通民房里宣告成立。开始迈出了商海生涯的第一步。

　　落实到人们自身，"自然"就是指人的天然本性，也就是人的真性情、真思想，所以"自然"又与虚伪相对。在老庄那里"真"与"自然"是一个意思——真的也就是自然的，自然的同样也是真的。

　　自然是一个人性情真诚的极致。

　　就当今做事来说，要想做大，要想做好，依然当有蛟龙腾云入海之志。绝不可自甘平庸、故作清高，而是要善于"走得出，进得来"。走得出，就是要有"乘长风，破万里浪"的追求，这是学习与见多识广的绝好机会，是充实内在功力的重要方面。进得来，就是要通过知识面的扩展，以及内在功力的增强，更好地施展自己的抱负，开辟美好的事业。

大处着手，小处着眼

【原典】

　　小处不渗漏，暗处不欺隐，末路不怠荒，才是个真正英雄。

【译释】

　　在细枝末节的小事上也要处理得一丝不苟，不能留下漏洞；在无人所见的暗处也要心地正直，处事公正；在遇到窘迫的境地时也不放弃追求。这样才是个真正的英雄好汉。

小处不渗漏，暗处不期隐

　　意志、品德、待人，无不从小处做起，而能成大事者关键是志向远大，胸怀宽广。周恩来在国宾馆看到工作人员把口水吐到了地毯上，并没有去训斥，而是亲自用手巾把口水擦掉。身教胜于言教，小事中见伟大。

大人物如此，小人物同样，欲有为者应大处着眼，小处着手，千里之行，始于足下。

大学的校园里，并肩走着两个人：一个中国大学生，一个外国留学生。中国学生已经大四了，学国际经贸的，他很想走出国门看一看；外国留学生热爱中国悠久的文化，他到中国来是为了学习汉语。两人经常在一起聊天，一个为了练习口语，一个为了多打听国外留学的消息。

一天，两人又在校园的大道上边走边谈，照例中国学生又问了许多关于出国留学的事，外国留学生也仍旧细心地回答，最后，外国留学生问道："你出国以后还想回来吗？"

"你觉得呢？"中国学生反问道。

"多数留学生出去以后，只要有机会，他们都是不愿意回来的。除非他们实在是混不下去了。"外国留学生笑了笑。

"我是愿意回来的……我觉得祖国还是很需要我们的，特别是需要那种从国外能带回来本领和技术的人才。以前这种人才的确回来得很少，难怪有人说中国的留学生是为外国的企业准备的……不过我是爱国的那种。"两个相视一笑。

中国学生伸手往裤兜里掏烟，忽然，"砰"的一声，一个小东西从他裤兜里掉了出来。两人几乎同时向地上看去，一枚一角的硬币躺在两人中间。中国学生"嘿"了一声，不屑地对着沾了土的硬币就是一脚，硬币"嗖"地飞出去了三四米。

外国留学生大叫一声："Oh！NO！"

中国学生惊讶地呆望着他，不知他为什么说"不"，不就是一角钱吗？

"难道你不知道，硬币上有贵国的国徽吗？"外国留学生一字一句地说道，显然有些愤怒。

中国学生什么也说不出来，呆呆地站在那儿……

虽说大礼不辞小让，可是许多生活中的细节都不仅仅是自己一个人的事，它关系到其他人的利益和整个社会的秩序和风气，同时也是自身教养的充分展现。一件小小的事情就可以体现出一个人的修养，越是小的地方，越能体现出一个人格的高贵与低劣。

伏久飞高，守正待时

【原典】

伏久者飞必高，开先者谢独早。知此，可以免蹭蹬之忧，可以消躁急之念。

【译释】

潜伏得越久的鸟，会飞得越高，花朵盛开得越早，也会凋谢越快。明白了这个道理，就可以免去怀才不遇的忧愁，可以消除急躁求进的念头。

穷则独善其身，达则兼济天下

待时而动是所有的人都懂得的道理，但不丧失一切可能的机会、把握火候则是衡量人的能力大小高低的标志。

高洋在未发迹前，就是靠待时而动而得以成功的。

高洋是在他长兄高澄被杀、形势极端复杂的情况下显露出才华的。北周政权的基业是由高欢开创的。高欢本是东魏大臣。在镇压尔朱荣残余势力中掌握了东魏的实权，专朝政长达十六年之久。高欢死后，长子高澄继立。高澄心毒手狠，猜忌刻薄，上无礼君之意，下无爱弟之情。高洋当时已十八岁，已通晓政事，走上了政治舞台，对高澄的地位构成威胁。如果他精明强干、才华外露的话，必然受到乃兄的猜忌防范，也会引起属下僚佐的注意。

高洋字子进，史书上说他颇有心计，遇事明断而有见识。小时候，高欢为试验几个儿子的才气智能，让小哥儿几个拆理乱线，"帝（指高洋）独抽刀断之，曰：'乱者须斩'，高祖是之"。仅此一事就深得高欢的喜欢和重视。后封为太原公。

高欢死后，高澄袭爵为渤海文襄王。因高澄年长，阴有戒心，高洋"深自晦匿，言不出口，常自贬退。与澄言无不顺从"，给人一种软弱无能的印象，高澄有些瞧不起他，常对人说："这样的人也能得到富贵，相书还怎么能解释呢？"

高洋妻子李氏貌美，高洋为妻子购买首饰服装，稍有好一点的，高澄就派人去要，李氏很生气，不愿意给，高洋却说："这些东西并不难求，兄长需要怎能不给呢？"高澄听到这些话，也觉得不好意思，以后就不去索取了。有时，高澄还给高洋家送些东西来，高洋也照收不误，决不虚情掩饰，因此兄弟之间相处还相安无事。

每次退朝还宅，高洋就关上宅院之门，深居独坐，对妻子亦很少言谈，竟能终日不发一言。

高兴时，竟光着脚奔跑跳跃。李氏看到不觉诧异地问他在干什么，高洋则笑着说："没啥事儿，逗你玩的！"其实他终日不言谈，是怕言多有失。如此跑跳更有深意，一则可以彻底使政敌放松对自己的警惕：一个经常在家逗媳妇玩的人能有什么大志呢？二则借经常光脚跑跳之机，锻炼身体，磨炼意志，一举两得。正因如此，高澄及文武公卿等都把高洋看成一个痴人，丝毫没有放在眼中。

东魏武定七年（公元549年），渤海文襄公高澄在与几人密谋篡位自立的时候，被膳奴即负责做饭进餐的兰京所杀，重要谋士陈元康以身掩护高澄，身负重伤，肠子都流了出来。当时事起仓促，高府内外十分震惊。高洋正在城东双堂，听说变起，高澄已被杀死，颜色不变，毫不惊慌，忙调集家中可指挥的武装力量前去讨贼。他部署得当，有条不紊。兰京等几人本是乌合之众，出于气愤才杀死高澄，并没有任何预谋的政治目的，故不堪一击，片刻之间全部被斩首。

高洋下令，脔剖其尸以泄杀兄之忿。接着，就在其兄府中办公，召集内外知情人训话，说膳奴造反，大将军受伤，但伤势不重，对外不准走漏任何消息。众人听了，都大惊失色。夜里，高澄的得力谋士陈元康断气而亡，高洋命人在后院僻静处挖个坑埋掉，诈言他奉命出使，并虚授一个中书令的官衔给他。高澄手握大权时，高欢的许多宿将都铁心保高氏，但当时尚属意高澄而未注意到高洋。所以，高洋的这些应急措施奏效。外人都不知高澄已死，更不知高澄的重要谋士陈元康也被埋在土里，所以马上就稳住了局面。

高洋直接控制了高澄的府第和在邺都的武装力量后，当夜又召大将军都护太原唐巴，命他分派部署军队，迅速控制各要害部门和镇守四方。高澄的宿将故吏都倾心佩服高洋的处事果断和用人得当，人心大悦，真心拥护并辅佐高洋。

高澄已死的消息渐渐被东魏主知道了，暗自高兴，私下里和左右幸臣说："大将军（指高澄）已死，好像是天意，威权应当复归帝室了。"高洋左右的人认为重兵都在晋阳，劝高洋早日去晋阳全部接管高欢及高澄的武装力量方可真正无忧。高洋以为有理，遂安排好心腹控制住邺都的整个局面。甲午日高洋进朝面君，带领八千名全副武装的甲士进入昭阳殿，随同登阶的就有二百多人，都手持利刃，如临大敌。东魏孝静帝元善一看这种情形，心中恐惧，高洋只叩两个头，对魏主说："臣有家事，须诣晋阳。"然后下殿转身就走，随从保卫也跟着扬长而去。魏主目送之，说："这又是个不相容的人，我不知会死在什么时候了。"

晋阳的老将宿臣，一直以来都轻视高洋，当时尚不知高澄死信。高洋到晋阳后，立刻召集全体文武官员开会。会上，高洋英姿勃发，侃侃而谈，分析事理，处理事情全都恰如其分，且才思敏捷，口齿流利，与往常判若两人。文武百官皆大惊失色，刮目相看而倾心拥戴。一切就绪后，高洋才返回邺都为高澄发丧。

高洋早有代魏称帝的想法，一直在窥测风向蠢蠢欲动。但他不是明目张胆死打硬拼，或拉帮结派打击异己，而是"守正"待时。平日里自贬自谦，与兄长融洽相处。但其居安思危，养尊处优时不忘锻炼自己，且能注意时局之变化，注意人才，确是有心计之人。

高澄之死，他临事不慌，秘不发丧，很快控制了局面。观其隐秘陈元康之死而虚授中书令之职的做法，可见他有识人之明。高澄死后不到三天便果断前往晋阳先声夺人，真正控制高澄的全部武装力量，可见其善谋而能断。半年后，高洋于梁简文帝大宝元年（公元 550 年）五月代东魏自立，建立了北齐政权。

一个有事业心的人，必须学会等待时机。儒家典型的原则是"穷则独善其身，达则兼济天下"。要想成就一番事业，就不能因为自己眼下的处境地位不如意而丧志，不能因为时间的消磨而灰心。古往今来功成名就者，有少年英雄，也有大器晚成。不管怎样，急于露头角就难以成气候，急功近利不足成大事，急躁情绪持久便容易患得患失，容易失望悲观。只有守正而待时，善于抓住机会而又坚定志向，才有可能走向成功。

零落露萌，凝寒回阳

【原典】

草木才零落，便露萌颖于根底；时序虽凝寒，终回阳气于飞花。肃杀之中，生生之意常为主，即是可以见天地之心。

【译释】

花草树木刚刚枯萎时，已经在根底露出芽；季节虽是到了寒冬，终究会回到温暖和煦的飞花时节。在萧条的氛围中，却蕴含着主宰时势的无限生机，由此可见天地化育万物的本性。

天行健，君子以自强不息

太阳西去了，明天还会升起；花儿凋谢了，明年还会再开。大自然肃杀之中总存有生生不息之机。世间事物在不利时，也存在有利条件，《易经》中有一句话："天行健，君子以自强不息。"

李嘉诚起家于塑胶花事业。在塑胶花界拼杀几年之后，他就被视为行

业大王。此时他的事业正在蒸蒸日上，众人都以为他会百尺竿头更进一步时，李嘉诚却出人意料地宣布退出！

1966年，香港的局势动荡不安，有钱人纷纷外逃，急于把物业抛售出去。香港地产有价无市，许多极其廉价的物业竟无人问津。富有远见的李嘉诚便乘机低价吸纳地盘物业。1968年以后，香港的局势趋稳，原先最为疲软的楼市复苏了。因此，地产也就以超常的速度开始发展。

李嘉诚所囤积在手中的"便宜货"顿时身价百倍，日攀月升。1958年的楼宇面积只是12万平方英尺，到1971年，已扩展到35万平方英尺。

淡出塑胶业，专营地产的李嘉诚，此时又赢得了一个千载难逢的商机。就在这一年，香港股市步入高潮，年底的恒生指数达到3414点的历史最低点。在1972年年初，另一个香港股票交易市场成立了。显然现在的公司上市，已经不像一会独霸时期那么可望而不可即。众多华资公司都在酝酿上市。李嘉诚不失时机地推出了自己的谋略。

在李嘉诚看来，现代的商业机构愈来愈集团化、社会化。传统的独家经营与合伙经营，很难在投资浩大的地产业大有作为。而股份制公司的优点在以小博大，能吸纳社会零散资金聚集成财力雄厚的集团。李嘉诚正是基于这样的科学判断，认为既然自己已经成功地迈出第一步，现在应该迈出第二步——踏进上市公司之列。

头脑冷静的李嘉诚丝毫也没有被眼前的成功所蒙蔽，他清楚地看到了股份公司的缺点——股份公司的经营时时被置于公众的监督之下，公司的"自有性"随时都有丧失的危险。但是天生就喜欢挑战的李嘉诚，却决定要把它的缺点变成优点，把劣势转化为优势。

1972年，11月1日，长江实业集团有限公司上市了。

上市之后25小时，李嘉诚的长实公司股票就上涨一倍多。又由于当时的恒生指数持续攀高，月增长达13%之多。因而，炒股的盈利远远高于地产。股市陷入了疯狂，小投资者上市炒股，连上市公司也纷纷大做炒手。地产与旺市的兴衰相互依存，股市旺，地产亦旺。令人惊奇的是，不少地产商弃地抛业，套取现金去炒股。可以毫不夸张地说，整个香港岛民都已经陷入了疯狂之中。

面对这种形势，李嘉诚的头脑异常冷静，在众人都疯狂时，他却大逆其道：暂离股市。运用大量的现金去购买别人低价抛售的地皮物业。

股市的火暴持续了没多久，之后股市一泻千里，市值暴跌七成。众多的公司市值大跌，有的人前夜还是公司的大老板，一觉醒来之后却穷得一无所有。还有的老板因欠下巨额股债跳楼自尽！而李嘉诚个人的实际资产却受损无几。他拥有大批地皮物业，并且趁地产低潮，继续低价收购物业。从此，在地产界没有多大名气的李嘉诚，由于闯出了一片天地，渐渐引起世人的瞩目。

从 1973 年开始，李嘉诚频频抛出大手笔，先是发行新股并用现金收购中汇商业大厦，然后又宣布在加拿大上市，把长实推向国际市场。到 1976 年其资产净值近六亿港币。

草木枯荣、冬夏交替都是大自然机理所在，花开花谢、风暖风寒也是人间常理。萧条之中，生机盎然，零落之后，生机茂盛，其中无限奥妙。生意场上也是如此，高价与低价交替，"便宜货"的后面就是"身价倍增"。所以高明的人不为表象所惑，而深入事物内部，看清事物内涵的精神。

身在局中，心在局外

【原典】

波浪兼天，舟中不知惧，而舟外者寒心；猖狂骂坐，席上不知警，而席外者咋舌。故君子身虽在事中，心要超事外也。

【译释】

波涛滚滚，巨浪滔天，坐在船上的人不知道害怕，而在船外的人却感到十分恐惧；席间有人猖狂谩骂，席中的人不知道警惕，而席外的人却感到震惊。所以有德行的君子即使身陷事中，也要将心灵超然于事外才能保持清醒。

超然于事外，超脱于尘世

人处于事中，不仅易迷，且往往被其势所左右，变得激情磅礴，不能理智思考和冷静处之。故处事应身在局中，而心在局外。

贞观元年（公元 627 年）的一天，唐太宗李世民意外得到了一只漂亮活泼的小鹞（即雀鹰，可帮助打猎），喜出望外，戏逗入迷。忽见魏征进来奏事，怕魏征责怪自己玩物丧志，忙将鹞子藏到怀里。魏征佯作没看见，却故意唠唠叨叨，说个没完没了。等魏征退下，唐太宗才敢取出鹞子，可它早已被闷死了。又有一次魏征出外办事，回来后对李世民说："听说陛下要外出巡幸，浩大的装备都已布置妥当，怎么迟迟不动身呀？"唐太宗笑着说："前阵子有些打算，想到卿必定要来劝谏阻止的，所以干脆在卿谏阻前打消了念头。"……魏征是贞观年间也可以说是我国古代最杰出的谏官，在短短的几年里，魏所陈谏的事情多达二百余件，且多被采用，深得唐太宗的赞赏。

魏征虽然有名，但当时敢于直言忠谏且劝谏有功的大臣绝非只有魏征一人。贞观年间，君臣共商国家大事，谏诤蔚然成风。这是我国封建社会政治史上的特异光彩，也是唐初"贞观之治"之所以引人注目的重要方面。像王珪、刘洎、房玄龄、褚遂良、杜如晦……甚至包括长孙皇后，都是敢于忠言犯颜且卓有成效的进谏者。

王珪被荣封为侍中，便奉诏入谢。见有一美女侍立在李世民身旁。王珪觉得面熟，便故意盯着美女看。李世民只好向他说明："这是庐江王李缓的姬人。李缓听说她长得漂亮，就杀了她的丈夫而娶了她。"王珪听后故意问："陛下认为庐江王做得对还是不对？"李世民答："杀人而后抢人妻子，是非已很清楚，何必要问？"王珪说："臣听说齐桓公曾经向郭国遗老询问郭国败亡之因，遗老说是因为善的不用而恶的不除。今陛下纳庐江王侍姬，臣还以为圣上要肯定李缓的做法，否则便是想自蹈覆辙了。"李世民一惊，接着说道："不是卿来提醒，朕差点要怙恶不悛，坚持错误了。"等王珪一离去，李世民即把美女打发走了。

贞观六年3月，一次罢朝后，唐太宗大声怒骂道："总有一天我要杀死这个田舍翁！"长孙皇后忙问田舍翁是谁。唐太宗道："就是魏征！他多次在我身边絮叨，还常在大廷上屈辱朕躬，必杀了他，才泄朕心头之恨！"长孙皇后听后大吃一惊，随后赶快退下。一会儿，她正儿八经地换上了上朝司礼用的严整朝服，向唐太宗拜贺道："妾听说君主清明，臣下才会忠直。当朝既有魏征这样的忠直之臣，便可以想见陛下当政无比圣明了。"唐太宗听后，立即转怒为喜了。

贞观年间谏诤之风盛行一时，犯颜直谏、面折廷争的事例屡见不鲜，实在是举不胜举。当时上自宰相御史，下至县官小吏，旧部新进，甚至宫廷嫔妃，都不乏直言切谏之人。人们不禁要问："何以在漫长的历史长河中，单单在贞观年间出现如此令人惊喜的开明局面呢？"这不能不归功于唐太宗"恐人不言，导之使谏"的"采言纳谏"之计了。魏征说得好："陛下导臣使言，臣所以敢言。如果陛下本是个不愿采言纳谏的君主，下臣们哪里敢触犯忌讳，以卵击石呢？"唐太宗非常欣赏"兼听则明，偏信则暗"的哲理。有一次，他把生平所得而珍藏的数十张"良弓"送给工匠验看。不料工匠看后却说，这些弓木心不正，脉理皆邪，统统不是良弓。于是唐太宗感叹说："天下之务，其能遍知乎！"既然人无完人，就只能依靠"采言纳谏"来弥补。他对大臣们说："朕高高居于皇位，无法看清天下的各种细节。卿等分布各处，应该力求像朕之耳目一样，帮助朕增长见识。"

唐太宗既深知不"采言纳谏"，必使自己愚昧固执，使国家昏暗衰败，因而千方百计要使"采言纳谏"之计得以切实施行。因此，他竭力鼓励极言规谏。早在他刚被立为皇太子时，就"令百民各上封事"，广泛提出治国意见与建议。登基后，为打消臣下进言的顾虑，力求使自己和颜悦色，诚恳和气，并多次表示，既使是"直言忤意"，也决不加以怒责。

不仅如此，唐太宗还从制度上来促进广开言路、"采言纳谏"的施行。他沿袭了隋朝三省六部制，同时他又让一些职位稍低的官员以"参与朝政"的名义，加入最高决策层。特别规定重要政务都须经过各部门商量，经宰相筹划，认为切实可行时，再向他申报。如果诏书有不稳妥之处，任何人都必须扣住，不准顺旨便立即施行。而应恪尽臣下上谏之责。唐太宗还特别重视对谏官的选择，并敢把杰出的谏官一步到位提到宰相的位置。

一个人做事就怕沉迷于事中却不自知，这样可能会把谬误当真理，把错误当正确。而要超然于事外，超脱于尘世，除了要有自身的高尚修养与较好素质，还要学会多听听别人的意见，多了解实际情况，所谓当局迷而旁观者清，偏信暗兼听明。

第七章

持理灭欲:欲路上勿染指,理路上勿退步

影响一个人快乐的,有时并不是物质的贫乏与丰裕,而是一个人的心境如何:欲望太多,拥有再多也仍然无法满足;相反,如果能丢掉无止境的欲望,就会珍视自己所有的东西,并从中获得快乐。所以快乐与否的决定权就在于你自己,贪心人的心里永远没有知足的时候,自然也不会觉得自己的快乐。

天理路广，人欲路窄

【原典】

天理路上甚宽，稍游心，胸中便觉广大宏朗；人欲路上甚窄，才寄迹，眼前俱是荆棘泥涂。

【译释】

追求自然真理的正道非常宽广，稍微用心追求，就感觉心胸坦荡开朗；追求个人欲望的邪道非常狭窄，刚一跻身于此，就发现眼前布满了荆棘泥泞，寸步难行。

心底无私天地宽

常言说："心底无私天地宽"，即使是方寸之间，只要存善积德，也能容纳百川大海。与此相反，一个自私自利的人，一个欲壑难填的人，他在自己物欲的驱使下，心里定损人利己。且不说难以建立事业，一旦恶行暴露无遗，就连性命也难以保存，这样的教训真是举不胜举。

追求个人欲望者甘愿为了此刻的快乐，而付出此刻之后永远的痛苦。

有一位年轻的助理研究员，有一个幸福的家庭，在一家省级研究单位工作，是一位很有发展前途的年轻人，上司也很赏识他。可是他竟为图一时的快乐，几乎半公开地与本单位几个临时女工发生性关系。一位大学同学问他为什么这样？他振振有词，回答道："人生不就是图个快乐吗？为什么要放弃今天的快乐去空想什么明天的前途？天知道明天是个什么样子？明天你是谁我是谁，你在哪里我在哪里都说不清呢？"

不久，事情被他妻子知道了，妻子告到他单位主管那里。主管经过调查，给予他行政处分，妻子与他离了婚。

幸福的家庭破裂了，同事和主管对他的印象也变差了。自此，他一蹶不振，陷入忧郁痛苦之中。想调单位，折腾了几次均未成功。离婚三年了，至今仍光棍一条。

追求个人欲望到了极致，甚至可以为了此刻的快乐而不顾之后的死亡。饮鸩止渴者便是典型，他虽然知道那是毒药，喝下去之后会毒死他的生命，可是他仍然为了解除眼前的口渴而拿起喝了。

人生在世是及时行乐还是追求理性，存在两种不同的生活方式。天理的大道，随时随地都摆在人们的面前供人行走，这条路不能满足人的种种世俗的欲望，而且走起来枯燥寂寞，假如世人能顺着这条坦途前进，会越走越见光明，胸襟自然恢宏开朗，会感觉前途远大。

反之世人的内心总充满欲望，而欲望的道路却是非常狭隘的，虽然可以满足一时的杂念，可走到这条路上理智就遭受蒙蔽，于是一切言行都受物欲的驱使，前途事业根本不必多谈，就连四周环境也布满了荆棘，久而久之自然会使人坠入痛苦深渊。物质需求和情感要求是必要的、合理的，但因此而沉溺就不是明智之举；从长远看，人生应该有高层次的追求才对。

有木石心，具云水趣

【原典】

讲德修道，要个木石的念头。若一有欣赏，便趋欲境；济世经邦，要段云水的趣味，若一有贪著，便坠危机。

【译释】

增进品德，磨炼心志，需要有坚定不移的意志。如果生有羡慕花花世界的念头，便会步入贪欲的境地；济助社会，治理天下，须拥有行云流水般的畅达情怀，如果心存贪图荣华富贵的欲望，便会坠入危机的深渊。

不要被欲望牵引得太深

恒心守志，意向坚定，是成熟的标志，是自信心的体现；沉静的修养，是铁打不弯的气概，也是一种力量美和沧桑美。"讲德修道，要个木石的念头"，就是体现了坚定与沉静的统一。面对大千世界，滚滚红尘，清者自清，浊者自浊。一旦抵御不住外界的诱惑，杂念便会渐起，贪心便会萌发。句子中"修道"，即修炼本性。"木石"，树木和石头，此处喻指意志坚贞。"欣羡"，指羡慕。"云水"，禅林称行脚僧为云水，以其到处为家，有如行云流水。黄庭坚有诗曰："淡如云水僧"。"贪著"，指贪婪的念头。总的来说，这段话告诫人们，要坚守贞操，不要为世间的名利奢华所动，一旦心被牵引，便会落入被物欲困扰的境地，由此，就会陷入危机的深渊。曾读过这样一个故事：

从前有座山，山里有一个神奇的洞，里面的宝藏足以使人毕生享用不尽。但是这个山洞门一百年才开一次。

有一个人无意中经过这座山时，正巧碰到百年难得的一次洞门大开的机会。他兴奋地进入洞中，发现里面有大堆的金银珠宝。他急忙快速地往袋子里装。由于洞门随时都有可能关上，他必须动作很快，并且要尽快离开，但他总觉得袋子里的金银珠宝装得不够多。

当他得意洋洋地装了满满一袋珠宝后，走出了洞口时，他发现帽子忘在里面了。于是他又冲入洞中，可惜时间已到，他和山洞一起消失得无影无踪。

故事很简单，却耐人寻味。贪婪的人，被欲望牵引，贪婪无边。在欲望的驱使下忙忙碌碌，不知所终，最终却一无所获。

须知，正确判断利害得失，辨明是非关系，不一味地被功名利禄之欲望所牵引，人生才能避免许多悲剧，从而悠然地享受生活的清凉。

晋朝张翰辞去高级官员的职务时，对同郡的顾荣说："天下纷乱不安，拥有盛名的人，想要退隐都很艰难。我本来就是乡野之人，性好闲适，早已不求一时的名望。你要防患于未然，用你的智慧给自己预留后路。"顾荣拉着张翰的手说："我也很想和你一起退隐，去采拾山间的野菜，喝江河中的清水。"有一天，张翰看到秋风吹起，想起吴中的莼菜羹、鲈鱼脍，说："人生的可贵在于能够适情适性罢了。怎么能被羁留在离故乡数千里外的地方，为的只是虚名爵？"于是叫人驾车赶回故乡。不久，齐王败亡，许多人都说张翰有先见之明。

晋朝时，裴顾推荐韦忠给张华，张华要委任韦忠为官，韦忠却以疾病为由辞谢。别人问他原因，韦忠说："张华为人虚华不实，裴顾贪多而不满足，两个都不顾礼法依附贾后，我时时担忧他们会遭覆败殃及我；怎么可以无所顾忌地来接近他们呢？"后来张华果然遭祸，如韦忠所预言一般。

《玉枢经》中说："入道的人知止，守道的人知谨，用道的人知微。能知微就能生出慧光，能知谨就能像圣人一样知识全面，能知止就能泰然安定。"

上述故事中的张翰和韦忠，可以说就是知谨知微之人，他们能以聪慧之光，打破欲望的牵引，跨越阴暗的险谷，不愧为大智之人！

人生的大部分痛苦是来自欲望的不能满足。倘若任其膨胀，不知收敛，不仅快乐会被淹没，而且还会丢失本该拥有的东西，甚至会失去生存的智慧。

节制欲求，享用五分

【原典】

爽口之味皆烂肠腐骨之药，五分便无殃；快心之事悉败身丧德之媒，五分便无悔。

【译释】

可口的山珍海味，多吃便伤害肠胃等于是毒药害人，控制住吃个半饱就不会伤害身体；你心如意是好事，其实有一些引诱人们走向身败名裂的媒介，所以凡事不可只求心满意足，保持在差强人意的限度上就不至懊悔。

多欲不会使人自由

欲望是无穷无尽的，但追求的欲望却不能无穷无尽。追求欲望的人应该节制自己的追求，并按照正确的原则行事：在可能的条件下，就尽量使欲望得到满足；在条件不允许时，就要节制欲求。天下没有比这更好的原则了。

欲望的永不满足诱惑着人们追求物欲，然而过度地追逐利益往往会使人迷失生活的方向。凡事适可而止，才能把握好自己的人生方向。

贪婪往往会蒙蔽人的心智，让我们失去理智，做出不可理喻的事情，也让我们心灵无法平静，无法享受到生活的美好。

小王那天想碰碰好运，他走进赌场时只想赌 200 块钱，原本就做了输钱的准备。他真正想要的只不过是可以对人们说，他也到过赌城，玩过轮盘赌。

他在大厅门口停了一会儿，看到厅内全是衣着入时的人。此时，他瞥见一个妩媚迷人的姑娘，孤身一人，仪表端庄，坐在一张绿色的轮盘赌桌旁，故意避开他的目光。他决定给她留下一点儿深刻印象。当时天刚傍晚，没有人下大赌注。小王原来的想法是一开始只赌一点儿小钱，但他一冲动，把 200 元全都押在 8 上。这笔赌注远远算不上豪赌，却足以吸引大家的目光。在轮盘旋转时，他已准备显露出一点儿遗憾的表情，然后漫不经心地耸一耸肩。他觉得，当赌场管理员用耙子收钱时，这是最恰当的表情。他可以神态优雅地损失 200 块钱，只求赢得美人一笑，为与她交谈搭一座桥。

他甚至没看旋转的轮盘，只听到球掉进洞后咕噜咕噜的滚动声。赌场管理员拖着长腔叫道："嘿，二加黑！"一两秒钟后他才意识到赢了。一大堆筹码被推到他面前，他的 200 元赌本足足增长了 35 倍，相当于 7000 元。他拿起一个 20 元的筹码，抛给了管理员。管理员谢过后，他看了看那个姑娘，朝她笑了笑。

她也报以微笑，没过多久，他们就交谈起来。小王只顾欣赏姑娘的如花之貌，没有注意旋转的轮盘。突然赌桌旁一阵骚动，那个姑娘发出一声惊叫。他一回头，不禁惊呆了。原先的200元赌本又押在8上，轮盘也再次转到8上。在5分钟内，经过两次轮盘赌，他赚进了14000元！

他是一个收入中等的人，因为连赢两场而大感震惊。姑娘说："你必须接着玩——你手指把握着运气。"于是，他们一块儿站在桌旁，一连玩了4小时，沉浸在连连得手的兴奋中。最后，他赚得盆满钵盈，"让银行都破了产。"也就是说，那桌的轮盘停止旋转后小王发现自己已赚了整整11万。

他兴高采烈地停了手，因为他不想拿冒险赢来的钱下更大的赌注。他离开赌场时口袋里装满了钱。姑娘陪着他，一起朝下榻的旅店走去。他按照姑娘的建议，走了一条近道。他全神贯注地与姑娘谈话，没想到两个男人突然从黑暗的小巷里钻出，紧紧跟着他们，其中一人用大棒猛地向他打去。等他醒来后，钱和姑娘全都消失得无影无踪。

他因为脑震荡在医院里躺了整整两个星期。在病中他从警察那里获悉，那个漂亮姑娘是抢劫团伙的成员。如果有人独自去赌场，碰巧赢一大笔钱，他们就设下圈套，把他洗劫一空。

什么事都应适可而止，但人往往禁不住诱惑。很多人一遇到香甜可口的美味，就不顾一切地拼命多吃，结果把肠胃吃坏，受病痛之苦。聪明人必须注意养身之道，营养不良固然不行，吃得太多也绝非好事。欲罢不能说明不懂养身之道。养身如此，做人同样如此。一些看起来令人得意洋洋的事，或许正酝酿着走向失败的因素，人在春风得意时一定要保持清醒才是。

贪富亦贫，知足亦富

【原典】

贪得者分金恨不得玉，封公怨不授侯，权豪自甘乞丐；知足者藜羹旨于膏粱，布袍暖于狐貉，编民不让王公。

【译释】

贪得无厌的人分到金银却恼恨得不到美玉，被封为公爵还要怨恨没有封上侯爵，明明是权贵之家却甘心成为精神上的乞丐；知足常乐的人觉得野菜比鱼肉味道还要美，粗布衣袍比狐皮貉裘还要温暖，虽然身为编户平民却比王公过得还要自在满足。

适可而止，知足常乐

不去欲就不会知足，一个过于贪婪的人永不会满足，时时处在渴求和痛苦之中，腰缠万贯的富翁可能还是若有所失，仅能免于饥寒的人也可能觉得样样不缺。从心理感受来说，真富有不一定要钱多，只要知足就卓然富裕了。

一定的社会地位是现实生活诱惑人们追求的一种客观存在；物质丰富是生活改善的标志。对个人而言，绝非因为安贫乐道就可以否定对物质欲望的追求。但是一个人为铜臭气包围，把自己变成积累财富的奴隶，或为财富不择手段为权势投机钻营，把权势当成满足私欲的工具，那么，这种人就会永远贪得无厌，为正人君子所不齿。

春秋时期，越国被吴国打败，越王勾践带领残兵逃到会稽山上，被吴军团团围住。勾践派人向吴王夫差请降，夫差不答应，勾践几乎绝望了。

这个时候，勾践的谋臣文仲、范蠡为他出主意说："吴国大臣伯嚭十分贪财，他现在正受夫差宠信，如果用重礼向他行贿，他一定会为我们说好话的。"

勾践于是让文仲带上大量金银财宝，又选了八位美女，前去求见伯嚭。

伯嚭偷偷地接见了文仲，他一见重金和美人，心中就高兴起来。文仲对他说："我奉命来见你，是不想让好事给别人占去啊。财宝和美人都在这，只要你肯替我家大王美言几句，让吴王退兵，这些就都是你的了。"

伯嚭说："越国灭亡了，越国的东西都会归吴国所有，这点东西又算得了什么呢？你是骗不了我的。"

文仲早有准备，他马上说："如果是这样，越国的一切也是都归吴王所有，你是得不到半点好处的。何况只要越国不亡，我们定会时时记得你的恩德，进献永远不会停止。这是天大的好事，聪明人是不会拒绝的。"

伯嚭觉得文仲说得在理，于是收下美人和财宝，答应替越国求情。

伯嚭的一位心腹看出了问题，他对伯嚭说："越国送钱送人，看是好事，实际上这是陷你于不义啊！他们现在有求于你，才会这样，哪里是他们的真心呢？收下礼物，以后的麻烦就大了。"

伯嚭不听规劝，从此百般在吴王面前说勾践的好话，越国终于保存下来。

勾践在吴国做人质期间，文仲给伯嚭送礼无数，从未间断。伯嚭不停地为勾践进言，帮助他回到了越国。

勾践灭掉吴国后，伯嚭自以为有功，欢天喜地拜见勾践。勾践对他说："你贪财好色，出卖自己的国家，还有脸见我吗？"

勾践杀了伯嚭，他的家人也一个不留。

伯嚭让主动上门的好事迷住了双眼，不厌其多，结果搭上了自己和全家人的性命，还葬送了吴国。他贪婪无度，注定要有这样的下场。

欲望就像是一条锁链，一个牵着一个，永远都不能满足。

"得寸进尺，得陇望蜀"是对贪得无厌之辈的形象比喻。只有少数超凡绝俗的豁达之士，才能领悟知足常乐之理。其实适度的物质财富是必需的，追求功名以求实现抱负也是对的，关键看出发点何在。

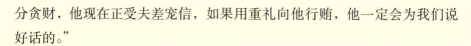

一念贪私，坏了一生

【原典】

人只一念贪私，便销刚为柔，塞智为昏，变恩为惨，染洁为污，坏了一生人品。故古人以不贪为宝，所以度越一世。

【译释】

人只要有一丝贪图私利的念头，那么就会由刚直变为柔弱，由聪明变为昏庸，由慈善变为残忍，由高洁变为污浊，这样就损坏了他一生的品格。所以古人将没有贪念作为修身的宝贵品质，就是为了超越这个物欲的时代。

吃人家的嘴软，拿人家的手短

为人绝对不可动贪心，贪心一动良知就自然泯灭，良知泯灭就丧失了正邪观念，正气一失，其他就随意而变了。生活中一些人抵不住"贪"字，灵智为之蒙蔽，刚正之气由此消除。在商品社会，许多人经不住贪私之诱，以身试法，"不贪"真应如利剑高悬才对，警世而又可以救人。

江苏省南京市禄口国际机场徐副台长、原民航江苏省管理局局长（正厅级）崔学宏因受贿人民币18.58万元、美金1000元，挪用公款383万元，被南京市中级人民法院一审以受贿罪判处有期徒刑11年，没收财产人民币15万元；以挪用公款罪，判处有期徒刑8年。决定执行有期徒刑16年，没收财产人民币共计15万元。受贿所得款物及非法所得人民币43.57万元予以追缴，上交国库。

案子一出，世人皆惊。这位曾经在江苏民航系统工作过31年的"老民航"为何会迷航折翅？

1940年6月，崔学宏降生在安徽省肥东县，其家境非常贫困。1949年，崔学宏进了小学后就开始发愤苦读。中学时，他凭借优异的成绩拿到了全校最高奖学金。中学毕业后，崔学宏考上了一所师范学校，而后又被进入空军某航校学习。1968年，崔学宏从民航浙江省局调往江苏省局工作。他从最基层的运输处运输员做起，一步一步地走上了商务主任、局办公室主任、副局长的领导岗位。

20世纪70年代末期，时任商务主任的崔学宏在一个极偶然的机会认识了一个叫程芳的女人。她是南京一家工厂的驾驶员，比崔学宏小4岁，既精明能干，又温柔妩媚。崔学宏立刻就被她身上独有的韵味吸引住了。于是他三番五次地通过朋友制造"偶遇"接近程芳。能与炙手可热的民航局官员搭上线，程芳可是求之不得，她竭尽所能去巴结迎合崔学宏。

一次，崔学宏埋怨家里计划粮太少，不够吃，想回老家拉点粮食。说者无心，听者有意。程芳当即把桌子一拍："没问题，明天我就给你拉回来。"当晚，程芳就日夜兼程驾车赶往崔学宏老家，给他拉回了两三百斤粮食。崔学宏见程芳对自己一点小事都如此尽心尽力，心里感激不已。他愈发喜爱这个女人。终于，崔学宏突破了最后的"防线"，将温柔的程芳揽入怀中……

这样的情人生活，他们一过就是10年。

1992年，崔学宏被提拔为民航江苏省局局长。

1994年，在程芳50岁时，崔学宏将她调进了省民航局下属的一家公司，并让她担任了一家酒楼的经理。

圈里的人都知道，要想打通崔学宏这道后门，必须先迈过程芳这道坎。程芳时常在局长面前出谋划策，她常说，你应该珍惜这个来之不易的机会，有权不用，过期作废。这一点拨，使崔学宏开始了人生的追求：吃喝玩乐、以权谋私、享受人生。

承包南京北海渔村酒店的个体老板邝某，准备趁中秋节大做一笔月饼生意。于是邝某找到程芳，想通过崔学宏从省民航局拆借70万元作资金。

对方提出"事成之后将有丰厚的回报"时，她心动了，便安排邝某与崔学宏见了面。酒过三巡之后，崔学宏表示可以借款，但条件是让其小儿子经营的蓝宇餐厅承接月饼加工。

但邝某实地考察后认为蓝宇餐厅条件不够，月饼还是须由广州厂家制作。崔学宏对邝某的表现颇为不悦。但在程芳的授意下，崔学宏转而要求让其女婿潘某和程芳一道参与经营，无论盈亏都必须取得60000元的保底利润。为了能得到70万元的资金，邝某只好丢卒保车，在程芳的一手操持下，潘某与邝某签订了协议。而这边崔学宏立即打电话给省民航局运输部，要他们赶紧将70万元公款汇入邝某账户，并再三强调"要抓紧办，越快越好"。

一个多月后，月饼运抵南京。崔学宏又让程芳拿着他写的条子到民航安徽省局和东方航空公司推销月饼。崔局长的面子谁敢不给，而且还由他的"经纪人"亲自出马，月饼生意自然马到成功。事后，崔学宏如约拿到了邝某送上的6万元的酬金。崔学宏当即就甩了2万元给程芳，把剩下的4万元交给了他的女婿潘某，并慷慨地说："这钱我和你妈不要了，你们四家（崔学宏有四个子女）一家分1万吧。"

在程芳和崔学宏联手谋利的生涯中，还有一个"典故"昭示着他们无所不为的私欲。

与崔学宏、程芳往来密切的南京鸿安公司经理赵某找到崔学宏，说自己联系到一批羊毛，转手就可大赚一笔，只是缺少本钱，请他帮忙借些资金。一向在朋友面前表现得非常仗义的崔学宏这次照样充起了"老大"，一口一个"没问题"。在没有对赵某公司资信和还款能力作任何调查的情况下，便擅自同意将省民航局300万元公款，通过银行贷给鸿安公司，并为其提供了担保。贷款到期后，鸿安公司无钱还款，崔学宏又同意延期还款，并在"借款延期偿还申请书"担保人一栏中，签下了自己的名字。结果，鸿安公司经营亏损，只还了150万元，余款根本无法归还。

在崔学宏身边，明的情妇是程芳，另外还有一个女人，这个女人叫吴雯，比程芳小10岁，她是南京明城酒店经理。她打通的是崔学宏小儿子这条路子。1994年4月，她从崔学宏手中弄到了300万元的省民航局贷款。

而后，她又捕捉一切机会极力攀附崔学宏这棵大树。1995 年 1 月，崔学宏夫妇结婚 30 周年纪念日，吴雯专门在一家星级酒店为他们举办了庆贺酒宴，并送给崔学宏夫妇一人一件皮衣。而后她又花 12000 元给崔家换上了一套红木餐桌椅……

吴雯如此"善解人意"，让崔学宏小存感激，对她关爱有加。崔学宏不仅自己经常光顾吴雯的明城酒店，还要求省民航局的一些部门将公款打到酒店账上，作为吃喝的费用。

一天，崔学宏带着程芳又来到明城酒店。酒桌上，吴雯说自己投拍电视剧正缺资金，向崔学宏提出借些钱。

不久，崔学宏便让省民航局借给吴雯 30 万元，这 30 万元自然有去无回。而吴雯投拍的电视剧也是泥牛入海不见踪影。

崔学宏的贪得无厌、假公济私、生活腐化终于激起了天怒人怨。要求对崔学宏进行查处的举报信不断飞向有关部门。

上级部门的调查令崔学宏如惊弓之鸟。为逃避罪责，他开始四处活动，堵塞漏洞。

然而，这一切都是枉费心机。国家民航总局和江苏省纪委、省检察院、省公安厅组成联合调查组，对崔学宏的问题开始进行调查。一个多月后，江苏省检察院依法将其逮捕。办案人员经过深入调查，终于查清了崔学宏的违法违纪行为。

品行的修养是一生一世的事，艰苦而又有些残酷，尤其古人对品行有污染者很不愿意原谅。

起念便觉，一觉便转

【原典】

念头起处，才觉向欲路上去，便挽从理路上来。一起便觉，一觉便转，此是转祸为福，起死回生的关头，切莫轻易放过。

【译释】

在念头刚刚产生时，一发觉此念头是个人邪恶的欲望膨胀，便马上用理智将这种欲念拉回到正路上来。邪念一产生就发觉它，一发觉就转变方向，这个时候就是将祸害转变为福祉，将死亡转变为生机的重要关头，千万不能轻易放过。

一失足成千古恨，再回首已百年身

一个人没有过失是不可能的，如果他每天都能反省并且成为一种习惯，那么，他将是过失最少的人，也可以相信他是天下最完美的人。反省是一面镜子，反省是一剂良药，反省是所有美德中最值得珍视的美德，拥有反省也就意味着拥有完美。

明崇祯十四年，清兵大败明师于锦州，俘获明军统帅洪承畴。

清太宗久存并吞中国野心，想利用洪承畴做开路先锋，便派了一名说客，劝他投降。洪承畴自诩为耿介名士，深明大义，所以凡有说服者，他皆执意拒绝，且绝食明志。

清太宗见无计可施，无精打采地回宫休息。皇后博尔济吉特氏问："国主大败明师，中外震惊，为什么长叹起来？"

太宗说："你们女流，怎知国家大事？"

"是不是中原还未征服呢？"

"你真是聪明，一下便说中了心事。只是为征服中原，才想招降明朝的将领洪承畴为我前驱，可是他却矢志不降。"

"怎会有不降的傻瓜？"皇后说："威迫不来，利诱就行了！"

聪明的皇后却深知世上男子的弱点。帝后密议一番之后，事态便有了进一步的发展。于是皇后特别打扮一番，黄昏时候，携了一个壶子秘密出宫，独个儿走到禁闭厅。见洪承畴正闭目危坐，一副凛然不可侵犯的神态，乃细声轻问："此位是洪将军吗？"声如出谷黄莺。洪承畴是一个英雄，什么威逼利诱，毫不动心，唯独对于声音婉转，吹气如兰的女人特别敏感，不知不觉地就把眼张开，咦！怎么有这样一个美人儿？

但洪承畴仍正色问："你是什么人？谁叫你来的？有什么事？"

她深深行了一个礼，说："洪将军！我知道将军是忠心耿耿的，绝食明志，了不起，就是以死殉国，还有什么可怕的！"说时嫣然一笑。

聪明的皇后看了看洪承畴，接着说："你且不要问，我此来是一片好心，想拯救你脱离苦海的！"她既庄重，又妖媚地说。

"什么！你拯救我？想劝我投降？嘿！我心如铁石，请闭嘴！"洪承畴又装起威武来了。但她绝不介意，继续说："将军！你不要轻视我，我虽是女子，颇识大义，对将军这种英勇行为和殉节精神衷心钦佩，岂忍夺将军之志？"

"那你来这里做什么呢？"

"唉，将军！我不是说过吗，是来救将军的。"她的话充满同情，而又惹人怜爱。

"将军是绝食等死吗？但绝食起码要经七八日才会气绝的。我煎好一煲毒药来敬将军。将军现所求者不外一死，而绝食和服毒死，究竟有什么不同？将军如怕死则已，若不怕死，请饮了这煲药，不就减少死前痛苦吗？"说完捧壶送过去。

洪承畴经她这般一捧一跌、一怜一媚的摇荡，身不由己，连呼："好好！我饮，我饮，死且不怕，何怕毒药！"立即接过壶来，张口狂饮，不料流急气促，咳了起来，弄得药沫飞溅，喷得美人衣襟尽湿。

洪承畴自惭孟浪，连忙向她道歉。她若无其事地谈笑自若，拿出香帕来慢慢拂拭，向洪承畴一翻媚眼说："看样子将军的阳寿还未尽哩！"

"我立志一死，不死不休！"

"将军可谓英勇之至，竟能视死如归，英雄英雄！钦佩！钦佩！"她说："不过，我还有一句话告诉将军。你现在既已为国殉了节，但身丧异域，去家万里，丢下家人，哭望天涯。深闺少妇，对着浮云发呆，春风秋月，苦想为劳，枕边弹泪，情何以堪？多情如将军，岂能闭眼不顾，不念旧情吗？"

洪承畴被勾起了心事，酸楚万分，想到毒药已下了肚，死期不远，不禁泪如泉涌，长叹一声说："事到临头，还有什么可说，什么可顾？唉，可怜无定河边骨，犹是深闺梦里人！"只这一叹，就暴露了洪承畴内心世界已有所动。他那视死如归的决心开始动摇了。经过那么多次的审讯、威逼、说服、利诱都没有动过一丝决心的洪承畴，只和这么一个弱女子几番问答，就开始犹豫了。此时聪明的皇后看出他已动心了，又用话挑他："决志殉国，将军可谓忠贞不贰，无愧臣节啦。但在我看来，确是笨得可以。"

"什么，照你所说，难道失节投降，反是英雄好汉？"

"将军！不是我说你，你身为国家栋梁，明朝对你的希望正殷，这样轻于一死，得了一个虚誉，究竟对国家有何补益呢？如果是我的话，会忍辱一时，渐图恢复，所谓忍辱负重，伺机报君，方不负明帝重托，百姓仰望，断不会这般轻生，效匹夫匹妇所为！不过，士各有志，勉强不得。"

洪承畴虽然等死，但血脉格外畅通，既醉其美貌，又服其见识，心中忐忑，莫知所以，牙齿开始发酸，欲火已冒上了眉尖。

她又说："将军死后，有什么话要转告家人否？我俩既然相遇，亦是一段缘分，我无论如何有传递的责任！"

洪承畴听后，眼泪又流出来了。她再掏出香帕来，迎身靠过去替他拭泪："将军，不要伤心，看把衣服弄湿了。唉！我也舍不得你这样离开的！"

到天明，这位曾经为万民景仰、飨过大明国祭的经略大臣、显赫将军洪承畴，入朝参见清太宗了。

很多事往往在一念之间决定今后的人生道路，而一念不慎足以铸成千古恨事。因此，先儒才有"穷理于事物始生之际，研机于心意初动之时"的名言。但一念的铸成并不在当时，而是在平时的锻炼。就像一个人在情绪特别激动的时候，往往会做出不计后果的事。而出现这种情绪说明这个人在平时就没有养成辨别好坏事的意识，故不能防邪念于未然，才造成"一失足成千古恨，再回首已百年身"的凄惨后果。

私心杂念和道德伦理并存是很矛盾的，人必须拿出毅力恒心控制私心杂念，并且当机立断地把这种欲念扭转到合乎道德的路上。这个扭转只能在平时注意磨炼自己，那才可能操之在我。一念之间上可登天堂，下可堕地狱。人不能总是到事后才悔恨自己，当生机在握时，当幸运来临时，决不可轻易放过。

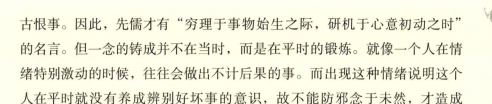

宠利毋前，德业毋后

【原典】

宠利毋居人前，德业毋落人后，受享毋逾分外，修为毋减分中。

【译释】

获得名利的事情不要抢在别人前面，积德修身的事情不要落在别人后面，对于应得的东西要谨守本分，修身养性时则不要放弃自己应该遵守的标准。

只有具有良好品德，方能显出人格的伟大

人的品质修省是从实际的利益中体现和磨炼出来的。范仲淹说"先天下之忧而忧，后天下之乐而乐"，表现了一种传统的优良的人生态度。现

在提倡"吃苦在前，享乐在后"，表现的同样是"宠利毋前，德业毋后"的境界。在名利享受上不争先，不分外；在德业修为上时时提高，是个人走向品德高尚的具体表现。

在"苛政猛于虎"、百姓不堪重负的元代，董文炳在县令任上，敢于"为民获罪"，设法隐实不报实际户数，使百姓大为减少赋敛的负担。后又拒绝府臣的贪得无厌，以"理终不能剥民求利"的情怀，弃官而去。

董文炳出任县令，逢朝廷开始普查百姓的户数，以便按户数征收税赋，并且下令敢于隐瞒实际户数的，都要处以死刑，没收家财。董文炳看到百姓的税赋太重，要百姓聚居一起，以减少户数。众官吏认为不能这么做，董文炳说："为百姓犯法而获罪，我心甘情愿。"百姓中也有人不太愿意这样做，董文炳说："他们以后会知道我要他们这样做的好处，会感谢我而不会怪罪我的。"由此，赋敛大为减少，百姓因而富足。董文炳的声誉传及四周，旁县的人有诉讼不能得到公正判决的，都来请董文炳裁决。董文炳曾到大府去述职，旁县的人纷纷聚拢来看他，有人说："我多次听说董县令，无缘一见。今看到董县令也是人，为何明断如神呢？"当时的府臣贪得无厌，向董文炳索取钱物，董文炳拒不肯给。同时有人向府里进谗言诋毁董文炳，府臣便欲中伤陷害，董文炳说："我到死也不会剥削百姓去得利益。"当即弃官而去。

董文炳不仅"终不能剥百姓求利"，而且处处为百姓谋利，除上述他冒死罪要百姓聚居一起减少户数，以减轻赋税外，他还多次慷慨地为百姓捐私产。《元史·董文炳传》载：当地十分贫穷，加之干旱，蝗虫肆虐，而朝廷的"征敛日暴"，百姓更是难以生存，董文炳自己拿出私粮数千石分给百姓，以使百姓的困境有所宽解。又因为前一任县令"军兴乏用，称贷于人"，而贷家索取利息数倍，县府没办法还贷，欲将百姓的蚕丝和粮食拿来偿还。这时，董文炳站出来说："百姓实在太困苦了，我现在位任县令，义不忍视百姓再遭搜刮，由我来代偿吧！"于是将自己的"田、庐若干亩，计值与贷家"，同时"复籍县间田以民为业，使耕之"，使得流离失所的百姓逐渐回来安居乐业，数年间便达到"民食以足"。

后被重用的董文炳，在领兵进入福建后，《元史·董文炳传》记载道：

"文炳进步所过，禁士马无敢履践田麦，曰：'在仓者，吾既食之；在野者，汝又践之，新邑之民，何以续命。'是以南人感之，不忍以兵相向。"后来，"闽人感文炳德最深，高而祀之"。不仅百姓不忘记这样的良吏，历史也同样不会忘记。

　　人生的一切欲望，归纳起来是两种：精神欲望和物质欲望。为了满足这两种欲望，相应地就产生了两大追求：精神追求和物质追求。庸人、小人把物质欲望当做人生的全部，所以没有多少精神的追求。君子、贤人的精神欲望特别强烈，而在物质欲望上，他们比庸人、小人能够承受更多的痛苦。所以，他们能达到"先天下之忧而忧，后天下之乐而乐"。

名不独享，过不推脱

【原典】

　　完名美节，不宜独任，分些与人可以远害全身；辱行污名，不宜全推，引些归己，可以韬光养德。

【译释】

　　完美的名誉和节操，不要一个人独占，必须分一些给旁人，才不会惹引他人嫉恨招来祸害而保全生命；耻辱的行为和名声，不可以完全推到他人身上，要自己承揽几分，才能掩藏自己的才能而促进品德修养。

让名可以远害，引咎便于韬光

　　一个有修养的人，应该知道居功之害。同样对那些可能玷污行为和名誉的事，也不应该全部推诿给别人。

独孤皇后是隋文帝的妻子。她身为皇后，而且家族世代富贵，但她却并不仗势凌人、爱慕虚荣，而是努力做到以社稷为重。突厥与隋朝通商，有价值八百万的一箧明珠，幽州总管阴寿准备买下来献给皇后。皇后知道后，断然回绝，她说：“明珠不是我急用的。当今敌人屡犯边境，我军将士疲劳，不如把这八百万分赏有功将士。”皇后喜爱读书，待人和蔼，百官对她敬重有加。有人引用周礼，提议让皇后统辖百官妻室。皇后不愿开妇人扰政的先例，没有接受。大都督崔长仁是皇后的表兄弟，犯了死罪，隋文帝碍于皇后情面，想免他的罪。皇后却能从维护国家利益出发，顾全大局，她说：“国家大业，焉能顾私。”崔长仁终于受到律法的严惩。

我们不妨细细分析独孤皇后这些举动的高妙之处：独孤皇后不收明珠，却把它分赏将士；表兄弟违法犯罪，她却不因权徇私，因此，她也远离了许多祸害，同时也保持了名节。

做人不能只沾美名，害怕责任，应当敢于担责任，担义务。从历史上看，一个人有伟大的政绩和赫赫的战功，常常会遭受他人的嫉妒和猜疑。历代君主多半都杀戮开国功臣，因此才有“功高震主者身危”的名言出现，只有像张良那样功成身退、善于明哲保身的人才能防患于未然。

所以君子都宜明了居功之害，遇到好事，总要分一些给其他人，绝不自己独享，否则易招他人怨恨，甚至杀身之祸。完美名节的反面就是败德乱行，人都喜欢美誉而讨厌污名。污名固然能毁坏一个人的名誉，然而一旦不幸遇到污名降身，也不可以全部推给别人，一定要自己面对现实承担一部分，使自己的胸怀显得磊落。只有具备这样涵养德行的人，才算是最完美而又清高脱俗的人。

放得心下，脱凡入圣

【原典】

放得功名富贵之心下，便可脱凡；放得道德仁义之心下，才可入圣。

【译释】

如果能够抛弃功名富贵之心，就能做一个超凡脱俗的人；如果能够摆脱仁义道德之心，就可以达到圣人的境界。

廉者常乐无求，贪者常忧不足

中国古典小说《红楼梦》中，有一段《好了歌》，十分精彩。"人人都说神仙好，唯有功名忘不了"，结果是"荒冢一堆草没了"。说到底，只有"好"，才能"了"，关键在于"了"字。这个"了"看似容易，但做起来却极难。许多人都说荣辱如流水，富贵似浮云，但老是在功利、虚名、荣华中解脱不开，身受束缚，结果身名俱损。

严子陵是我国古代著名的隐士，会稽余姚人。他的本名叫严光，子陵是他的字。严光年轻时就是一位名士，才学和道德都很受人推崇。当时，严光曾与后来的汉光武帝刘秀一道游学，二人是同窗好友。

后来，刘秀当了皇帝，成为中兴汉朝的光武帝，光武帝便想起了自己的这位老同学。因为找不到严光，所以就命画家画了严光的形貌。然后派人"按图索骥"，拿着严光的画像到四处去寻访。过了一段时间之后，齐国那个地方有人汇报说："发现了一个男人，和画像上的那个人长得很像，整天披着一件羊皮衣服在一个湖边钓鱼。"

刘秀听了这个报告，猜疑这个钓鱼的人就是严光，于是就派了使者，驾着车，带着厚礼前去聘请。使者前后去了三次才把此人请来，此人果然就是严光。刘秀高兴极了，立刻把严光安排在宾馆住下，并派了专人伺候。

司徒曹霸与严光是老熟人了，听说严光来到朝中，便派了自己的属下侯子道拿自己的亲笔信去请严光。侯子道见了严光，严光正在床上躺着。他也不起床，就伸手接过曹霸的信，坐在床上读了一遍。然后问侯子道："君房（曹霸的字叫君房）这人有点痴呆，现在坐了三公之位，是不是还经常出点小差子呀？"侯子道说："曹公现在位极人臣，身处一人之下万人之上，已经不痴了。"严光又问："他叫你来干什么呀？来之前都嘱咐你些什么话呀？"侯子道说："曹公听说您来了，非常高兴，特别想跟您聊聊天，可是公务太忙，抽不开身。所以想请您等到晚上亲自去见见他。"严光笑着说："你说他不痴，可是他教你的这番话还不是痴语吗？天子派人请我，千里迢迢，往返三次我才不得来。人主还不见呢，何况曹公还只是人臣，难道我就一定该见吗？"

侯子道请他给自己的主人写封回信，严光说："我的手不能写字。"然后口授道："君房足下：位至鼎足，甚善。怀仁辅义天下悦，阿庚顺旨要断绝。"侯子道嫌这回信太简单了，请严光再多说几句。严光说："这是买菜吗？还要添秤？说清意思就行了嘛！"

曹霸得到严光的回信很生气，第二天一上朝便在刘秀面前告了一状。光武帝听了只是哈哈大笑，说："这可真是狂奴故态呀！你不能和这种书生一般见识，他这种人就是这么一副样子！"

曹霸见皇上如此庇护严光，自己也就不好说什么了。

刘秀劝过曹霸后便下令起驾到宾馆去见严光。

大白天的，严光仍是卧床不起，更不出迎。光武帝明知严光作态，也不说破，只管走进他的卧室，把手伸进被窝，抚摸着严光的肚皮说："好你个严光啊，我费了那么大的劲把你请来，难道竟不能得到你一点帮助吗？"

严光仍然装睡不应。过了好一会儿，他才张开眼睛看着刘秀说："以前，帝尧要把自己的皇位让给许由，许由不干，和巢父说到禅让，巢父赶快到河边洗耳朵。士各有志，你干什么非要使我为难呢？"光武帝连声叹道："子陵啊，子陵！以咱俩之间的交情，我竟然不能使你折节，放下你的臭架子吗？"严光此时竟又翻身睡去了。刘秀无奈，于是只好摇着头登车而去了。

又过了几天，光武帝派人把严光请进宫里，两人推杯换盏，把酒话旧，说了几天知心话。 刘秀问严光："我和以前相比，有什么变化没有？"

严光说："我看你好像比以前胖了些。"

这天晚上，二人抵足而卧，睡在了一个被窝。严光睡着以后，把脚放在了刘秀的肚子上。第二天，主管天文的太史启奏道："昨夜有客星冲撞帝星，好像圣上特别危险。"刘秀听了大笑道："不妨事，不妨事，那是我的故人严子陵和我共卧而已。"

刘秀封严光为谏议大夫，想把严光留在朝中。但严光坚决不肯接受那种做官的束缚，终于离开了身为皇帝的故友，躲到杭州郊外的富春江隐居去了。后来光武帝又曾下诏征严光入宫做官，但都被严光回绝了。严光一直隐居在富春江的家中，直到80岁才去世。为了表示对他的崇敬，后人把严光隐居钓鱼的地方命名为"严陵濑"。传说严光钓鱼时蹲坐的那块石头，也被人称为"严陵钓坛"。

由于严光不屈于权势，不惑于富贵，颇合于孟子所提倡的"威武不能屈，富贵不能淫"的精神，所以便成为儒教所推崇的隐士型的典范。

彼富我仁，彼爵我义

【原典】

彼富我仁，彼爵我义，君子故不为君相所牢笼；人定胜天，志一动气，君子亦不受造物之陶铸。

【译释】

别人拥有富贵我拥有仁德，别人拥有爵禄我拥有正义，如果是一个有高尚心性的正人君子，就不会被统治者的高官厚禄所束缚；人的力量一定能够战胜自然力量，意志坚定可以发挥出无坚不摧的锐气，所以君子当然也不会被造物者所局限。

一切唯心造，自力创造非他力

一个活得洒脱的人，不应为身外物所累，不受富贵名利的诱惑，具有高风亮节的君子，胜过争名夺利的小人的一个重要因素，在于君子保持自我的人格和远大的理想，超然物外，不为任何权势所左右，甚至连造物主也无法约束他。所以佛家才有"一切唯心造，自力创造非他力"一语。

东汉末年天下大乱，隐士管宁到辽东避乱时拒绝公孙瓒授予的高位，不住公孙瓒为他准备好的华丽住宅，而决定到人迹罕至的深山定居度日。当时，来到辽东避难的士民百姓多居住在辽东郡的南部，以随时关注中原局势，准备在中原安定之后，返回故乡。独管宁定居于辽东北部深山，以表明终老于此地，不复还家之志。他在入山之初，居住在临时依山搭建的草庐之中。然后，马上着手凿岩为洞，作为自己的永久居室。

管宁道德高尚，名闻遐迩。他在深山定居不久，许多仰慕他的人都追随他而到山中垦辟田地谋生。不久，在管宁定居的地方，居然鸡鸣狗叫，人烟稠密，自成邑聚。

管宁是笃信好学守死善道的儒生。他以为无论何时何地，都应该按照儒学礼制规范人们的言行。因而，在他的周围聚集了众多的避难者之后，他就向人们宣讲《诗经》、《尚书》等儒家经典的深奥内涵，并有陈设俎豆，饰威仪，讲礼让。他自己则身体力行，以高尚的道德感化民众。在他们居住的深山中，地下水位很低，凿井不易。仅有的一口水井又很深，汲水困难。因此，每当打水人多的时候，总是男女错杂，有违儒家礼制。有时，还发生因争先恐后而吵闹以至械斗之事。管宁看在眼里，忧在心中。于是，他自己出钱买了许多水桶，命人悄悄地打满水，分置井旁，以待来打水的人取。那些年轻气盛的粗莽壮汉，见到井边常有盛得满满的水桶排列整整齐齐，个个惊奇万

分。他们终于听到是管宁为避免邻里争斗而为之，不由得反躬自省而羞惭万分，遂各自责，相约不复争斗。从此之后，邻里和睦，安居乐业。

有一次，邻居家的一头牛，践踏管宁的田地，啃吃田中的禾苗。管宁没有把牛打跑，怕无人管束的牛被山中野兽咬死。他命手下人把牛牵到荫凉之处，饮水喂食，照料得比牛的主人还要细心。牛主失牛之后，到处寻找牛的下落。当他看到自己的牛非但没有被殴打，而且受到无微不至的照料。十分愧疚，千恩万谢地离去了。就这样，管宁以自己宽容礼让的节操感化了周围的民众。他的名声也传遍了辽东郡。原本因管宁不愿与自己合作而心怀不满，进而又对其来意疑虑重重的公孙瓒，也理解了管宁隐居求志的初衷，长舒了一口气，放下心来。

正如庄子在《则阳篇》中描述的圣人那样："圣人，他们潜身世外能使家人忘却生活的清苦，他们身世显赫能使王公贵族忘却爵禄而变得谦卑起来。对于外物，他们与之和谐欢愉；对于别人，他们乐于沟通，混迹人世而又能保持自己的真性；有时候一句不说也能用中和之道给人以满足，跟人在一块儿就能使人受到感化。父亲和儿子都各得其宜，各自安于自己的地位，而圣人完全是清虚无为地对待周围所有的人。圣人的想法跟一般人的心思，相比起来差距很远。"

遵从大义，相信自我，一个有为的人理应锻炼自己的意志，开阔自己的心胸，铸造自己的人格，不为眼前的名利所累，把眼光放得长远。具有了人定胜天的气概，广阔天地任我驰骋。

同功相忌，同乐相仇

【原典】

当与人同过，不当与人同功，同功则相忌；可与人共患难，不可与人共安乐，安乐则相仇。

【译释】

应该有和别人共同承担过失的雅量，不可有和别人共同享受功劳的念头，共享功劳就会引起彼此的猜疑；应该有和别人共同渡过难关的胸怀，不可有和别人共同享受安乐的心思，共享安乐就会造成互相仇恨。

欲为大事者要看透世俗之利

人为什么只在患难之中才会团结呢？在有过之时盼望别人的原谅，在病中、在弱时盼望别人同情，而在得势和强健时便忘乎所以。所以人生在世要勿争，争则陷入自寻的烦恼之中，不争则是与人相安的一种方式。

相传越王勾践自从会稽解围之后，打算让范蠡主持国政，自己亲自去吴国屈事夫差。范蠡说："对于兵甲之事，文种不如我；至于镇抚国家、亲附百姓，我又不如文种。臣愿随大王同赴吴国。"勾践依议，委托文种暂理国政，自己携妻子和大臣范蠡前往吴国。

在吴国，范蠡朝夕相伴，随时开导，并为之出谋划策。

越王勾践与范蠡等人在吴国拘役三年，终于勾践七年（公元前491年）回国。勾践问复兴越国之道，范蠡作了极其精辟的论述，其要义在于：尽人事、修政教、收地利。在这条方针指引下，越国渐渐富强起来，以后又开始了同吴国的争夺，越来越占据上风。

勾践二十四年（公元前473年），吴王夫差势穷力尽，退守于姑苏孤城，再派公孙雄袒身跪行至越国军前，乞求罢兵言和。

不久，越军灭吴。勾践封夫差于甬东（会稽以东的海中小洲）一隅之地，使其君临百家，为衣食之费。夫差难受此辱，惭恨交加。于是以布蒙面，伏剑自杀。

灭吴之后，越王勾践与齐、晋等诸侯会盟于徐州（今山东滕县南）。当此之时，越军横行于江、淮，诸侯毕贺。越王号称霸王，成为春秋、战国之交争雄于天下的佼佼者。范蠡也因谋划大功，官封上将军。

灭吴之后，越国君臣设宴庆功。群臣皆乐，勾践却面无喜色。范蠡察此微末，立识大端。他想：越王勾践为争国土，不惜群臣之死；而今如愿以偿，便不想归功臣下。常言道：大名之下，难以久安。现已与越王深谋二十余年，既然功成事遂，不如趁此急流勇退。想到这里，他毅然向勾践告辞，请求隐退。

勾践面对此情，不由得浮想翩翩，迟迟说道："先生若留在我身边，我将与您共分越国，倘若不遵我言，则将身死名裂，妻子为戮！"政治头脑十分清醒的范蠡，对于宦海得失、世态炎凉，自然品味得格外透彻，明知"共分越国"纯系虚语，不敢对此心存奢望。他一语双关地说："君行其法，我行其意。"

事后，范蠡不辞而别，带领家属与家奴，驾扁舟，泛东海，来到齐国。范蠡一身跳出了是非之地，又想到风雨同舟的同僚文种曾有知遇之恩，遂投书一封，劝说道："狡兔死，走狗烹；飞鸟尽，良弓藏。越王为人，长颈鸟喙，可与共患难，不可与共荣乐，先生何不速速出走？"

文种见书，如梦初醒，便假托有病，不复上朝理政。不料，樊笼业已备下，再不容他展翅起飞。不久，有人乘机诬告文种图谋作乱。勾践不问青红皂白，赐予文种一剑，说道："先生教我伐吴七术，我仅用其三就已灭吴，其四深藏先生胸中。先生请去追随先王，试行余法吧！"要他去向埋入荒冢的先王试法，分明就是赐死。再看越王所赐之剑，就是当年吴王命伍子胥自杀的"属镂"剑。文种至此，一腔孤愤难以言表，无可奈何，只得引剑自刎。

从古到今，能够同享安乐共受富贵的例子不多，倒是君臣猜杀、兄弟相煎、父子干戈的例子俯拾皆是。争杀的原因大都为富贵、安乐而相仇。想想人生在世，不过短短数十寒暑，争名夺利的结果，到头来也不过是黄土一堆而已。谁都知道这个道理，所谓"旧时王谢堂前燕，飞入寻常百姓家"，功名富贵恰似过眼云烟，偏偏是当局者迷，不到盖棺难以清醒。

急流勇退，与世无争

【原典】

谢事当谢于正盛之时，居身宜居于独后之地。

【译释】

急流勇退应当在事情正处于巅峰的时候，这样才能命名自己有一个完满的结局，而处身则应在清静、不与人争先的地方，这样才可能真正地修身养性。

撒手悬崖，全身而退

对于名利权势，不同的人态度不同。有的人很明智，知道权势不一定能够给人带来幸福，所以不去争权夺势，而是忍耐住自己对权利的渴望，在事业成功时全身而退。

西汉张良，字子孺，号子房，小时候在下邳游历，在破桥上遇到黄石公，并替他穿鞋，因而从黄石公那儿得到一本书，是《太公兵法》。后来追随汉高祖，平定天下后，汉高祖封他为留侯。张良说道："凭一张利嘴成为皇帝的军师，并且被封了万户子民，位居列侯之中，这是平民百姓最大的荣耀，在我张良是很满足了。愿意放弃人世间的纠纷，跟随赤松子去云游。"司马迁评价他说："张良这个人通达事理，把功名等同于身外之物，不看重荣华富贵。"

张良的祖先是韩国人，伯父和父亲曾是韩国宰相。韩国被秦灭后，张良力图复国，曾说服项梁立韩王成。后来韩王成被项羽所杀，张良复国无望，重归刘邦。楚汉战争中，张良多次计出良谋，使刘邦险中转胜。鸿门宴中，张良以过人的智慧，保护了刘邦安全脱离险境。刘邦采纳张良不分封割地的主张，阻止了再次分裂天下。与项羽划分楚河汉界后，刘邦意欲进入关中休整军队，张良认为应不失时机地对项羽发动攻击。最后与韩信等在垓下全歼项羽楚军，打下汉室江山。

公元前201年，刘邦江山坐定，册封功臣。萧何安邦定国，功高盖世，列侯中所享封邑最多；其次是张良，封给张良齐地三万户，张良不受，推辞说："当初我在下邳起兵，同皇上在留县会合，这是上天有意把我交给您使用。皇上对我的计策能够采纳，我感到十分荣幸，我希望封留县就够了，不敢接受齐地三万户。"张良选择的留县，最多不过万户，而且还没有齐地富饶。

张良回到封地留县后，潜心读书，搜集整理了大量的军事著作，为当

时的军事发展，做出了重要的贡献。

急流勇退是功德圆满的一种方式，知道这个道理的人不少，自觉做到这一点的人却不多。一个大人物要想使自己的英名永垂不朽，必须在自己事业的巅峰阶段勇于退下来。做事业需要意志，退下来同样需要意志。任何事都存在物极必反的道理，随着事业环境的变化，以及人自身能力的限制，自身作用的发挥必须随之而变。江山代有才人出，并不是官越大，表明能力越强；权越大，功绩越丰。不论大人物、小人物，作用发挥到一定程度就要知进退。退不表明失败，主动退正是人能自控、善于调整自己的明智之举。

非上上智，无了了心

【原典】

山河大地已属微尘，而况尘中之尘；血肉身躯且归泡影，而况影外之影。非上上智，无了了心。

【译释】

山川大地与广袤的宇宙空间相比，只是一粒微尘，何况人类不过是微尘中的微尘；我们的身体相对于无限的时间来说，只是相当于一个泡影那么短暂，何况外在的功名富贵不过是泡影外的泡影。所以说，没有绝顶的智慧，就没有洞察真理的心。

功名利禄如浮云，还是放下的好

一片冰心在玉壶。追求自身的高洁，用淡泊的心怀看待世事，这是高超的做人和处世的哲学。自己内心纯洁，就不怕别人的恶意诋毁和诽谤；

抱着淡泊的胸怀，名利如浮云一般，入不得耳目，扰不了心志。只有这样，人生才踏实、充实。

天下熙熙，皆为利来；天下攘攘，皆为利往。人生看不破"名利"二字，就会受到终身的羁绊。名利就像是一副枷锁，束缚了人的本真，抑制了对于理想的追求。现代人生活在节奏越来越快的年代，成就感的诱惑始终存在，有太多的诱惑，太多的欲望，也有太多的痛苦，因此我们身心疲惫不堪。一个人要以清醒的心智和从容的步履走过岁月，在他的精神中就不能缺少气魄，一种视功名利禄如浮云的气魄。

不拘于物，是古往今来许多人一生的所求。视功名利禄如浮云，不必为过去的得失而后悔，不必为现在的失意而烦恼，也不必为未来的不幸而忧愁。抛开名利的束缚和羁绊，做一个本色的自我，不为外物所拘，不以进退或喜或悲，待人接物豁然达观，不为俗世所滋扰。

烦恼和羁绊都是由于自己的不能舍弃或是看得太重而引起的。人生于世，无论君子圣贤雅士也好，还是小人俗人凡人也好，谁也不可能无所谓的舍弃。俗人爱财，难道君子就不需要了吗？圣贤如果没了一日三餐，他也要去赚钱的。但不要执著，要懂得放下。拿得起放得下，这才是俗世的淡泊。

苏东坡在《赤壁赋》中以"大江东去，浪淘尽千古风流人物"的博大气派而发人生宇宙之兴叹，胸怀何广，气度何宏，可称得上豁达之人，彻悟了人生。也正因为他有远大的抱负，厚实的修养，高尚的智慧，才使他能明山川之真趣，弃名利于身外。

宋神宗熙宁七年秋天，苏东坡由杭州通判调任密州知州。我国自古就有"上有天堂，下有苏杭"的说法，北宋时期杭州早已是繁华富足、交通便利的好地方。密州属古鲁地，交通、居处、环境都没法儿和杭州相比。

东坡刚到密州的时候，连年收成不好，到处都是盗贼，吃的东西十分欠缺，东坡及其家人还时常以枸杞、菊花等野菜作口粮，人们都以为东坡先生过得肯定不快活。

谁知东坡在这里过了一年后，长胖了，甚至过去的白头发有的也变黑了。这奥妙在哪里呢？东坡说："我很喜欢这里淳厚的风俗，而这里的官员百姓也都乐于接受我的管理。于是我有闲情自己整理花园，清扫庭院，修整破漏的房屋；在我家园子的北面，有一个旧亭台，稍加修补后，我时常登高望远，放任自己的思绪，作无穷遐想。往南面眺望，是马耳山和常山，隐隐约约，若近若远，大概是有隐君子吧！向东看是卢山，这里是秦时的隐士卢敖得道成仙的地方；往西望是穆陵关，隐隐约约像城郭一样，姜尚父、齐桓公这些古人好像都还存在；向北可俯瞰潍水河，想起淮阴侯韩信过去在这里的辉煌业绩，又想到他的悲惨命运，不免慨然叹息。这个亭台既高又安静，夏天凉爽，冬天暖和，一年四季，早早晚晚，我时常登临这个地方。自己摘园子里的蔬菜瓜果，捕池塘里的鱼儿，酿高粱酒，煮糙米饭吃，真是乐在其中。"

对现实人生来讲，有形的东西可感可觉，如功名利禄，人们逐之如蝇。但从茫茫宇宙，从人一生的生死上来看，人何其渺小，功名利禄转眼而空。

德国哲学家康德就非常厌恶"沽名钓誉"，他曾经幽默地说："伟人只有在远处才发光，即使是王子或国王，也会在自己的仆人面前大失颜面。"也许，正是因为有了这样一份淡泊的心境，世界才又多了几丝温暖，几分快乐；也许正是少了几分对名利的追逐，世界才又多几分自在，几般快慰。

淡泊胸怀，独善自身，人生便不受困扰，心神才会一片安泰！

人生苦短，何争名利

【原典】

石火光中争长竞短，几何光阴？蜗牛角上较雌论雄，许大世界？

【译释】

在电光石火般短暂的人生中较量长短，又能争到多少的光阴？在蜗牛触角般狭小的空间里你争我夺，又能夺到多大的世界？

想远离烦恼，"不争"和"无求"便是最佳之妙法

斗胜争强、求名夺利意义何在？如此就会生活得更好吗？苏东坡说："西望夏口，东望武昌，山川相缪，郁乎苍苍，此非孟德之困于周郎者乎？方其破荆州，下江陵，顺流而东也，舳舻千里，旌旗蔽空，酾酒临江，横槊赋诗，固一世之雄也，而今安在哉！"

人的生命在历史的长河中只是短暂的一瞬，如何使短暂的人生过得幸福而有意义，应该是每个人都值得关注的重大话题。胸怀豁达的人能够在淡泊名利、不争不夺，奉献爱心，宽厚温和中轻松

愉快地生活；而狭隘自私的人却会在争狭利、斤斤计较、嫉妒相争，贪婪无度中烦躁难安地度日。

毋庸置疑，过于好争长短，逞强好胜，在为人处世中必定会丧失许多和气，结下许多怨恨，而且到头来也争不到什么东西。句子中"石火光"，即燧石碰击时发出的火花，比喻时间极其短暂。"蜗牛角"，比喻狭小之地。"许大"，多大之意。

　　"石火光中争长竞短，几何光阴？蜗牛角上较雌论雄，许大世界？"这段话就是告诉人们人生短暂，不要过于争强斗胜，夺名求利；而且，人们所处的空间本来就狭小，争来斗去又能得到多少？如果硬是好争好斗，将会丢失生命里和谐、爱心、快乐等十分珍贵的东西，那还有什么意义呢？弄不好还会使自己斗倒在万劫不复的深渊中。

　　惠子当梁国的宰相时，有一次庄子去看他，因为二人一向感情很深。有人在背后对惠子说："庄子这次来，是想取代您宰相的位置，您小心点！"惠子一听便担心了。事后，他决定先下手为强，捉拿庄子，以除后患。硬是在全国搜捕了三天，始终没发现庄子的影子。当惠子放下心来依旧当他的宰相时，庄子却来求见。原来庄子并没逃走，只是藏起来了。

　　庄子对惠子说："南方有一种鸟名叫鹓，您听说过吧。那鹓，是凤凰一类的鸟。它从南海飞到北海，不是梧桐不栖身，不是竹子的果实不吃，不是甘美的泉水不喝。就在这时，一只老鹰抓到了一只腐烂的死老鼠，鹓从它的身边走过，老鹰便紧张起来，抬头对鹓说：'想拿走梁国相位来吓唬我吧？'老鹰把死老鼠抓得更紧了。"

　　听庄子讲完，惠子面红耳赤，不知说什么好。

　　人处于世间，如果能从宇宙和用历史的眼光来看待人生，会深感人生之渺小，生命之短暂。

　　为此，生活中人们应当多一分谦让，少一分嫉妒与争斗。况且，就历史的长河而言，生命是何其短暂，人又是何其渺小，在这样的情况下，何不以宽阔豁达的胸怀去拥抱轻松愉快的生活呢？

　　相争相斗，不仅最终得不到什么，相反，还会流失掉生命中许多珍贵的东西，如情感、友谊、轻松、快乐乃至生命。

知足则仙，善用则生

【原典】

都来眼前事，知足者仙境，不知足者凡境；总出世上因，善用者生机，不善用者杀机。

【译释】

对于每天的现实生活，能够知足的人感到生活在仙境，而不知满足的人就只能始终处在凡俗的世界；总结世上的一切事物发生发展的原因，善于运作的人，就能创造机运，不善运作的人，就处处陷入危机当中。

大都心足身还足，只恐身闲心未闲

道德高尚的人，奉行大道，因而不以一时一事的得失为重；得道乐天，因而不以功名利禄为务，看破世情，悟彻事理，因而持性任重，知足常乐。这样的人，得乐能乐，苦中也能乐。

东汉时南阳人樊重，字君云，家中世代善于耕种，收益颇丰。他喜欢经商，人很温和、厚道，做事也很守规矩。三代人居住在一起，共享家产，家庭和睦，儿子、孙儿都能尊老敬贤，很懂礼仪。他们经营产业，不奢靡，不浪费。家里雇佣的童子、奴婢、仆人都各司其职，也都各有所得。所以全家上下能够团结一心，共同生产，收获也年年增长，后来土地达到300多顷。他们家造的房子，都是有几进的厅堂，高高的屋檐，很气派。这之后又养鱼放牧，完全能够自给自足。有一次他家打算做漆器等物品，就先种了许多樟树和漆树。当时乡里的一些人都嘲笑他们，他们也不争执。过了几年，这些树木成材了，都派上了用场。过去那些讥讽他们的人，由于自己没有，就都跑来求借，樊重便一一借给他们，备受邻人的称赞。等到家财万贯，富甲乡里了，他就对乡里宗族以及乡亲们进行救济，供养那些贫困的人。

有一次樊重的外孙兄弟俩，发生了争执，而且对簿公堂。樊重认为因为财产就不念手足之情，不顾兄弟情义，实在可耻，于是从自己的田产中拿出良田二顷，分给他们兄弟，解除了他们兄弟之间的争讼。县里乡亲都赞扬樊重，推举他担任掌教化的乡官。樊重一直活了八十多岁，去世的时候留下遗命给他的儿子们，让他们把多年以来乡亲邻人所借贷的数百万的文契全部焚烧掉，不用再让他们偿还。那些曾向樊家借过债的人听说此事以后，都觉得非常惭愧，都争着到樊家来还钱，但樊重的儿子们遵从父命，一概不收。

要想真正享受人生乐趣，应当有知足常乐的思想。所以，老子说："知人者智，自知者明；胜人者有力，自胜者强；知足者富，强行者有志；不失其所者久，死而不亡者寿。"人的有限生命应该用到对人类有益的事业中去，在这样的事业中去发挥才智，展现能力，比起那些在功名富贵中拼杀的人来说，真不知要强过多少倍。

处进思退，得手图放

【原典】

延促由于一念，宽窄系之寸心。故机闲者，一日遥于千古；意广者，斗室宽若两间。

【译释】

漫长和短暂是由于主观感受；宽和窄是由于心理体验。所以对心灵闲适的人来说一天比千古还长，对胸襟开阔的人来说一间斗室也无比宽广。

凡事预留退路，不思进，先思退

立身唯谨，避嫌疑，远祸端，凡事预留退路，不思进，先思退。满则自损，贵则自抑，才能善保其身。

空间的广狭、时间的长短，并不是绝对的，往往由于人的心境的不同，而感受不一。

唐朝郭子仪平定安史之乱的事迹已为人熟知，但很少人知道，这位功极一时的大将为人处世却极为小心谨慎，与他在千军万马中叱咤风云、指挥若定的风格全然不同。

唐肃宗上元二年（761年），郭子仪进封汾阳郡王，住进了位于长安亲仁里的金碧辉煌的王府。令人不解的是，堂堂汾阳王府每天总是门户大开，任人出入，不闻不问，与别处官宅门禁森严的情况判然有别。客人来访，郭子仪无所忌讳地请他们进入内室，并且命姬妾侍候。有一次，某将军离京赴职，前来王府辞行，看见他的夫人和爱女正在梳妆，差使郭子仪递这拿那，竟同使唤仆人没有两样。儿子们觉得身为王爷，这样子总是不太好，一齐来劝谏父亲以后分个内外，以免让人耻笑。

郭子仪笑着说："你们根本不知道我的用意，我的马吃公家草料的有500匹，我的部属、仆人吃公家粮食的有1000人。现在我可以说是位极人臣，受尽恩宠了。但是，谁能保证没人正在暗中算计我们呢？如果我一向修筑高墙，关闭门户，和朝廷内外不相往来，假如有人与我结下怨仇，诬陷我怀有贰心，我就有口难辩了。现在我无所隐私，不使流言蜚语有滋生的余地，就是有人想用谗言诋毁我，也找不到什么借口了。"

几个儿子听了这样一席话，都拜倒在地，对父亲的深谋远虑深感佩服。

中国历史上多的是有大功于朝廷的文臣武将，但大多数的下场都不好。郭子仪历经玄宗、肃宗、代宗、德宗数朝，身居要职60年，虽然在宦海也几经沉浮，但总算保全了自己和子孙，以八十多岁的高龄寿终正寝，给几十年戎马生涯画上了一个完美句号。这不能不归之于他这份谨慎。

悬崖勒马、江心补漏固然是对危局的补救措施，但毕竟已处于进退两难的尴尬境地；骑虎之势已成，世事不由自己，至此悔恨都已晚矣。假如人不能在权势头上猛退，到头来难免像公羊触藩一般弄得灾祸缠身。做事要胸中有数，不要贪恋功名利禄，不要做无准备之事；做事要随机应变，随势之迁而调整。做事是为了成事，一股劲猛进不可取，犹犹豫豫也不可取，应当知进知退，有张有弛，处进思退才是行事的方法。

逃避名声，省事平安

【原典】

矜名不如逃名趣，练事何如省事闲。

【译释】

炫耀名声还不如逃避名声更有趣味，练达世事也不如多省一事来得悠然自得。

才华不可外露，宜深明韬光养晦

自污声誉、气节，是躲避灾祸的有效手段。作为皇帝，不仅怕大臣的权力超过他，也怕大臣的名声超过他；作为臣子，你贪一点儿、"色"一点儿都不要紧，千万不要有贤名，不要有实力。

战国末年秦王政准备吞并楚国，继续他统一中国的大业，他召集大臣和将领们商议此事。作战英勇的青年将领李信，在攻打燕国的时候，曾率数千秦军击溃了数万燕军，逼得燕王姬喜走投无路，只好杀了专与秦王政作对的太子姬丹，向秦王谢罪求和。秦王政想让李信做灭楚的秦军统帅，就问李信，攻灭楚国需要多少军队，气宇轩昂的李信不假思索地说："有大王的英明决策，挟秦军胜利之师的雄威，灭楚 20 万军队足矣。"

秦王政听了，暗暗称赞李信果然是个少年英雄，有万丈豪气。因此事关重大，想再听听他人的意见。他目光掠过群臣，最后停在鬓眉皆白、身形已有些佝偻的老将王翦脸上，徐徐问道："王将军，你的意见呢？"

王翦久经沙场，身经百战，追随秦王多年，十分了解他的心性和为人，见秦王政听了李信的话后面露喜色，就知道他有轻敌之心。但这等大事是不能阿谀讨好的，于是王翦神色凝重地对秦王政说："大王，楚国原是个幅员数千里、军队数百万的大国，这些年来，楚国虽屡遭挫折，但一来其实力仍十分可观，二来楚人十分仇视秦国，楚军与秦军作战时，士卒凶悍不畏死。所以，仅 20 万人去攻打楚国是远远不够的。依臣之见，恐怕要……"王翦原想说 20 万人出兵必败无疑，但想到这不吉利的预言会触怒日渐骄狂的秦王政，所以改口说："灭楚非 60 万大军不可。"

秦王政听了，毫不掩饰自己对王翦见解的失望，冷冷地说："看来，王将军果真老矣，胆子怎么这样小？还是李将军有魄力，20 万军队一定能够踏平楚境！"于是，秦王政派李信率 20 万军队去攻打楚国。

王翦料定李信必败，秦王政现在虽听不进他的意见，将来一定会采用。不过秦王政现在既已认为自己老朽无能了，如果继续赖着不走，恐怕会被秦王政随意找个罪名，加以罢斥，弄不好还会丢失性命，他马上告病辞官，回老家休养去了。面对自己的正确意见不能被采纳，老将王翦不是气愤不已，而是忍对他人的误解嘲笑，韬光养晦，不去计较。

果然不出王翦所料，李信带领 20 万秦军攻打楚国，被楚军连破二阵，李信率残部狼狈逃回秦国。

秦王政盛怒之下，把李信革职查办。秦王政毕竟是一代枭雄，他后悔当初自己轻率，随即下令备车驾，亲自去王翦的家乡，请王翦复出，带兵攻楚。

秦王政见到王翦，恭恭敬敬地向王翦赔罪，说："上次是寡人错了，没听王将军的话，轻信李信，误了国家大事。为了一统天下的大业，务必请王将军抱病出马，出任灭楚大军的统帅。"

王翦并没有因秦王政的赔罪而忘乎所以，他冷静地说："我身受大王的大恩，理应誓死相报，大王若要我带兵灭楚，那我仍然需要 60 万军队：楚国地广人众，他们可以很容易地组织起 100 万军队，秦军必须要有 60 万才能勉强应付。少于此数，我们的胜算就很小了。"

秦王政连忙赔笑说："寡人现在是唯将军之计是从。"随后征集 60 万军队交给王翦指挥，出兵之日，秦王政亲率文武百官到灞上为王翦摆酒送行。

饮了饯行酒后，王翦向秦王政辞行。秦王政见王翦唇齿翕动，似有话要说，赶忙问道："王将军心中有何事？不妨对寡人讲一讲"。王翦装出一副惶恐的样子说："请大王恩赐些良田、美宅与园林给臣下。"

秦王政听了，有些好笑，说："王将军是寡人的肱股之臣，目下国家对将军依赖甚重，寡人富有四海，将军还担心贫穷吗？"

王翦却又分辩了几句："大王废除三代的裂土分封制度，臣等身为大王的将领，功劳再大，也不能封侯，所指望的只有大王的赏赐了。臣下已年老，不得不为子孙着想，所以希望大王能恩赐一些，作为子孙日后衣食的保障。"秦王政哈哈大笑，满口答应："好说，好说，这是件很容易的事，王将军就此出征吧。"

自大军出发至抵秦国东部边境为止，王翦先后派回五批使者，向秦王政要求：多多赏赐些良田给他的儿孙后辈。

王翦的部将们都认为他老昏头了，胸无大志，整天只想着替儿孙置办产业。面对众人不理解，王翦说："你说得不对，我这样做是为了解除我们的后顾之忧。大王生性多疑，为了灭楚，他不得不把秦国全部的精锐部队都交给我，但他并没有对我深信不疑。一旦他产生了疑念，轻者，剥夺我的兵权，这将破坏了我们灭楚的大计；重者，不仅灭楚大计成为泡影，恐怕我和诸位的性命也将难保。所以，我不断向他要求赏赐，让他觉得，我绝无政治野心。因为一个贪求财物，一心想为子孙积聚良田美宅的人，是不会想到要去谋反叛乱的。"秦王政果然因此而相信王翦没有异心，放心让他指挥 60 万大军，发动灭楚战争。仅用了一年多时间，王翦就攻下了楚国的最后一个都城寿春（今安徽寿县），俘虏了楚王熊负刍，兼并了秦国最大的对手楚国。

王翦为打消秦王政的疑心，不惜自损其名，伸手向秦王要求赏赐，使部将以为他老昏了头，却使秦王更加深信他不会造反，从而全力支持他对楚作战，继而使自己无后顾之忧，一举灭楚。

为臣不可名高盖主，除非你是有野心、有实力取君王而代之。自古就有"君子盛德，容貌若愚"的说法，即人的才华不可外露，宜深明韬光养晦之道，才不会招致世俗小人的嫉恨。一个愚钝之人本身无所谓隐，一个修省的人隐居不是逃脱世俗，不过是在求得一种心理平静而已，故逃名省事以得安闲。

不忧利禄，不畏仕危

【原典】

我不希荣，何忧乎利禄之香饵？我不竞进，何畏乎仕宦之危机？

【译释】

我不去追求荣华富贵，怎么担心名利和官禄的诱惑呢？我不想升官发财，怎么会担心官场上潜伏的各种危机呢？

香饵之下必有死鱼

一个人如果不希冀官场的升迁就自不会去投机钻营，不会去阿谀奉承，就会无所畏惧，那权势又奈我何？陷阱对想图功名者来说才是陷阱；

权势对于希图荣达者才有一番诱惑。

有一次，孟子本来准备去见齐王，恰好这时齐王派人捎话，说是自己感冒了不能吹风，因此请孟子到王宫里去见他。

孟子觉得这是对他的一种轻视，于是便对来人说："不幸得很，我也病了，不能去见他。"

第二天，孟子便要到东郭大夫家去吊丧，他的学生公孙丑说："先生昨天托病不去见齐王，今天却去吊丧。齐王知道了怕是不好吧？"

孟子说："昨天是昨天，今天是今天，今天病好了，我为什么不能办我想办的事情呢？"

孟子刚走，齐王便打发人来问病，孟子的弟弟孟仲子应付差役说："昨天王有命令让他上朝，他有病没去，今天刚好一点，就上朝去了，但不晓得他到了没有。"

齐王的人一走，孟仲子便派家丁在孟子回家的路上拦截他，让他不要回家，快去见齐王。

孟子仍然不去，而是到朋友景丑家住了一夜。

景丑问孟子："齐王要你去见他，你不去见，这是不是对他太不恭敬了呢？况且这也不合礼法啊。"

孟子说："哎，你这是什么话？齐国上下没有一个人拿仁义向王进言，难道是他们认为仁义不好吗？不是的。他们只是认为够不上同齐王讲仁义，这才是不恭敬哩。我呢，不是尧舜之道不敢向他进言，这难道还不够恭敬？曾子说过，'晋国和楚国的财富我赶不上，但他有他的财富，我有我的仁，他有他的爵位，我有我的义，我为什么要觉得比他低而非要去趋奉不可呢？'爵位、年龄、道德是天下公认为最宝贵的三件东西，齐王哪能凭他的爵位便轻视我的年龄和道德呢？如果他真这样，便不足以同他相交，我为什么一定要委屈自己去见他呢？"

古代官场中四处布满陷阱，充满荆棘，因此才有"善泳者死于溺，玩火者必自焚"，"香饵之下必有死鱼"的说法。所以要想不误蹈陷阱，误踏荆棘，最好是把荣华富贵和高官厚禄都看成过眼烟云。

自老视少，瘁时视荣

【原典】

自老视少，可以消奔驰角逐之心；自瘁视荣，可以绝纷华靡丽之念。

【译释】

从老年回过头来看少年时代的往事，就可以消除很多争强斗胜的心理；能从没落后再回头去看荣华富贵，就可以消除奢侈豪华的念头。

不要在富贵与权势中争强斗胜

自老视少，可以消除奔驰角逐之心，自瘁视荣，可以绝纷华靡丽之念，这是一种正向、逆向思维相结合。

《南史》里记载了一位渔父的故事。据说，南朝宋时有一渔父，很有才学，但人们不知其姓名，也不知其乡居何处。孙缅在浔阳担任太守时，有一天夕阳西下，他到江边漫步，见一叶扁舟在波涛中时隐时现，一会儿便看见渔父驾船而来。渔父神韵潇洒，垂纶钓鱼，并发出阵阵长啸。孙缅感到十分奇怪，便问道："您钓鱼是为了卖钱吗？"渔父笑着回答说："我钓鱼并不是钓鱼，又怎能是卖鱼之人?"听了渔父的回答孙缅更加惊奇。于是他提着衣服蹚着河水靠近小船，对渔父说："我暗中观察先生，知道您是一位有才学的人。但是你每日驾舟捕鱼，也十分劳苦。我听说黄金白璧是重利，驷马高车为显荣，当今之世，王道昌明，海外隐居之士，靡然而归。您为何不向往天下的光明，而将自己的才华隐藏起来呢?"渔翁回答道："我是山海间的一位狂人，不通达世间杂务，也分不清荣贵和贫贱。"说完便悠然划桨而去。

渔翁的高明之处就在于他能逆向思维，世人会把官场的起落看成贪饵吞钩，说不定自己就是一条上钩的鱼。

世事经历多了以后，往往更能悟出其中的道理，大有曾经沧海难为水之叹。不管是道家奉劝世人消除欲望，还是儒家提倡贫贱不移的修养工夫，或者佛家清心寡欲的出世思想，都在告诉世人，不要在富贵与奢侈、高官与权势中争强斗胜，浪费心机。人尤其在得意时，要多想想失意时的心情，以失意的念头控制自己的欲望。

名利尊卑，贪无二致

【原典】

烈士让千乘，贪夫争一文，人品星渊也，而好名不殊好利；天子营家国，乞人号饔飧，分位霄壤也。而焦思何异焦声。

【译释】

行为刚烈的义士可以将千乘之国礼让于人，贪求无厌的人却为一文钱而争夺，这两种人的品格有天壤之别。但义士好名的心理和贪财人好利的心理并没有什么区别。天子掌管国家大事，乞丐沿街要饭，这两种人的身份、地位有天壤之别。但天子思虑国家事务的忧愁和乞丐求食物的急切却没有什么区别。

智者看到名利就想到灾害，愚人看到名利就忘了灾害

凡事有利则必有害。何为利？利不仅是经商做买卖，赚取的利益是利；以私灭公，只要自己方便，不顾他人利益、损害社会利益的行为都是只顾一己之私的利。它不仅危害社会，同时也危害自己。利和义之间的区别是很明显的，但是利与害之间的相互转化则是非常微妙的。

面对利与害，我们又当忍什么呢？利是人们喜爱的，害是人们都畏惧的。利就像害的影子，形影不离，怎可以不躲避？贪求小利而忘了大害，如同染上绝症难以治愈。毒酒装满酒杯，好饮酒的人喝下去会立刻丧命，这是因为只知道喝酒的痛快而不知其对肠胃的毒害。遗失在路上的金钱自有失主，爱钱的人贪取而被抓进监牢，这是因为只知道看重金钱的取得而不知将受到关进监牢的羞辱。用羊引诱老虎，老虎贪求羊而落进猎人设下的陷阱；把诱饵扔给鱼，鱼贪饵食而忘了性命。

在春秋末年，晋国有一个当权的贵族叫智伯。他是个名不符实的人，不仅没有智慧，而且蛮横无理、贪得无厌。智伯本来拥有很大一块土地，但还平白无故地向魏宣子索要土地。

魏宣子也是晋国的一个贵族，他很厌恶智伯的贪婪，不想给他土地。魏宣子的一个臣子叫任章，就对他说："您最好把土地给他。"

魏宣子不解地问："我凭什么要白白地送土地给他呢？"

任章说："他无理求地，一定会引起邻国的恐惧，邻国都会讨厌他。他一定会利欲熏心，不知满足，到处索要，这样便会引起整个天下的忧虑。您给了他土地，他就会更加骄横起来，以为别人都怕他，他也就更加轻视对手，而更肆无忌惮地骚扰别人。那么他的邻国就会因为讨厌他而联合起来对付他，那时他的死期也就不远了。"

魏宣子听了若有所悟。任章又接着说："《周书》上说，将要打败他，一定要暂且给他一点帮助；将要夺取他，一定要暂且给他一点甜头。所

以，我说您还不如给他一点土地，让他更骄横起来。再说，您现在不给他土地，他就会把您当做靶子，向您发动进攻。那您还不如让天下人都与他为敌，让他成为众矢之的呢。"

魏宣子立刻改变了主意，割让了一大块土地给智伯。

果然就像任章所分析的那样，尝到甜头的智伯接下来便伸手向赵国要土地。赵国不答应，他就派兵围困晋阳。这时，韩、魏联合，趁机从外面打进去，赵国在里面接应，在里应外合、内外夹攻之下，智伯很快就被消灭了。

在这个故事里，智伯是深为利益所迷惑的人，他贪得无厌，四处勒索，可是他却没有发现，当别人轻而易举就答应他的要求，给予他想要的利益时，距离自己灭亡的日子也就不远了。

人们大都喜欢名利，成名使人有成就感，精神振奋，得利能够使人有满足感，心情愉悦。一般的情况下，人们也惧怕灾难，灾难令人感到痛苦，心智受到损害。所谓趋利避害是人的共同心理，无论是君子或是小人，在这一点上其实都是一样的，只不过追求名利、逃避灾害的方式不同罢了。愚蠢不知事理的人总是被眼前微小的利益所迷惑而忘记了其中可能隐藏的大灾祸，只见利而不见害。

因此，聪明智慧的人看到名利，就考虑到灾害；愚蠢的人看到名利，就忘记了灾害。考虑到了灾害，灾害就不会发生；忘记了灾害，灾害就会出现。

人不能过于贪图眼前的利益，更不能因为被眼前的利益所迷惑而忘记了做人的根本。

谁都懂得要获得事业的成功，就要付出一定的代价，哪里有那么多现成的好事在等待你呢？许多人也明白，小利之后会有大害的道理，但是一事当前，则无论如何也忍受不了小利不得的吃亏感，那后果又是什么呢？

自古至今只有能明是非、辨利害，才能忍耐住自己的本性，才能见利思害。做到这一点，是很不容易的。要兴利除害，趋利避害，也必须要有忍耐的精神才能办到。人生能有几何，不到百年时光；天地是暂居的旅店，光阴是永远的过客。如果不自警觉，一味纵情取乐，就会乐极生悲，像秋风过后的草木零落一般。

人生是有限的，短短几十年的光阴。如果放纵自己去享受，而不奋斗，则会一事无成。"少壮不努力，老大徒伤悲。"贪图安逸，等于自毁长城。一旦人处于安稳快乐的环境中，就会忘记忧患的存在，消磨了自己的意志，不求上进，得过且过，哪里还谈得上什么发愤图强？

忍安逸，首先要知道珍惜时光，在有限的人生之中做更多的事情。其次，忍安逸，要积极进取，否则就会像《论语》中孔子说的那样"吃饱穿暖，安逸地住着，却没有受到教育，就与禽兽相差无几了"。饱食终日，无所事事，自然会意志消沉，退一步也可能蜕化成社会的害虫，为人们所厌恶。生命在于运动。只有工作，才能不停地奋斗，永不止息地前进。

古人认识到了贪图安逸，人就会没有雄心大志，害怕艰苦的生活，惧怕磨难，养成"娇骄"二气。面对挫折则放弃自己的志向，那又怎么能立身立国呢？整天沉迷于安稳的生活，陶醉于快乐的享受，根本不可能磨炼出顽强的意志，而且还有可能因为贪图享乐而招致灾祸。所以要忍安逸，艰苦奋斗，才能干一番惊天动地的大业。

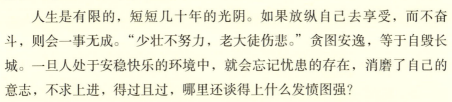

达人猛醒，俗士沉沦

【原典】

笙歌正浓处，便自拂衣长往，羡达人撒手悬崖；更漏已残时，犹然夜行不休，笑俗士沉身苦海。

【译释】

歌舞娱乐兴味正浓的时候，便毫不留恋地拂衣离去，真羡慕这些心胸豁达的人能够临悬崖而放手；在夜深漏残时，还有人在不停地奔走忙碌，这些凡俗的人在苦海中挣扎真是可笑。

做事勿待极致，用力勿至极限

"花要半开，酒要半醉"，才能享受到其中的真正乐趣。反之假如酒喝到烂醉如泥，不但不是享乐反而是受罪。要学会控制自己的欲望，以免乐极生悲。

年羹尧字亮工，是汉军镶黄旗人，进士出身，颇有将才，多年担任川陕总督，替西征大军办理后勤。年羹尧早年已为皇四子胤禛（雍正）集团成员，还将妹妹送给胤禛当侧福晋，以表对主子的亲近和忠心。隆科多是孝懿仁皇后的兄弟，既任步军统领，又是国舅之亲，是康熙帝十分器重之臣，后来成为康熙病中唯一的顾命大臣。

雍正与二人交结，自有其深刻用心。康熙末年，由于太子被废，诸皇子见机，都加紧忙于争夺嗣位的斗争。胤禛暗地里自然也着力较劲。他很清楚，除了用精明务实的办事能力博取父皇的信任外，必须集结党羽，拉拢拥有兵权的朝中重臣，所以极力拉拢隆科多和年羹尧。隆科多统辖八旗步军五营两万多名官兵，掌管城九门进出，可以控制整个京城的局势。而年羹尧辖地正是胤禵驻兵之所，处在可以牵制和监视胤禵的有利地位上。西安又是西北前线与内地交通的咽喉所在，可谓全国战略要地，所以后来史家也认为："世宗之立，内得力于隆科多，外得力于年羹尧。"

雍正即位之初，隆科多和年羹尧便成为新政权的核心人物，雍正对他们恩宠有加。年羹尧即受命与掌抚远大将军印的延信共掌军务。未及半年，雍正又命将西北军事"俱降旨交年羹尧办理"。

雍正元年十月，青海厄鲁特罗卜藏丹津发生暴乱，雍正又任命年羹尧为抚远大将军。年羹尧也不负圣恩，率师赴西宁征讨，平定成功，威震西南。雍正诏授年羹尧一等公爵。

雍正不但对年羹尧加官晋爵，授予权力，还关心其家人，笼络备至。甚至把年羹尧视作"恩人"，非但他自己嘉奖，且要求"朕世世子孙及天下臣民"，当对年羹尧"共倾心感悦，若稍有负心，便非朕之子孙，稍有异心，便非我朝臣民也"。又口口声声对年羹尧说："从来君臣之遇合、私意相得者有之，但未得如我二人之耳！总之，我二人做个千古君臣知遇榜样，令天下后世钦慕流涎就是矣。"这类甜言蜜语，出自皇帝之口，实在罕见。

雍正就这样以过分的姿态、肉麻的言语哄蒙、迷惑着年羹尧。年羹尧却蒙在鼓中，真以为有皇帝老子做他知己，他也就以皇帝老子为后台，居功恃傲、骄肆蛮横起来。年羹尧凯旋还京，军威甚盛，盛气凌人。雍正自郊外迎接，百官伏地参拜，年羹尧却不为所动，与雍正并辔而行。这时雍正心中甚是不快，哪能容臣下如此不恭？始有嫌恶之意。

雍正三年四月，皇上仅以年羹尧奏表中字迹潦草和成语倒装，就下诏免其大将军之职，调补杭州将军，以解除其兵权。而臣僚们见年羹尧失宠，便纷纷上奏，检举揭发年的种种违法行为。此时雍正又听说年羹尧在西北之时，曾与胤禩等人有所交往，密谋废立等谣传，生性猜忌的雍正便决意要杀年羹尧。

最后，议政大臣等罗列了年羹尧几条罪状，拟判死刑，家属连坐。雍正以年羹尧有平青海诸功，令其自裁。父以年老免死，子年富立斩，其余15岁以上男子俱发往广西、云南极边烟瘴之地充军。族人全部革职，有亲近年家子孙之人，也以党附叛逆罪论处。

隆科多的命运与年羹尧如出一辙。在雍正即位之初，备受宠信，授吏部尚书，加太保、赏世爵。隆科多亦恃恩骄肆，多为不法。年羹尧狱起，隆科多起而庇护，却激起龙颜大怒，被削去太保衔、诏夺世爵。雍正四年初，被罚往新疆阿尔泰充军。雍正五年十月，又以家中抄出私藏玉牒罪，诏调回革职查问。接着被拟罪名达110项，雍正下旨，将隆科多下狱，永远禁锢。是年冬天，即病死狱中，其妻子家属也被流放成奴。

做事勿待极致，用力勿至极限，达人猛醒，俗士沉沦，才能确保平安。做事是这样，生活上也该如此。

月盈则亏，履满宜慎

【原典】

花看半开，酒饮微醉，此中大有佳趣。若至烂漫，便成恶境矣。履盈满者，宜思之。

【译释】

鲜花在半开的时候欣赏最美，醇酒要饮到微醉时最妙，这里面有很深的趣味。如果等到鲜花盛开，酒喝得烂醉如泥时，那么已经是恶境了。那些志得意满的人，要仔细考虑这个道理。

如临深渊，如履薄冰

为人处世切忌过之，天道忌盈，人事惧满，月盈则亏，花开则谢，这些都是天理循环的规律，也是处事的盈亏之道。

《列子·仲尼》中有段精辟的比喻，列子说："眼睛将要失明的人，先看到极远极微小的细毛；耳朵将要聋的人，先听到极细弱的蚊子飞鸣声；口将要失掉味觉的人，先能辨别淄渑雨水滋味的差别；鼻子将失掉嗅觉的人，先嗅到极微小的气味；身体将要僵硬的人，先急于奔跑；心将糊涂的人，先明辨是非。所以事物不到极点，不会回到它的反面。"

太平军攻破向南大营后，清将向荣战死，太平军举酒相庆，歌颂太平军东王杨秀清的功绩。

天王洪秀全更深居不出，军事指挥全权由杨秀清决断。告捷文报先到天王府，天王命令赏罚升降参战人员的事都由杨秀清做主，告谕太平军诸王。

像韦昌辉、石达开等虽与杨秀清等同时起事，但地位低下如同偏将。清军大营既已被攻破，南京再没有清军包围。杨秀清自认为他的功勋无人可比，阴谋自立为王，胁迫洪秀全拜访他，并命令他在下面高呼万岁。洪秀全无法忍受，因此召见韦昌辉秘密商量对策。

韦昌辉自从江西兵败回来，杨秀清责备他没有功劳，不许入城；韦昌辉第二次请命，才答应。韦昌辉先去见洪秀全，洪秀全假装责备他，让他赶紧到东王府听命，但暗地里告诉他如何应付，韦昌辉心怀戒备去见东王。韦昌辉谒见杨秀清时，杨秀清告诉他别人对他呼万岁的事，韦昌辉佯作高兴，恭贺他，留在杨秀清处宴饮。酒过半巡，韦昌辉出其不意，拔出佩刀刺中杨秀清，当场穿胸而死。韦昌辉向众人号令：

"东王谋反，我已从天王那里领命诛杀他。"他出示诏书给众人看，又剁碎杨秀清尸身让众人吃下，命令紧闭城门，搜索东王一派的人予以灭除。东王一派的人十分恐慌，每天与北王一派的人斗杀，结果是东王一派的人多数死亡或逃匿。洪秀全的妻子赖氏说："祛除邪恶不彻底，必留祸。"因而劝说洪秀全以韦昌辉杀人太酷为名，施以杖刑，并安慰东王派的人，召集他们来观看对韦昌辉用刑，并借机全歼他们。洪秀全采用了她的办法，而突然派武士围杀观众。经此一劫。东王派的人差不多全被除尽，前后被杀死的多达三万人。

事业达于一半时，一切皆是生机向上的状态，那时可以品味成功的喜悦；事业达于顶峰时，就要以"如临深渊，如履薄冰"的态度来待人接物，只有如此才能持盈保泰，永享幸福。否极泰来，物极必反，就像喝酒喝到烂醉如泥，就会使畅饮变成受罪。有些人就上演了使后人复哀的悲剧。往往事业初创时大家小心谨慎，而到成功之时，不仅骄奢之心来了，夺权争利之事也多了。所以每个欲有作为的人都应记住"月盈则亏，履满宜慎"的道理。

不食钓饵，不落圈套

【原典】

非分之福，无故之获，非造物之钓饵，即人世之机阱。此处着眼不高，鲜不堕彼术中矣。

【译释】

不是自己分内应得的福分，以及无缘无故的收获，如果这两者不是上天有意安排的钓饵，就是人们故意布下的陷阱。在这种时候没有远大的目光，很少有人能不落入这些圈套中的。

清名于世，不图非分之想

不见利忘害，便可求安，不为名伤身，便有福至；不做非分之想，便无无妄之灾；不逞能斗狠，便无祸来。无病无忧，一箪一瓢，自是福气。人常说，憨人有憨福，并不是说憨人能以机巧求利得福，而是说他无意求福反自保平安而得福。

某条街的一个阁楼上，曾住着一位青年，他祖籍广东，来香港后在一家印刷厂做工，是个从小就失去父母，又没有兄弟姐妹的单身汉。一天傍晚，他一回到住处，就听到小提琴声。他来到窗口往外张望，只见对面大楼的阳台上有个姑娘在拉小提琴。那姑娘见青年在看她，便停止拉琴，对青年嫣然一笑，而后进房去了。

又一天傍晚，姑娘又在拉琴，青年又到窗口去望，姑娘一见青年又嫣然一笑。但这次没有进去，而是主动跟青年打起招呼来，还约他到自己家来做客。青年很高兴地接受了邀请。青年走到门口，姑娘已站在那儿迎接他了。

青年仔细打量了一下姑娘，只见她长得非常漂亮。落落大方。姑娘很客气地把青年请进里屋，一边倒茶，一边大声喊："妈，来客了。"话音刚落，从里面房间走出一个年约五十岁上下的妇人。这妇人同青年拉起了家常，问寒问暖。当她知道青年祖籍是广东时，就说我们的老家也住在广东，姓陈，女儿叫陈云嫱；丈夫在加拿大开店，母女俩在香港闲居。并对青年这个无父母的孤儿深表同情，希望他常来做客。

青年听妇人的话，心里想，自己独居香港举目无亲，这母女俩如此同情自己，若跟她们有了交往，也可以有个依靠。从此，每逢星期六青年就到陈家，妇人待他像儿子一样，姑娘更是"哥、哥"叫得甜甜的。青年更加坚定地相信这母女俩的心地善良。有一天，妇人对青年说自己女儿愿意和他结婚。青年听了，对这来得有点突然的婚姻，没多加思考，只是庆幸自己造化好。

一个月后，青年和陈云嫱结婚了，婚后，青年也不做工了，成天陪着陈云嫱吃喝玩乐。妇人对这个新女婿更是爱护备至，还帮他到人寿保险公司入了险。

有一天，陈云嫱要买戒指，青年就陪同母女俩到一珠宝店去。陈云嫱看中了一只价格昂贵的钻石戒指，对妇人说："妈，钱不够，我回去取。"妇人说："我跟你一道去，让青年留下，我们一会就来。"陈云嫱让青年坐在珠宝店的休息室里，顺手倒了杯茶给他喝，然后和妇人一起走了。青年很无聊，便端起茶慢慢喝着。一小时后，陈云嫱和妇人匆匆回到休息室，一看青年瘫倒在沙发上，已经死了。母女俩抱着尸体号啕大哭。

警察厅来人验尸，证明是中毒死亡；人寿保险公司的人员也去了，他们认为，人是死在珠宝店里的，应由珠宝店赔偿保险金。这样，陈云嫱母女得到了一大笔保险金。

　　不几天，陈云嫦母女突然搬走，谁也不知她们的去向。原来，这两个被青年认为心地善良的女人都是骗子，专门用这种手段捞钱。非分之想不可有，非我之物勿动心。能坚持这两条，是足以把持住自己的。俗话说"天欲祸之，必先福之"，这些都说明了"非分之收获，陷溺之根源"。

　　诈骗者所以能骗到人，就是利用人们贪图非分的弱点，这跟乌鱼贪图意外食物而上钩完全相同。小人欲有所图便先满足你。有些人往往利令智昏，糊里糊涂就把钓饵吞下，尔后便身败名裂，名利双失。想清名于世，安然于世，必须做到非分之想不图方可。

第八章
齐家教子:人能诚心和气,胜于调息观心

一家人相处要互以诚实的心、和蔼的气氛,表露出优雅的话语,愉快的神采。一家同堂,一点没有隔阂,宛如形骸合在一起,心气融成一片,这样下去,一定能过异常快乐幸福的生活。诚心和气代表着一个人美好心性,也是最需要加强的美德之一。拥有了诚心和气,自己轻松自在,别人也舒服自然。

善表诚意，融洽气氛

【原典】

家庭有个真佛，日用有种真道。人能诚心和气、愉色婉言，使父母兄弟间形骸两释、意气交流，胜于调息观心万倍矣！

【译释】

家庭应有一种真诚的信仰，生活应有一种不变的原则。一个人如能保持纯真的心性，言谈举止自然温和，这样才能与父母兄弟相处融洽，比静坐修炼调护身心要好千万倍。

家和万事兴

中国有句古老的俗语叫"家和万事兴"，一个"和"字，充满着温馨，凝聚着亲情，营造出百福齐集，万事如意的美好。可以说，没有"和"字，就谈不上和谐、和睦、和衷共济，如果这样即使家庭再兴旺也终会败落。句子中的"真道"，指良好的处世准则。"形骸两释"，形骸指肉体，释，消除。形骸两释指人我之间没有身体外形的对立，也就是人与人之间要和睦相处。"意气交流"，指彼此的意识操守能够相互了解相互影响。

三国时期的一代英豪曹操倾毕生精力建立起了魏国，并在正要将蜀国和吴国消灭，统一华夏之际，却由于几个儿子之间不友爱、不相容，兄弟手足互相残杀，结果将江山轻易让给了司马家族。

中国文化以"和"作为重要的价值取向，如"贵和谐，尚中道"。"和为贵"，"和气生财"等。

在实践中，"和"往往体现为一种策略，一种目的和手段，在成人取向上体现为"和谐"，在自我修养上体现为"中和"，即"喜怒哀乐之未发谓之中，发而皆中节谓之和"。

"和"才能带给人们福祉，带给人们兴旺。

曾国藩曾说过"家和则百福生"，认为亲人之间应当和气、坦诚、忍让，在相互关怀帮助、相互砥砺的基础上，大家才可以不断走向完善。在这方面他也是亲历亲为的典范。

兄弟因未能考中科名而放弃学业，他则循循善诱，不断勉励兄弟，督促兄弟继续努力。他对待兄弟竭力爱护，从不姑息纵容。在日常的工作生活中，他常常以身作则，从不计较个人得失，而是以家庭利益为重。他常常说："兄弟和，虽穷氓小户必兴；兄弟不和，虽世家宦族必败。"

无论是在京做官，还是戎马倥偬，百忙之中，曾国藩总不忘记写信教导诸弟踏踏实实做人，督促他们读书学习，要重视孝友耕读，绵延世泽。

曾国藩对兄弟的真情，拳拳于心，虑之长远，自是竭力地以德去爱护，而不是用姑息放纵来宽恕他们。他在家书中说："至地兄弟之际，吾亦唯爱之以德，不欲爱之以姑息。教之以勤俭，劝之以习劳守朴。爱兄弟以德也，丰衣美食，俯仰如意；爱史弟以姑息也，姑息之爱，使兄弟惰肢体，长骄气，将来丧德亏行，是我率兄弟以不孝也，吾不敢也。"

曾国藩对四个弟弟爱护备至，他一生花在四个弟弟身上的工夫和心血，并不比用在自己的两个儿子身上的少。无论学问、人品、军事、性情、养生、治家等，事无巨细，从家书中皆有所涉及。可谓为诸弟殚精竭虑，瞻前顾后，唯恐诸弟有失，有负先人。弟弟们也对他非常尊敬，对他的教导也铭记于心，兄弟间关爱互助。曾国藩在事业成功后，在孝顺父母方面也做出了很好的表率，尽管他自己不能回家亲自照顾父亲，但经常写信问候，经常给家中寄去银两，以资接济。

这些都给他的子女起到了垂范的作用。

有道是"和气致祥，自有可昌盛之理"。家人之间应亲善相待，应该见利不争，见害不避。可我们时常会从电视、报刊中看到有些家庭兄妹之间为争家产，对簿公堂，甚至大打出手，手足相残，实在令人叹息！兄弟

姐妹间要把钱看得轻一些，把情看得重一些，毕竟是血浓于水。即使父母有偏爱，资助子女有厚薄，也要想开些，大可不必以怒相逞，尽失和睦之气。

须知，人一生中会经历无数波折，而家是我们永远的避风港，无论旁人怎样的误解伤害我们，只要还有家人的信任与支持，我们就不会感到孤单力弱，就能坚持下去。家人是我们在世界上最为亲近的人，不要因为家庭中的琐事而伤害了最关心我们的人。

另外，"家和万事兴"的齐家古训，同样也可以用在治国上，一个国家的强大靠的是全民众的团结力量，只要国民万众一心，众志成城，那么，任何困难也无所畏惧，任何阻碍也挡不住奋勇前进的步伐。

家人之间应当和气、坦诚、忍让，只有在相互关怀相互帮助的基础上，手足之情才能不断加深，家业才能永葆兴旺。

春风解冻，和气消冰

【原典】

家人有过，不宜暴怒，不宜轻弃。此事难言，借他事隐讽之；今日不悟，俟来日再警之。如春风解冻，如和气消冰，才是家庭的型范。

【译释】

家里有人犯了过错，不应该大发脾气，也不应该轻易地放弃不管。如果这件事不好直接说，可以借其他的事来提醒暗示，使他知错改正；如果没办法立刻使他悔悟，可以过一段时间再耐心劝告。这就像温暖的春风化解大地的冻土，暖和的气候使冰消融一样，是处理家庭琐事的典范。

和睦的家庭沁满芳香

　　在整个人生的旅程中，家是温馨的，家是美丽的港湾，是令人羡慕的。要使家庭和睦的氛围永远荡漾着暖人的春意，必须要用心去创造。如何创造呢？这便是值得思考的重要所在。首先要明确一点，人非圣贤，孰能无过？家人难免有犯错误的时候，故要正视和允许错误的产生。其次，当家人错误一旦犯下时，要冷静地去处理，暴斥怒打是无济于事的，它往往不能从根本上解决问题，最好的办法是通过耐心地说服教育，令其幡然悔悟。再次，家庭矛盾往往表现在一方偏袒、自私、狭隘的心理和行动上，那么，受到伤害的一方如能宽厚大度，不计怨仇，仍能用爱心更多地想着对方，不去与其争斗，必能有着良好的启悟和感动效果。句子中"隐讽"，指出暗示或婉转的方法劝人改过。"俟"，等待之意。"型范"，即典型模范。

　　孔子的弟子闵子骞不计怨恨，感化继母的故事便是生动的典范。

　　闵子骞是孔子的学生，是七十二贤人之一。他从小失去母亲，父亲给他娶了继母。继母只疼爱自己生的两个儿子，对子骞很不好，但懂事的小子骞却从来没有在父亲面前说过继母的不是。

　　天冷了，继母给三个孩子做了新棉袄。一天，子骞同两个弟弟高兴地穿着新棉袄，随父亲赶牛车外出。路上遇到了大风雪，子骞手冻僵了，抓不住牛缰绳，牛车咕噜噜顺着斜坡往下滑，棉衣被车钩破了一个洞，从袄缝里飘出了纷纷扬扬的芦花。父亲呆住了，他急忙扶好冻倒在车座上的子骞，扒开其他两个孩子的棉袄看，见里面都絮着厚厚的棉花！

　　父亲回到家，指着继母大骂："亲生儿女穿棉衣，子骞却穿芦花衣。你太狠毒了，你给我滚！"弟弟们吓得哭起来。这时，子骞扑通跪在父亲面前，哀求说："爹，求您不要赶娘走。"父亲说："她这样对你，你还替她求情？"子骞含泪说道："有娘在，顶多是我一个人受冻；娘走了，弟弟

们和我三个却都要挨冻。"子骞的真情感动了父亲，更感动了继母，她惭愧地说："孩子啊，对不起，让我重新给你做棉衣吧。"从此，继母对子骞视为己出。

子骞是善良的，他用爱心挽救了一个差点分裂的家庭。"有娘在，顶多是我一人受冻，娘走了，弟弟们和我三个却都要挨冻"。这样宽厚仁善的心怀，怎不令人感动？他用爱心感动了自私的继母，也教育了继母。可见，爱心是一种美德，具有伟大的力量，它让一切自私和冷漠的人感到惭愧，让温情和幸福美好地重现。

富贵宽厚，聪明敛藏

【原典】

富贵家宜宽厚，而反忌刻，是富贵而贫贱其行矣！如何能享？聪明人宜敛藏，而反炫耀，是聪明而愚懵其病矣！如何不败？

【译释】

富贵之家待人接物应该宽大仁厚，可是很多人反而刻薄；虽然身为富贵，可是行径却与贫贱之人相同，这又如何保持富贵的身份呢？一个才智出众的人，本应谦恭有礼，不露锋芒，可是很多人反而夸耀自己；这种人表面看来好像聪明，其实言行跟无知无识的人没有不同，那他的事业到头来又如何不失败呢？

慈母训子

过分溺爱孩子是母亲之大过，不能严于教育子女是母亲之大失。因而中国历来讲"慈母有败子"。大凡有眼力的母亲都知此话之重，严格待儿，严格教子。

战国时，楚国将军子发领兵攻打秦国，粮食断绝，于是派人回去向国君求援，顺便问候一下自己的母亲。子发母亲问使者："士兵生活得好吗？"使者答道："士兵们分一些豆子之类的粗粮充饥。"子发母亲又问："将军生活得好吧？"使者答道："很好，将军每天可以吃稻米肉食。"

后来，子发得胜而归，他母亲却关起家门不让他进去，并狠狠责备儿子说："你没听说过越王勾践讨伐吴国之事吗？有客人献了一壶美酒，越王叫人把酒倒入大江的上游，让士兵在下游喝水分享美酒，其实根本都喝不到酒，但士兵受了感动，打起仗来一个顶五个；后来又有人献一袋干粮，越王又平分给士兵们吃，虽然每人几乎没分到什么，但士兵们打起仗来一个顶十个。现在你当了将军，士兵吃粗粮，你却吃细米精肉，为什么？……让士兵在战场上出生入死，而自己却高高在上享乐，虽然打了胜仗，但毕竟不是治军之道。你不是我的儿子，不要进家门！"

子发听了，赶紧向母亲请罪，承认错误，这才进了家门。

齐宣王时，田稷任齐相。

三年后，田稷退休回家，下属送给他黄金百镒。田稷把黄金带回家，献给母亲。母亲问他说："你做三年宰相，不会有这么多的俸禄，你哪来这么多金子？"田稷老实答道："是下属送给我的。"母亲听了，立刻不快地说："做人应注意自身修养，做到品行高洁。为人要诚实不欺，不做不义之事，不取不义之财。如果你要孝敬长辈，应该尽心诚实地办事，否则就是不孝！不义之财，不是我应该有的东西；不孝之子，也不是我的儿子！你如果真要表现你的孝顺，就把这些金子拿走！"

田稷听了母亲的一番话，十分惭愧，将金子全部退还给下属，又主动到朝廷请罪。齐宣王听了事情经过，对田母十分赞赏。他赦免了田稷，仍然让他为相，而用朝廷的金子赏赐给田母。

汉昭帝时，隽不疑任京兆尹，很有威信，京城中的士兵百姓都敬服他。每天他办完公事后回家，他的母亲总是要问他："有没有平反一些案件，使多少人免于冤枉而死？"如果听到隽不疑说有所平反，隽母就十分高兴，笑逐颜开，吃饭、说话都不同于往常；如果听到儿子说没有平反什么案件，隽母就很不高兴，甚至连饭都不肯吃。正因隽母如此严加督促，所以隽不疑在任京兆尹时虽然法令森严，却从不滥施刑罚，使无辜者受屈。

修德须忘功名，读书定要深心

【原典】

学者要收拾精神并归一路；如修德而留意于事功名誉，必无实诣；读书而寄兴于吟咏风雅，定不深心。

【译释】

求取学问一定要排除杂念，集中精神，专心致志。如果修德不重视品性上的教养，只是在功名利禄上用心思，那就会徒具虚名而没有真实的造诣。如果读书不重视学术上的探讨，只是在咏吟诗词上下工夫，那就会流于肤浅而没有深刻的心得。

除逆修德终成正果

西汉哀帝时，宠信董贤，外戚丁、傅两家得势。王莽家门前车马日渐稀少，王莽审时度势，决定暂时退职，以图东山再起。他上书请求退职，皇上马上批准了。

王莽虽然退职在家，仍杜门自守，一点也没有放纵自己，对外人以礼相待，对家人严格要求。一天，王莽刚吃完早饭，正在太师椅上闭目养神，听到门外吵吵闹闹，还夹着女人的哭声，王莽推开大门，走了出去。只见一个妇人抱着个未满周岁的孩子跪在院子中间，大声喊冤，王家仆人怎么劝她，她也不起来。

王莽忙走过去，从那妇女手中接过正在哭的孩子，温和地对她说："大嫂，你有什么事站起来说吧，我就是王莽，如果有什么我能替你出气的话，我一定帮助你。"

妇人一见王莽，抱着他的双腿，号啕大哭，边哭边诉："大司马，可找到你了，我这齐天大冤，可有处申了，我早就听说大司马办事秉公执法，廉洁公正，从不徇私枉法。"

王莽道："大嫂，你有什么冤就说出来吧！"

妇人道："大司马，你有所不知，我家的丈夫是你二儿子王获的家奴，他为人老实，本来在王获那儿干得好好的，可不知为啥，昨天二公子将他活活打死了，我后来才听说是二公子与他因一件小事发了争执，公子才下此毒手。可怜我们这孤儿寡母的，以后日子可怎么办？王大人，你可得为我做主啊！"

王莽也知道王获一直在外面惹事，但不知竟闯下如此大祸也不说一声。他脸色阴沉，对家人说："快去将二公子叫来。"

王获在路上还不以为意："父亲也是的，为了这么一点小事也值得兴师动众吗？"

见到王莽，王获道："父亲，你有何事找我？"

王莽气不打一处来："你还在这儿装糊涂，我问你，昨天你干了什么错事？"

王获道："昨天？错事？噢，不就是打死了一个家奴吗？有什么大不了的事，谁让他与我顶撞的，如果以后……"

王莽呵斥道："给我住口！你这个畜生，草菅人命，还在这儿胡说八道。我想，你自己该知道如何解决这个问题。"

王获一看父亲真的动怒了，这才害怕起来，求情道："父亲，你就饶了孩儿这一回吧，以后我一定好好听你的话，不干这种蠢事。"

王莽道："哼，下次？以后？已经晚了，你自杀吧，这样可以落得一个好一点的名声。"

王获浑身发抖，众仆人都呼啦一声跪倒了一大片，纷纷说："大人，你念公子年幼，又是初犯，姑且饶过他这一次吧。"

王莽道："王子犯法，也要与庶民同罪，岂可视之如戏言，我一生的英名，怎能因为这件事和这个不争气的儿子而毁了。尤其是王获现在视杀人如儿戏，以后还得了。王获，刀在这儿，你自己了断吧。"

王获还是在那儿跪着叩头，众仆人也在求情，王莽道："好，好，你杀了人，是因为我这个做父亲的教子无方，你不偿命，就由我来偿命吧。"说完就要往墙上撞。王获无奈，只好当着那孤儿寡母的面自杀身亡。

王莽对那妇人道："大嫂，凶手已偿命了，你也不要太伤心，你以后的生活问题由我解决，我一直供养你们母子直到老，怎么样？"

那妇人："王大人可真是大义灭亲，你是天下最最公正无私的人。"

这件事一时间在京城传为佳话，街头巷尾，都能听到人们对王莽的赞美，同时，贤良周护、宋崇等又上书说王莽如何如何贤明，哀帝于是又将王莽召进宫中，服侍太后。

祖宗德泽，子孙福祉

【原典】

问祖宗之德泽，吾身所享者是，当念其积累之难；问子孙之福祉，吾身所贻者是，要思其倾覆之易。

【译释】

如果要问祖先是否给我们留有恩德，那就要看我们现在生活享受的程度，同时要怀念祖先累积恩德的不易。如果要问子孙将来是否能够生活幸福，那就要看我们给子孙留下多少德泽，并要想到子孙可能无法守成而使家业衰败。

勤则兴，懒则败

一份家业的积累相当不易，它是由先辈多年的苦心磨砺辛勤努力而来。想想他们当初创造一份家业的时候，少不了要顶风冒雨，克勤克俭，血汗拼打，对此，我们怎能不感念他们的恩德，而认识到自身的责任更加重大呢？创业难，守业更难。如果精神懈怠、不勤不俭，再大的家业也易遭倾覆。所以，重视德操，勤俭持家，并将可贵的持家理念灌输给子孙，是自己的责任，也是为子孙后代谋取幸福的重要所在。句子中"祖宗"，指一个家族的上辈，有时也泛指民族的祖先。"德泽"，指恩德、恩惠。"福祉"，幸福之意。"贻"，即遗留。

在中国传统的家庭里，大多有一个祀奉祖宗的神龛，设于堂屋的正中。神龛的两侧往往有副对联：

祀祖宗一烛清香，必诚必敬；

教子孙两条正路，宜读宜耕。

中国传统社会的治家经验：耕读之家，最能长久兴旺，什么达官显贵，都极易成为过眼烟云。这里，"耕"代表生产基业；"读"代表基本教育。这就是说，一个家庭要长久兴旺，必须要勤劳作业，不然，再大的家业，也会坐吃山空。同时，要保持这个家庭的兴旺，还必须不断读书学习，用知识来充实自己，发展家业。

综观人类家业兴衰的历史经验和教训，家业兴衰的根本法则就是：勤则兴，懒则败。齐家大师曾国藩经常在家书中告诫子弟："历览有国有家之兴，皆由克勤克俭所至。"又说："即今世运艰屯，而一家之中，勤则兴，懒则败。一定之理。"

富兰克林也说过："懒惰是一剂毒药，它既毒害人们的肉体，也毒害人们的心灵。"

客观地说，每个人都有懒惰的天性，而善于进行时间管理的人能够克服这种天性，使自己勤奋起来。或许单靠勤奋不一定能成功，但不勤奋肯定不会成功。懒惰的人在浪费时间的同时，也丧失了成功的机会。

须知，幸福的人生不是安逸中的空想，而是踉跄中的执著，重压下的勇敢，逆境中的自信。艰苦中的勤勉和奋发，是在任何环境下都应具备的自我适应、自我调解能力。有了这种能力，家业何愁不兴？再崎岖之路也会变成坦途，再不毛之地也会翠盖亭亭。

除了"勤"之外，"俭"也是良好持家的一个十分重要的方面。对此，曾国藩则经常教育子弟说："家败，离不得个'奢'字。"并不断以历史的经验教训后辈，他曾说："观《汉书·霍光传》，而知大家所以速败之故；观金日磾、张安世二转，解示后辈可也。"

霍光为西汉大将军，总揽朝政二十年，炙手可热。他的儿孙及长婿无不高官厚禄，起阴宅，缮阳宅，晏游无度，骄横无礼，最后被诛灭，连坐诛灭者数千家。当初霍家奢侈之时，茂陵有个姓徐的书生预言道："霍氏必亡。夫奢则不逊，不逊必侮上。侮上者，失道也。在人之右，众必害之。霍氏秉权日久，割之者多矣。天下害之，而又行以逆道，不亡何待！"

徐生的话，不幸而言中了。而与霍光同时代的金日磾则相反。他看见长子与宫人淫乱，便亲手杀了他；皇帝赐给他宫女，他一点也不敢接近，其笃慎如此！班固称赞他说：金日磾"以笃敬寤主，忠信自著，勒功上将，传国后嗣，世名忠孝，七世内侍，何其盛也！"

曾国藩曾一再要求弟弟澄侯把霍光、金日磾的这些正反事例"解示后辈"，就是为了要后辈戒奢戒骄，这样才可以"庶几长保盛美"，使家族长期保持繁荣兴旺。

家业如此，而国家更是如此。由古至今，多少家国兴盛于一时，又旋即衰败，都是由于不能勤俭守恒的原因。因此，把人生重要的道理传授给后辈，就是为他们谋求长远的幸福，让他们谨记"恒念物力维艰"，保持克勤克俭之风，就是让他们掌握成就人生的重要之本。

唯此才能积极进取，业兴不衰。

以贤教育，影响后代

【原典】

心者，后裔之根，未有根不植而枝叶荣茂者。

【译释】

仁慈善良的心地是培养后代优秀品德的根本，这就如同栽花、植树一样，没有不把根深植在土里而能使花木树叶繁茂的。

身教重如言教

家庭是孩子的第一所学校，父母是孩子的第一任老师，父母的言行对孩子的身心有着重大的影响。高尔基曾说过，爱自己的孩子，这是连母鸡也会做的事，但如何教育好他们，却是一个严肃的问题。"心者，后裔之根，未有根不植而枝叶荣茂者"，意思就是要求长辈应注重自身的言行，要以良好的内心和得体的举止影响孩子。倘若自身不正，心地卑劣，要想教育出讲人品，守道德，有气节的孩子是不可能的。这也便是"身教重如言教"的重要所在。

古代有一个"上行下效"的故事，便有一定的反思意义。

从前，有一对不孝敬父母的夫妇，他们对老人毫不关心，又嫌老人不能干活，打算把老人赶走。他们的孩子看在眼里，心里非常着急。

这一天，夫妻二人让老人坐在筐里，抬着他向深山里走去。他们的孩子也远远地跟随在后面。到了山里，丈夫说："就扔在这里吧，离家这么远了，他肯定回不去了。"

说完，夫妻二人丢下老人和筐子，扭身就走。

老人看到儿子和儿媳这样对待他，伤心得流下了眼泪。

这时，孩子冲父母喊道："爸爸妈妈，怎么把筐放在这呀？应该把筐子也抬回去。"

爸爸不解地问："要这筐子干什么？"

孩子回答："等你和妈妈老了，不能动弹了，我也好用它把你们抬到这里来呀。"

孩子的话深深地触动了夫妻俩。他们彼此相视，顿时悟出了一个道理，心里惭愧起来，立即把老人抬了回去，并精心照料。

可以说，日常生活中长辈的一言一行，都是下一代学习效法的对象，对于子孙人格的形成影响甚大。一个心地善良的人，其日常言行都是以善为出发点，儿女子孙经过长时间的耳濡目染，自然而然就学得了以善良处世。而以善良传家者，待人诚恳、做事踏实，自然是"积善之家庆有余"。

东汉时期的杨震，孤寒贫穷，酷爱读书，饱经博览，读书破千卷，当时有"关西孔子"的雅称。大将军邓骘举荐了他，后迁任刺史。他的门生郡守王密，有一天夜里带着金子来馈赠他。杨震婉言拒绝，王密说："晚上没有人知道。"杨震说："天知，地知，你知，我知，怎么说没有人知道？"王密惭愧而去。杨震的子孙，饮食粗糙，出门步行。有人劝杨震置些产业留给子孙，他说："要想让后代人称为清白，就以这个遗留给子孙，不更实惠吗？"

由此可知，留给后代子孙最珍贵的宝藏并不是财富名位，而是心存善念的价值观，这样才能为儿孙种下幸福的种子。

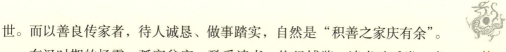

从容处变，剀切之失

【原典】

处父兄骨肉之变，宜从容不宜激烈；遇朋友交游之失，宜剀切不宜优游。

【译释】

不幸遇到父母兄弟骨肉至亲发生纠纷或人伦剧变，应持沉着态度，不可感情用事，采取激烈言行而把事情弄得更糟。跟知心好友交往而朋友犯了过失，应诚恳规劝，不可因怕得罪于他而让他继续错下去。

心平气和地去解决问题

有道是"家是能圆我们梦想最多的地方"。家里人的情感最厚重，最实在。父子之情，兄弟之谊，非他人可比。然而，再好的美玉也有瑕疵，再好的情感也会渗有裂痕。由于每个人的阅历、文化、修养、性格等有所不同，因而，其人生观、价值观也会有所差异，纵然是父子兄弟，亲生骨肉，遇有矛盾，多有分歧，也是不足为怪的。从哲学的方面来说，整个世界都是充满于矛盾的统一体中，所以，矛盾并不可怕。关键是遇到矛盾如何对待和解决。句子中的"从容"，意为悠闲舒缓，不慌不忙。"剀切"，指直截了当。"优游"，比喻模棱两可，犹豫不决的意思。

"处父兄骨肉之变，宜从容不宜激烈"，就是说遇到问题，要心平气和地去沟通交流，不能感情用事。如果用激烈过直的言行来对待，不但不利于解决问题，而且可能会导致更严重的后果。所以，当家庭发生矛盾时，绝不可冲动，而应以平和、冷静的态度来处理。

除了亲情之外，最亲近的可能就是朋友了。与朋友相处，朋友好的方面应该学习和赞扬，遇到朋友有过失的地方，也应该不加隐讳的真诚指出。"宜剀切而不优游"，就是说对待朋友的缺点应诚恳地直言规劝，让其改正，而不应顺其发展，这才是好朋友的表现，也是朋友间相处的起码准则。

富多炎凉，亲多妒忌

【原典】

炎凉之态，富贵更甚于贫贱；妒忌之心，骨肉尤狠于外人。此处若不当以冷肠，御以平气，鲜不日坐烦恼障中矣。

【译释】

人情的冷暖、世态的炎凉，富贵之家比贫苦人家更明显；嫉妒、猜疑的心，在至亲骨肉之间比外人表现得更为厉害。在这种情况下，如果不能用冷静的态度来解决，以平和的心态控制自己，那就会天天处在烦恼的困境中了。

用理智来战胜私欲物欲

有诗云："白菊悦我目，不染一丝尘。"的确令人怡悦，它象征一种明净、清澈、率真、诚实的心境。然而这颗心还未脱去宗教的气味，即无视浊流滚涌的现实世界中的苦恼。

曹操被刘备在汉中击败，退入邺郡，还没有安定下来，关羽就发动了襄樊之战。曹操拖着老病（头风病）之身，先到洛阳，又南下摩陂，得胜之后回到洛阳，已经是劳病交瘁，无心回邺城了。刚刚过了半个月，病情加重，于公元220年正月病死在洛阳，享年66岁。

曹操一向提倡节俭，自然也反对厚葬。他在遗嘱中写道：天下尚未安定，不要遵照古代的丧葬制度行事。安葬以后，文武百官人等都要去掉丧服。驻屯各地的将士不得离开驻地。官员们各守职位。我入殓时，要穿一般的衣服，不得用金玉珍宝陪葬。

可是关于谁继位当魏王，要不要让儿子赶快像周武王那样当皇帝等大事，曹操到死也不说个明白。因为一来已经正式立曹丕为太子，继位的事有了法律依据；二来他自己知道，死了以后的事也管不了许多，还是让自己最信任的大臣去办吧。

曹操的原配丁夫人没有生儿子。刘夫人生了个儿子曹昂，在征讨张绣时为救曹操而死。后来的卞夫人一共生有四个儿子：老大曹丕，老二曹彰，老三曹植，老四曹熊。其中老二曹彰勇武善战，曹操常常让他统兵打仗，立了不少战功。老四曹熊很软弱，早早地就死了。老三曹植富有文才，最得曹操和卞夫人的喜爱，曹操曾想让他继位，这自然引起老大曹丕的无限恐惧。后来近臣们以袁绍、刘表等废长立幼，引出变故的教训暗示曹操，才勉强立曹丕为太子，故曹丕对三弟曹植却一直放心不下。

曹操死于洛阳的时候，曹丕正在邺城坐镇，临淄侯曹植在自己的封地临淄，只有曹彰带着兵马从长安赶到洛阳。来者不善，他开口就问主持丧事的贾逵："我先王的玺绶现在何处？"

　　这不明明要以武力夺取王位吗？贾逵马上板起脸来回答："家中有长子，国中有太子，您可不该问先王玺绶的事！"曹彰不过是个武夫，吓得不敢再多言。拥护曹丕的大官们赶紧把曹操的灵柩运往邺城，并抢着以卞王后的名义，立曹丕为魏王。第二天，华歆也从许都拿着汉献帝命令曹丕继承魏王和丞相兼领冀州牧的诏书赶来了。曹丕顺顺利利地继承了父位，执掌了大权。

　　曹丕掌权后的第一件事，他就想起了三弟曹植。过去是兄弟，而现在是君臣，地位完全不同了。恰巧曹彰和另外二十几位兄弟（不是王后亲生）都来奔丧，只有曹植没来，曹丕立即以魏王的名义，命令十分忠于曹操和自己的猛将许褚带兵，连夜赶往临淄，把曹植、丁仪、丁廙捉到邺城。三个人都预知性命难保。果然，曹丕先下令杀死丁仪、丁廙和两家的全部男子，然后，曹丕要亲自治一下曹植了。

　　现在的曹植完全变了一个人，他像斗败了的公鸡，一进门就趴在地上，战战兢兢地等候大哥的发落。他心里非常明白，只要大哥牙缝里挤出半个"死"字来，他就得和丁氏二兄弟一样了。曹丕趾高气扬地开始训斥起曹植来。他说："我和你在亲情上虽然是兄弟，可是在义理上却属于君臣！你怎么敢蔑视礼法，不来为先王奔丧？"曹植一个劲儿地叩头："我罪该万死，罪该万死！"曹丕继续威严地说："先王在世的时候，你常拿着自己的文章在人们面前夸耀，我很怀疑是不是别人代你写的。我现在限你在七步之内吟诵出一首诗来。你如果真能七步成诗，我就免你一死。如果不能，就要重重治罪，决不宽恕！"曹植是有真才的人，这当然难不倒他。他抬起头来，闪着惊恐的泪眼，用乞求的声音说："请大王出题。"曹丕说："我和你是兄弟，就以我们兄弟为题赋诗，但诗中不准出现'兄弟'的字样。起来试试吧！"曹植站起身来，慢慢走不到七步，诗已顺口而出：

　　　　煮豆燃豆萁，
　　　　豆在釜中泣。
　　　　本是同根生，
　　　　相煎何太急！

曹丕听罢，泪水不觉涌出了眼眶。曹植明明是把哥哥比作豆萁，把自己比作豆子。要燃豆萁来煮豆子，这不正像曹丕要杀害曹植一样吗？这时一直躲在后面的卞太后也痛不欲生地出来。哭着说："当哥哥的为什么要这样狠心逼弟弟呀！"

富贵之家往往为了争权夺利而父子交兵或兄弟阋于墙。人往往是有了钱还要更多些，有了权还要更大些，以致生活中终日钻营、处处投机的小人，像苍蝇一样四处飞舞。如此现实，的确需要人们提高修养水平，用理智来战胜私欲物欲，否则亲情难在，富贵不保。

恩爱长存，善于忍让

【原典】

水不波则自定，鉴不翳则自明。故心无可清，去其混之者而清自现；乐不必寻，去其苦之者而乐自存。

【译释】

水面如果没有被风吹起波浪，自然是平静的；镜子如果不被尘土遮盖，自然是明亮的。因此，人的心灵没有必要刻意去清洗，只要把心中的不良念头除掉，就自然会出现平静明亮的心灵；生活也是一样，不需要刻意去追求乐趣，只要清除不必要的困苦和烦恼，就会有快乐幸福的生活了。

能忍时，尽量忍

无人不向往着美满的家庭，无人不期盼着恩爱的谐音，这是幸福之梦，也是人生最大的欢乐所在。为此，有人这样说过，事业成功的人士，如果没有一个美满的家庭，那既谈不上什么幸福，也谈不上真正意义上的

成功。

从实际生活来看，真正幸福美满的家庭似乎为数不多。因为恋爱是浪漫的，婚后的生活却是现实的。夫妻双方同在一个屋檐下，酱醋油盐，亲友交际，兴趣爱好，相关互照等，错综纷繁的事务难免样样周全而不产生矛盾。这便是俗语所说的：家家有本难念的经。然而有些家庭却的确能把这本经念好，因而幸福的喜悦始终伴随着他们的家。这其中的诀窍是什么呢？最重要的就是夫妻双方都能懂得忍让。句子中"鉴"古指镜子。"翳"，原指遮蔽，此处比喻灰尘。这段话的中心意思，就是告诫人们心地要明朗，不要偏执，如此，幸福的生活才会长在。倘若只知挑剔，不知忍让，再美好的家庭也会被打破。

争吵并不是解决问题的唯一方法，许多时候的争吵往往都是源于小事，然而正是因为这些小事却造成了许多无法挽回的错误。

当然，争吵也是沟通的一种方式，尤其是在职场上，往往好的建议与正确的决定就是在恰似争吵的辩论中得到的，其关键是人们是否对这样的争吵和辩论给予认可。

除了为了工作而争吵之外，在工作过程中和同事接触时，应该注意自己的言行，能忍则忍，时刻记住：不能因为逞一时的口舌之快而损毁了你在同事和领导心中的形象。要知道，此时的忍让并不会让人觉得你软弱、好欺负，大家反而会觉得你这个人有涵养、大度，不斤斤计较，无形中也提高了你的人气。

例如，一对夫妇，吃饭闲谈，妻子兴致所至，一不小心冒出一句不太顺耳的话来。丈夫细细地分析了一番，于是心中不快，与妻子争吵起来，直至掀翻了饭桌，挥袖而去。

在我们的生活中，这样的例子并不少见。细细想来，因为这样的小事争吵，真的是得不偿失。

因此，夫妻之间需要宽容与体谅，只要懂得忍让一步，一切的矛盾都会化解于无形之中。我们不妨看看下面的故事。

鲁迅和许广平是一对恩爱夫妻，感情很好，但有时也免不了要吵上几句，吵后相互不理不睬，感到很别扭。最后常常是鲁迅叹上一口气说：

"唉，总怪我这个人性情急躁，脾气不好。"许广平一听，气全消了，便对鲁迅笑着说："看在你曾经是我的老师的份上，否则，我真不答应呢！"于是，双方心中的不快、矛盾就都烟消云散了。

如果说鲁迅和许广平采用的是冷静息怒法，这无疑都是用忍让来化解矛盾的良方，也是用忍让来拥抱恩爱的锦囊。

真拿吵架当回事的人会很有体会——吵架真的很伤感情，它甚至还会让人气得脸色发白、血压升高甚至吃不下饭，心浮气躁，劳神伤身。

慢慢你就会发现，许多争吵都是无意义的，和睦、和谐才是幸福的。可以多用一些客气的口头用语，在很多情况下就会避免吵架。总之，架还是少吵为妙，毕竟人在气头上，难免会做一些不明智的举动，说一些伤人的话。

尽管雨过天晴后看似一片蓝天，其实彼此的伤害仍然在心中久久无法抹去。所以，能忍则忍，伤人的话能不说就不说。和朋友、同事在一起应该以"和"为贵，以"退一步海阔天空"为行动准则，毕竟大家抬头不见低头见，倘若吵得不可开交，那日后是很难相处的。

参考文献

［1］李伟．菜根谭全编——古典名著标准读本［M］．长沙：岳麓书社，2006.

［2］木梓．图解菜根谭［M］．北京：中央编译出版社，2009.

［3］吴雪风．菜根谭［M］．北京：京华出版社，2008.

［4］李志敏．左手鬼谷子 右手菜根谭［M］．北京：中国纺织出版社，2009.

［5］赵月华．读菜根谭悟人生大智慧［M］．北京：中国商业出版社，2008.

［6］葛伟．菜根谭处世全书［M］．北京：中国城市出版社，2009.

［7］韦明辉．菜根谭智慧新解［M］．北京：地震出版社，2008.

［8］洪涛．菜根谭人生大智慧［M］．北京：中国致公出版社，2009.

［9］王涵．读菜根谭悟经典人生［M］．北京：中国华侨出版社，2008.